物联网工程专业系列教材

农业物联网导论

（第2版）

李道亮　编著

科学出版社

北　京

内 容 简 介

农业物联网是现代信息与通信技术在农业中的集成与应用，是农业生产方式变革的重要支撑，是现代农业发展的重要方向。

本书从感知、传输、处理和应用四个层面详细阐述了农业物联网的理论体系架构，对每一层所涉及关键技术的基本原理、地位和在农业中的应用进行了深入的剖析，力争让读者对先进感知、可靠传输和智能处理的各种技术原理及其在大田种植、设施园艺、畜禽养殖、水产养殖和农产品物流及电子商务等领域的集成应用有一个全面的了解。

本书适合高等农业院校电子、自动化、通信、计算机和物联网工程等相关专业作为教材使用，也适合农业信息化领域的科研工作者和相关企业人员参考阅读。

图书在版编目（CIP）数据

农业物联网导论 / 李道亮编著. —2 版. —北京：科学出版社，2021.3

ISBN 978-7-03-068040-2

Ⅰ. ①农… Ⅱ. ①李… Ⅲ. ①物联网-应用-农业-高等学校-教材

Ⅳ. ①S126

中国版本图书馆 CIP 数据核字（2021）第 026543 号

责任编辑：赵丽欣 / 责任校对：王万红

责任印制：吕春珉 / 封面设计：蒋宏工作室

科学出版社 出版

北京东黄城根北街 16 号

邮政编码：100717

http://www.sciencep.com

三河市骏杰印刷有限公司印刷

科学出版社发行　各地新华书店经销

*

2012 年 10 月第 一 版　开本：889×1194 1/16

2021 年 3 月第 二 版　印张：18 1/2

2024 年 2 月第十四次印刷　字数：480 000

定价：58.00 元

（如有印装质量问题，我社负责调换〈骏杰〉）

销售部电话 010-62136230　编辑部电话 010-62134021

第2版前言

本书第1版在2012年10月正式出版发行。2013年5月，农业部发布了《农业物联网区域试验工程工作方案》，并选择天津、上海、安徽三省市率先开展农业物联网的试点试验工作。本书第1版已发行8年，农业物联网的试点试验工作也开展了7年多，但是至今农业物联网仍然没有得到大规模的应用，其中一个很重要的原因就是网络容量不够。随着移动通信技术进入5G时代，5G网络在广大农村地区的全面覆盖将为农业物联网提供强大的保障，使诸多应用场景成为可能。5G、大数据、人工智能、智能机器人等技术在现代农业中的应用，必将推动农业生产的智能化，加快农业物联网的广泛应用。

在这个时代背景下，深感再不及时改版会有用旧知识误导读者之嫌，辜负了时代所赋予的使命感。因此便开始了本书的改版工作。与第1版相比，第2版增加、删除、更新并合并了一些章节，同时参考文献全面更新为近5年内的出版物。具体调整如下。

在第1章中，阐述了农业信息感知的基本概念、主要内容、技术体系框架等。

在第2章中，讲述了几种常规水质参数的定义、传感机理、检测方法。增加了盐度、硝酸盐、CDOM测量指标，删除了各传感器变送技术。

在第3章中，分别从土壤水分检测、电导率检测、氮磷钾等营养含量检测、土壤污染检测等方面阐述了土壤信息传感的关键技术及原理。在3.3节中增加了光谱方法，增加了3.5节的土壤污染感知技术。

在第4章中，讲述了几种常规农业气象参数的定义、传感机理和检测方法。按照最新研究成果更新了农业环境小气候传感器内容，删除了各传感器变送技术。

在第5章中，论述了动植物信息的传感器和测定仪及其传感机理、关键技术、方法及应用。增加了植物归一化植被指数测定仪与体温传感器，删减了公式推导过程。

在第6章中，论述了RFID、条码技术的基本工作原理、关键技术与方法以及典型的农业应用。适当删减了RFID技术内容。

在第7章中，阐述了遥感数据在农作物长势监测、农作物灾害监测、农业产量及品质预估等方面的应用。增加了7.5节天地网一体化观测技术的介绍。

在第8章中，阐述了卫星定位系统、农业机械田间作业自主导航技术原理、方法和应用。增加了北斗卫星导航部分，删掉田间变量信息定位采集技术和农业物流过程跟踪技术等两节内容。

在第9章中，阐述农业信息传输技术的相关概念、分类和体系架构。删除了信息传输共性关键技术。

在第10章中，阐述了几种常用的农业信息传输技术，对比分析了多种现代技术的优缺点，最后通过举例说明信息传输技术在现代农业中的应用。

在第11章中，阐述了农业移动互联网的体系架构与实现机制，以及农业互联网面临的挑战和对策建议。

在第12章中，阐述了农业信息处理的基本概念、关键技术和体系框架及其发展趋势。增加了边缘计算、人工智能、大数据、区块链及多源异构信息融合与处理等技术内容，更新了农业信息处理基本概念、数据存储技术、搜索引擎分类、云计算的核心技术、农业视觉信息处理技术等。

在第13章中，论述了农业预测预警的方法、基本原则、基本步骤，并对常用及深入研究的方法及其农业领域中的典型案例进行介绍。增加了基于循环神经网络RNN和长短时记忆网络LSTM的预测方法和两个基于深度学习的典型案例，缩减了农业预测的基本方法。

在第14章中，简要介绍了农业视觉信息处理的基本方法及农业智能监控技术的概念和基本功能，详细叙述了基于深度学习的智能视频监控技术，并以生猪图像目标检测为例对智能视频监控技术在农业中的应用进行了系统的阐述。这一章把第1版第14章“农业智能控制”和第17章“农业视觉信息处理”的内容凝练合并为一章，题为“农业视觉信息处理与智能监控技术”。

在第15章中，针对农业病虫害诊断与智能决策，构建诊断推理模型，形成病虫害防治的智能决策支持系统。这一章把第1版第15章“农业智能决策”和第16章“农业诊断推理”的内容凝练合并为一章，题为“农业诊断推理与智能决策技术”。

在第16章（第1版第18章）中，讲述了集成的概念、原则、步骤，分别从感知层、传输层、应用平台和总体系统等方面介绍了集成内容和集成方法，并简要论述了水产养殖物联网中设备集成、运行、维护、故障诊断等方面的实例。以一个更加智慧的农业物联网系统为例，对系统集成案例进行了更新。

在第17章（第1版第19章）中，简要介绍了农业物联网标准的概念、农业物联网各层所涉及的标准建设规范和已有标准，以大田种植、设施园艺、畜禽养殖、水产养殖、农产品物流追溯为例分析了在建设其物联网系统过程中所涉及的主要标准规范内容。

在第18章（第1版第20章）中，介绍了墒情气象监控系统、农田环境监测系统、施肥管理测土配方系统、大田作物病虫害诊断与预警系统、农机调度管理系统、精细作业系统。增加了智慧种植、无人种植等新概念及5G新技术。

在第19章（第1版第21章）中，阐述了设施园艺物联网的体系架构，系统论述了设施园艺物联网在育苗、环境综合调控、水肥自动调控、农作物自动采收、病虫害预测预警等方面的应用。增加了新兴的自动作业与机器人，更新了应用案例。

在第20章（第1版第22章）中，论述了养殖环境监控、行为监控、精准饲喂控制、育种繁育管理、疾病检测与预警五个应用系统。针对每个系统，对具体功能做了一些修改，将之前的一些功能进行了合并、删减，在此基础上增加了以图像、视频分析等新技术为基础的功能。

在第21章（第1版第23章）中，首先阐述了水产养殖物联网总体架构，重点论述了水产养殖环境监控、精细喂养决策、疾病预警与远程诊断三部分内容。

在第22章（第1版第24章）中，阐述了农产品配货管理、农产品质量追溯、农产品运输管理和农产品采购交易四部分内容。增加了近几年农产品物流物联网应用的技术及其案例分析内容。

在第 23 章（第 1 版第 25 章）中，详细阐述了我国农业物联网的机遇与挑战，大胆预测了未来一个时期内的发展趋势与需求，最后对如何推进农业物联网发展提出了对策与建议。增加新的机遇、挑战、对策与建议，删除了陈旧或已实现的内容。

国家数字渔业创新中心团队的博士后、博士研究生及高年级硕士研究生参与了此次改版修订工作，他们是王聪、刘畅、周新辉、王坦、杨普、张盼、李震、徐先宝、张树斌、黄金泽、杜玲、杨玲、张鑫豪、王雅倩、于晓宁、张善宏、梅玉鹏、李飞、王云、崔猛、李成、张璐、吴英昊、张紫枫、石晨，在此向他们表示诚挚的感谢！

李道亮

2020 年 12 月

于中国农业大学

第1版前言

当前，物联网（Internet of Things，IoT）已成为各国构建经济社会发展新模式和重塑国家长期竞争力的先导领域。发达国家通过国家战略指引、政府研发投入、企业全球推进、应用试点建设、政策法律保障等措施加快物联网发展，以抢占战略主动权和发展先机。在我国，物联网被纳入战略性新兴产业规划重点，《中华人民共和国国民经济和社会发展第十二个五年规划纲要》指出，要“推动物联网关键技术研发和在重点领域的应用示范”。

农业是物联网技术的重点应用领域之一，也是物联网技术应用需求最迫切、难度最大、集成性特征最明显的领域。目前，我国农业正处在从传统农业向现代农业迅速推进的过程当中，现代农业的发展从生产、经营、管理到服务各个环节都迫切呼唤信息技术的支撑。物联网浪潮的来临，为现代农业发展创造了前所未有的机遇，改造传统农业、发展现代农业，迫切需要运用物联网技术对大田种植、设施园艺、畜禽养殖、水产养殖、农产品物流等农业行业领域的各种农业要素实行数字化设计、智能化控制、精准化运行和科学化管理，从而实现对各种农业要素的“全面感知、可靠传输以及智能处理”，进而达到高产、高效、优质、生态、安全的目标。

农业物联网作为物联网技术在农业行业领域的重要应用，它的基本理论框架是什么？它的技术基础和技术体系是什么？它在农业中的解决方案是什么？它的产业化体系又是什么？如何快速推进？随着农业物联网在全国各地实践的突飞猛进发展以及相关高校物联网工程专业特别是农业院校农业物联网专业的设置，迫切需要系统、全面、客观地回答上述问题。作为十几年在农业信息化技术战线上不断探索的一员，深感有责任和义务对以上问题进行系统整理和总结，正是本书出版的基本动因。

自1997年以来，本人一直致力于人工智能在农业领域的应用研究，最初开始于农业资源高效利用专家系统，1998年开始重点研制鱼病诊断专家系统和农业病虫害远程诊断系统，2002年开始全过程水产养殖智能决策支持系统的研究，重点对水质管理、饲料投喂、疾病诊断的决策模型和系统开展了精细管理决策系统研究。这一阶段重点开展了农业推理、预测、预警、优化、决策方法和模型以及农业知识库的建设，虽然当时没有物联网概念，但对农业信息处理做了大量的工作。2006年，本人考察了欧洲荷兰、德国、比利时等国的渔场、猪场、奶牛场、辣椒温室和花卉温室，给我一个重要的启发就是软件和硬件必须一体化，信息采集、传输、处理、控制系统集成在一起才能实现农业的自动化，单靠专家系统与决策系统就像人只有神经系统没有运动系统，不能行走。因此，2006年本人下决心从农业人工智能领域拓展传感器和无线传感网络的研究，开始组建智能系统团队，包括3个研究组：传感器与传感网络组、智能信息处理组和系统集成组，我的博士生、硕士生研究方向也从原来的决策支持系统一个变为两个，并把传感器作为最重要的一个方向，同时以基础最好的水产养殖领域作为突破口，先后开展了水产养殖水体溶解氧、pH、电导率、氨氮、叶绿素、浊度等传感器的研发，开始以电化学传感器为主，后过渡到光学传感器。2007年，我们成功申请了国家“863计划”课题《集约化水产养殖数字化集成系统研究》，自主开发了一系列拥有自主知识产权的水质传感器、采集器和控制器以及水产养殖环境监控管理平台，真正实现了水产养殖领域水体信息采集、无线传输和智能处理与控制的一体化，在当时国内还没有物联网概念的情况下，开展了水产养殖从传感器、无线传感网到信息处理一体化的技术研究，也就是今天提及的水产养殖物联网的探索。

2009年物联网研究和应用在国内骤然升温，也适逢国家开始制定“十二五”发展规划，本人也荣幸地参与了《农业部全国农业农村信息化发展“十二五规划”》《科技部农业与农村信息化专项规划及示范省建设》《工业和信息化部中国农业农村信息化建设发展指南（2013—2015）》《国家发改委农业物联网标准和示范工程建设规划》等的起草和调研工作，对农业物联网的理解日渐全面和深刻。2010年，团队对农业传感器的研究也有了进一步的拓展，从水体参数传感器向土壤和气象参数传感器拓展，从水产养殖向设施园艺和设施畜禽养殖拓展，并成功申请成立了北京市先进农业传感北京工程中心和北京市农业物联网工程技术研究中心，在两个中心的平台上团队的方向也日渐明晰，主攻传感器与传感网技术、智能信息处理技术、系统集成技术以及上述技术的产品化。

2010年，我们的传感器、采集器和控制器走出了实验室。同年我们建立了中国农业大学宜兴实验站，在江苏省宜兴市开展了四个乡镇10 000亩水面的较大规模的水产物联网应用，开始了农业物联网技术的规模化应用探索。2011年团队迎来实施国家科技支撑计划“农业现场信息全面感知技术集成与示范”、农业部公益性行业（农业）科研专项“现代渔业数字化及物联网技术集成与示范”、国家发展改革委员会“养殖业物联网示范工程”三个重大课题实施的机遇。课题研究过程中，我们在全国12个省开展了较大规模的示范应用，尤其是对物联网中的传感技术、物联网运营平台和系统集成技术进行全方位的测试与应用，本书很多成果都是来自这三个课题的研究。应用中从发现问题、解决问题中寻找本质的科学方法，改进后再到实践中验证，再发现问题，循环往复，不断深入，团队成员随我一路走过来，有苦有甜，我们都乐在其中，矢志不移。

本书就是对我们团队1997年以来，特别是2006年以来所有理论、方法、技术与产品的系统总结。农业物联网自下而上可分为农业信息感知层、传输层、处理层和应用层。其中，感知层是农业物联网的神经末梢，通过各种农业传感器、RFID、GPS、摄像机等识别装置智能感知各种农业环境和个体要素，这是我国农业物联网技术的攻坚环节，是国内众多团队需要狠下力气的环节；传输层主要利用各种近距离、远距离、有线和无线传输渠道实现农业现场数据、信息和处理后信息的双向传递，确保信息传输可靠通畅，这个环节是农业物联网相对成熟的环节，主要解决通信技术与农业场景的结合问题；处理层综合运用高性能计算、人工智能、数据库和模糊计算等技术，搭建农业物联网管理与处理平台，对收集的感知数据进行存储、分类、优化、管理等处理，这个环节是我国农业物联网最为成熟的环节，目前主要精力放在农业云存储、云计算、搜索引擎研究上；应用层是面向大田种植、设施园艺、畜禽养殖、水产养殖、农产品物流与电子商务等具体应用领域需求，构建预测、预警、优化、控制、诊断、推理等各种农业模型，开发农业物联网应用系统，该环节也是我国农业物联网相对薄弱的环节，尤其是农业知识模型需要多年的积累和实际的修正。按照此逻辑，本书的内容具体分为感知篇、传输篇、处理篇和应用篇，共25章。

本书的特色及创新之处主要表现在如下几个方面：①系统性：系统地从全面感知、可靠传输、智能处理、集成应用四方面对农业物联网的技术架构、基本原理、关键技术、应用案例进行了系统阐述，对各个组成部分之间的逻辑关系、地位和作用进行了详细论述；②先进性：本书介绍的大部分农业信息感知设备和农业物联网服务平台均属于团队十几年的自主研发成果，部分研究成果经鉴定为已达国际先进水平，并对每部分的发展趋势和方向进行了大胆预测和评述；③实用性：本书中的研究成果已经在江苏、山东、广东、湖南、湖北、北京、上海、天津等20余省市开展了应用示范，可以指导农业物联网实际应用者和建设者开展具体工作，也可指导研究生从事相关研究工作。希望本书首先能作为一本入门的教材供大学和相关研究机构使用，其次也尽量使其成为农业物联网工程建设的一本指导书，用于指导各级农业管理部门、农业龙头企业、农业合作社开展相关建设工作，本书也希望能成为一本通俗的读物，能引起农业物联网爱好者的共鸣。

虽然本书的成果是本人团队十几年的研究积累，但本书从下定决心写到成稿只有10个月的时间，团队老师陈英义、李振波、位耀光、杨文柱、段青玲、孙龙清、苏伟、温继文以及我的博士研究生丁启胜、刘双印、曾立华、王聪、袁晓庆、台海江对初稿的修改做出了重大贡献，我的硕士研究生张彦军、王振智、魏晓华、姜宇、战美、李琳、于辉辉、王钦祥、杨昊、马德好参与了本书的文字勘误工作，之后我又进行了若干轮的修订和统稿。

本书凝聚了很多物联网领域科研人员的智慧和见解，我首先要感谢我的导师——中国农业大学傅泽田教授，他多年来在科研工作的教诲和指导让我受益良多。对于农业物联网研究过程中遇到的问题和困惑，多次请教中国农业大学汪懋华院士、国家农业信息化工程技术研究中心赵春江研究员，他们多次召开的农业物联网研讨会也使我茅塞顿开。感谢国家农村信息化指导组王安耕、梅方权、孙九林、方瑜等专家在历次国家农村信息化示范省建设会议上的指导。感谢科技部张来武副部长、农村科技司陈传宏司长、王喆副司长、胡京华处长、高旺盛处长；农业部市场与经济信息司张合成司长、李昌健副司长、张国处长、杨娜处长；工业和信息化部信息化推进司秦海司长、孙燕处长、方新平副处长；工业和信息化部电子信息司安筱鹏副司长在历次农业信息化规划和农业物联网示范工程建设研讨会议上的指导与建议。感谢山东省科技厅翟鲁宁厅长、郭九成副厅长、许勃处长、陈长景主任，湖南省科技厅杨志平副厅长、侯峻处长，湖北省科技厅张震龙副厅长、戴新明处长，广东省科技厅刘炜副厅长、刘家平处长、钟小军主任在国家农村信息化示范省建设和农业物联网示范工程建设历次研讨会上建议与指导。特别要感谢江苏省宜兴市人民政府、高塍镇人民政府对农业物联网中国农业大学宜兴实验站的大力支持，我们才有了一个农业物联网的试验场和历练场，尤其要感谢宜兴市农林局信息科蒋永年科长3年来与我团队并肩作战，共同探索农业物联网技术转化与产品产业化，他的很多建议对我们理论方法的提升、产品改进和升级有很大促进作用。科学出版社策划编辑赵丽欣在本书的写作过程中提供很多出版方面的建议，深感农业物联网涉及的知识面很宽，要写的内容也很多，我们的研究是否达到出书的程度，是否有我们的盲点和误区，她的多次鼓励使我由开始的对出书诚惶诚恐到后来的认为出书是一种责任，有总比没有好，万事总有开始，也是本书能尽快与大家见面的原因之一。

农业物联网是一个复杂的系统，涉及电子、通信、计算机、农学等若干学科和领域，这些学科的交叉和集成决定了写好这样一本书并不是容易的事情。农业物联网建设是一个复杂的系统工程，除了理论、技术和方法外，还有工程实施和运行机制，在实际应用遇到的问题就更多，加上物联网是一个新生事物，理论、方法、技术还不成熟，深感出版此书的责任和压力的巨大，由于作者水平有限，书中错误或不妥之处在所难免，诚恳希望同行和读者批评指正，以便以后进行改正和完善，如有任何建议和意见，欢迎与我联系。

李道亮

2012 年 7 月

于中国农业大学

目　录

感　知　篇

传 输 篇

处　理　篇

应　用　篇

绪　论

0.1　农业物联网的概念和内涵

1. 物联网

物联网（Internet of Things，IoT）概念最早出现在 1995 年比尔·盖茨的《未来之路》一书。1998 年，美国麻省理工学院（MIT）创造性地提出了被称为 EPC（electronic product code）系统的物联网构想。1999 年，美国 Auto-ID 公司首先提出建构在物品编码、射频识别及互联网基础上的物联网概念。

2008 年 11 月，IBM 公司首次提出“智慧地球”的发展战略，受到美国政府的高度重视。2009 年 8 月，时任国务院总理温家宝视察无锡时提出“感知中国”理念，使物联网概念在国内引起高度重视，成为继计算机、互联网、移动通信之后新一轮信息产业浪潮的核心领域。大力发展物联网产业将成为今后一项具有国家战略意义的重要决策。

目前公认的物联网定义是国际电信联盟给出的。国际电信联盟认为，物联网是通过智能传感器、射频识别（radio frequency identification，RFID）、激光扫描仪、全球定位系统、遥感等信息传感设备及系统和其他基于物-物通信模式（M2M）的短距无线自组织网络，按照约定的协议，把任何物品与互联网连接起来，进行信息交换和通信，以实现智能化识别、定位、跟踪、监控和管理的一种巨大智能网络。可见，物联网需要利用感知技术对物理世界进行感知和识别，通过网络传输互联，通过计算、处理和知识挖掘，实现对物理世界的实时控制、精确管理和科学决策，包含感知、传输、处理和应用四个层次。

2. 农业物联网

经过二十余年的发展，物联网技术与农业领域应用逐渐紧密结合，形成了农业物联网。农业物联网就是农业生产过程中物物相连的互联网农业。农业物联网自身包含了两层意思：其一，农业物联网表明其核心和基础仍然是农业互联网，它是在农业互联网基础上的延伸和扩展；其二，其用户端延伸到了物品与物品之间，物品之间通过物联网进行信息交换和通信。通过 RFID、红外感应器、全球定位系统、激光扫描器等信息传感设备，按约定的协议把任何物品与互联网相连接，进行信息交换和通信，以实现在农业生产过程中智能化识别、定位、跟踪、监控和管理，进而实现农业集约、高产、优质、高效、生态和安全的目标。物联网应用在大田种植、设施园艺、畜禽养殖、水产养殖、农产品物流等各个农业领域上，将形成大田种植物联网、设施园艺物联网、畜禽养殖物联网、水产养殖物联网、农产品物流物联网等不同的分支。

0.2 农业物联网技术发展的意义

未来农业的发展方向是以物联网、大数据、人工智能、智能机器人等新一代信息技术为基础的智慧化、无人值守化农业，除种植和养殖的一体化管理，其采销及农产品可追溯也将纳入数据采集全链路中，用户足不出户即可吃到安全放心的农副产品。为此，2013 年 5 月农业部发布了《农业物联网区域试验工程工作方案》，并选择在有一定工作基础的天津、上海、安徽三省市率先开展农业物联网的试点试验工作。但是时至今日农业物联网仍然没有得到实际应用，其中很重要的原因就是网络容量不够、物联网建设成本高等。

2020 年，移动通信技术将进入 5G 时代，5G 技术网络在广大农村地区的全面覆盖，将为农业物联网提供强大的保障，使诸多农业物联网应用场景成为可能。5G 时代的网速更快，物联网建设成本更低，相应的设备也会加速更新换代，价格也会越来越低，最终即使是在经济条件相对落后的地区，种养殖户也将能负担得起相应的费用。农业物联网将走进农村的千家万户，传统农业的生产方式也会被智能化的现代农业所取代。5G 赋能农业，能将物联网“万物互联”的特性彻底解放，使得传感器的种类和数量快速激增并实现普遍化商用，无论是大田种植、设施园艺、畜禽养殖还是水产养殖领域，物联网等应用设备都将成熟落地，现代农业的自动化、信息化、智能化水平显著提升，为农业生产管理效率的提高、农产品质量产量的提升等提供巨大的支持。

农业物联网技术的发展不仅能够提升农业领域的生产效率，同时也能够推动农业生产向集约化方向发展，这样不仅能够释放出更多的劳动力，同时也能够降低农业生产的成本。未来在农业物联网技术的推动下，农业生产与社会需求的对接会更加直接，农业生产也会逐渐走向绿色发展和可持续发展。从产业结构来看，农业物联网技术的发展能够带动一系列产业链的发展，例如农业物联网技术所涉及的农业机械领域、基础设施建设领域以及智能化硬件产品领域等。

由于农业物联网技术的市场空间非常庞大，所以农业物联网技术的发展也会创造出一个庞大的市场需求。目前，全球共有 5.2 亿个农场，预计到 2025 年，这些农场将使用大量传感器来支持农业物联网；到 2050 年，农业物联网将在 5.2 亿个农场中应用，将粮食产量增加 70%，能够养活 96 亿人，有助于克服气候变化日益加剧和极端天气条件下的挑战以及集约化农业实践对环境的影响。

0.3 农业物联网网络架构

根据信息生成、传输、处理和应用的原则，农业物联网分成感知层、传输层、处理层和应用层。图 0.1 展示了农业物联网的四层模型。

图 0.1 农业物联网网络架构

感知层是让物品对话的先决条件，即以传感器、RFID、GPS、RS、条码技术，采集物理世界中发生的物理事件和数据，包括各类物理量、身份标识、情境信息、音频、视频等数据，实现“物”的识别。

传输层具有完成大范围的信息传输与广泛的互联功能，即借助于现有的通信网络与感知层的传感网技术相融合，把感知到的农业生产信息无障碍、快速、高安全、高可靠地传送到所需的各个地方，使物品在全球范围内能够实现远距离、大范围的通信。

处理层通过云计算、数据挖掘、知识本体、模式识别、预测、预警、决策等智能信息处理平台，最终实现信息技术与行业的深度融合，完成物品信息的汇总、协同、共享、互通、分析、预测、决策等功能。

应用层是农业物联网体系结构的最高层，是面向终端用户的，可以根据用户需求搭建不同的操作平台。农业物联网的应用主要实现大田种植、设施园艺、畜禽养殖、水产养殖及农产品流通过程等环节信息的实时获取和数据共享，以保证产前正确规划以提高资源利用效率，产中精细管理以提高生产效率，产后高效流通，实现安全溯源等多个方面，促进农业的高产、优质、高效、生态、安全。

0.4 农业物联网关键技术

1. 农业信息感知技术

农业信息感知技术是指利用农业传感技术、自动识别技术、农业遥感技术、农业定位与导航技术等在任何时间与任何地点对农业领域物体进行信息采集和获取。

农业传感技术是农业物联网的核心，农业传感技术主要用于采集各个农业要素信息，包括种植业中的光、温、水、肥、气等参数；畜禽养殖业中的二氧化碳、氨气、二氧化硫等有害气体含量，空气中尘埃、飞沫及气溶胶浓度，温、湿度等环境指标等参数；水产养殖业中的溶解氧、pH、氨氮、电导率、浊度、盐度等参数。

自动识别技术中两个重要的分类是RFID和条码识别技术。RFID也被称为电子标签，指利用射频信号通过空间耦合（交变磁场或电磁场）实现无接触信息传递并通过所传递的信息达到自动识别目的的技术。该技术可通过射频信号自动识别目标对象并获取相关数据，识别工作无须人工干预，可工作于各种恶劣环境，在农业上主要应用于动物跟踪与识别、数字养殖、精细作物生产、农产品流通等。条码识别技术是集条码理论、光电技术、计算机技术、通信技术、条码印制技术于一体的一种自动识别技术。条形码是由宽度不同、反射率不同的条（黑色、白色和空色），按照一定的编码规则编制而成，用以表达一组数字或字母符号信息的图形标识符。条码识别技术在农产品质量追溯中有着广泛应用。

遥感技术利用高分辨率传感器，采集地面空间分布的地物光谱反射或辐射信息，在不同的作物生长期，实施全面监测，根据光谱信息，进行空间定性、定位分析，为定位处方农业提供大量的田间时空变化信息。遥感技术在农业上主要用于作物长势、水分、养分、产量的监测。

农业定位与导航技术是指全球卫星导航系统（GNSS）定位处方农作以及田间农机具的自主导航。在定位信息采集和定位处方农作上，GNSS 主要用于田间信息和作业机具的准确定位。在定位导航上主要是在一些农机具安装 GNSS 接收机，通过 GNSS 信号精确指示机具所在位置坐标，从而可以对农业机械田间作业和管理起导航作用。

2. 农业信息传输技术

农业信息传输技术指将涉农物体通过感知设备接入传输网络，借助有线或无线的通信网络，随时随地进行高可靠度的信息交互和共享，可分为农业无线传感网络技术和移动互联网技术。

无线传感网络（WSN）是以无线通信方式形成的一个自组织多跳的网络系统，由部署在监测区域内大量的传感器节点组成，负责感知、采集和处理网络覆盖区域中被感知对象的信息，并发送给观察者。

农业移动互联网是互联网技术与移动通信技术的融合。移动通信系统经过了 5 代的发展历程，2020 年进入 5G 时代。由于农村居民手机的普及率远超过计算机，农业移动互联网应用将是农业信息传输的重要模式，也是未来农业信息传输的发展方向。

3. 农业信息处理技术

农业信息处理技术是以农业信息知识为基础，采用各种智能计算方法和手段，使得物体具备一定的智能性，能够主动或被动地实现与用户的沟通，也是物联网的关键技术之一。农业信息处理技术包括农业预测预警、农业视觉信息处理与智能监控、农业诊断推理与智能决策等。

农业预测是以土壤、环境、气象资料、作物或动物生长、农业生产条件、化肥农药、饲料、航拍或卫星影像等实际农业资料为依据，经济理论为基础，数学模型为手段，对研究对象未来发展的可能性进行推测和估计。农业预警是指对农业的未来状态进行测度，预报不正确状态的时空范围和危害程度以及提出防范措施。

农业智能监控是指通过传感器和摄像头实时监测农业生产环境信息及动植物信息，结合动植物生长模型，采用智能控制手段和方法实施调控农业生产设施，保障动植物最佳生长环境。农业视觉处理是指利用图像处理技术对采集的农业场景图像进行处理，而实现对农业场景中的目标进行识别和理解的过程，它是智能监控技术中的关键技术环节。

农业诊断推理技术是指农业专家针对诊断对象（如病虫害、农业机械设备故障）表现出的一组症状现象或者非正常工作状态现象，找出相应原因并提出办法，建立专家知识库、规则库、诊断结论及防治措施，形成智能决策。农业智能决策技术是以农业系统论为指导，以管理科学、运筹学、控制论和行为科学为基础，以计算机技术、仿真技术和信息技术为手段，以精准农业需求为出发点，以构建智能决策支持系统为目标，实现农业决策信息服务的智能化和精确化。

0.5 农业物联网应用进展

从农业物联网感知、传输、处理三层结构的集成方法着手，分析农业物联网标准制定所涉及的关键问题，系统地介绍大田种植、设施园艺、畜禽养殖、水产养殖、农产品物流的代表性的农业领域的物联网应用进展。

在大田种植方面，物联网技术已开始应用于种植业生产的各个环节。育秧阶段可实时查看到大田的温度、湿度、土壤含水量等信息，并可通无线技术与手机或计算机相连，对大田各种设备进行远程监测、远程控制；灌溉阶段，利用物联网技术，结合监控器实现水库闸坝、水位的视频监控；收割阶段，对收割机等农机设施进行车辆定位和设备监控，实时掌握各项设施的运行状况和位置信息，达到农机设备运行效率最大化；农作物运输阶段，可对运输车辆进行位置信息查询、定位和视频监控；存储阶段，通过将粮库内温，湿度变化的感知与计算机或手机连接进行实时观察，记录现场情况以保证粮库内的温湿度平衡，结合视频设备，用户可实时查看粮库内外情况并进行远程控制，为粮食的安全运送和存储保驾护航；销售阶段，能够实现对农产品的溯源及交易跟踪等。

在设施园艺方面，面向设施蔬菜集约、高产、高效、生态、安全的发展需求，实现了集数据和图像实时采集、无线传输、智能处理、自动控制、预测预警、辅助决策、在线咨询、远程诊断以及泛在服务等功能。应用系统由环境监测系统、无线传输系统、温室设备控制系统、现场环境监测预测预警系统、远程监控系统以及远程咨询与服务系统等子系统组成，并配备现场气象站，实现了温室内的三层空气温湿度、CO_2浓度、光照、三层土壤温度和水分以及蔬菜长势等传感参数的全面感知，基于无线传感网络的可靠传输，蔬菜生物环境信息的智能处理，并可对风机、遮阳网、湿帘、滴灌系统以及卷帘机进行自动控制、短信预警与控制。

在畜禽养殖方面，利用传感器技术、无线传感网络技术、自动控制技术、机器视觉、射频识别等现代信息技术，对畜禽养殖环境参数和畜禽动物进行实时监测，并根据畜禽生长的需要，对畜禽养殖环境进行科学合理的优化控制，对畜禽动物的异常行为进行及时预警，实现畜禽环境的自动监控、畜禽动物行为自动监控、精细投喂、育种繁育以及疾病的检测与预警。

在水产养殖方面，利用物联网技术实现水产养殖健康养殖过程信息化监测、科学化管理、智能化决策、自动化控制。利用智能水质传感器及水质智能调控系统，实现养殖水质的精准监测；利用无线增氧控制器、水产养殖无线监控网络，实现水产养殖精细喂养系统中饵料配方优化及精细喂养决策，完善精细投喂知识库。利用疾病预警远程诊断系统，实现不同养殖类型中的鱼病的实时准确预警和诊断。

在农产品物流方面，物联网技术促进了传统物流产业的转型升级，改变了信息获取、传播和利用的方式，推动了物流组织的变革。农产品物流物联网是以食品安全追溯为主线，应用物联网技术，把农产品生产、运输、仓储、智能交易、质量检测及过程控制管理等节点有机结合起来，建立基于物联网的农产品物流信息网络体系。

感 知 篇

全面感知是物联网最核心、最基础的特征，也是农业物联网发展的主要瓶颈。农业现场信息的全面感知主要包括对养殖水体水质、种植土壤和农业环境小气候等信息的感知，对农业动植物信息的感知，对农业遥感信息、农业定位与导航信息的感知。本篇分别从农业生产现场环境信息获取、个体信息获取、空间信息获取等角度对农业信息感知技术的基本概念、原理及应用进行了阐述，旨在让读者对农业现场信息全面感知有一个系统、全面、客观的认识，对农业物联网发展的关键技术和发展瓶颈有更深的了解，对今后发展方向的把握更加明晰。

第1章　农业信息感知技术概述

农业信息感知作为农业物联网的源头，是农业物联网系统正常运行的前提和保障，是农业物联网工程实施的基础和支撑。农业信息感知技术是农业物联网的关键技术，也是目前农业物联网发展的主要技术瓶颈。农业信息感知是指采用物理、化学、生物、材料、电子等技术手段获取农业水体、土壤、小气候等环境信息、农业动植物信息及定位与导航信息，揭示动植物生长环境及生理变化趋势，实现农业产前、产中、产后信息全方位、多角度的感知，为农业生产、经营、管理、服务决策提供可靠信息来源及决策支撑。本章对农业信息感知基本概念、主要内容、技术体系框架、研究进展等方面进行了阐述，旨在使读者对农业信息感知有一个系统、全面、客观的认识。

1.1　农业信息感知基本概念

农业信息感知通过对养殖水质溶解氧、氨氮、pH、电导率、温度、水位、浊度、叶绿素等参数信息传感，土壤水分、电导率及氮磷钾等养分信息传感，动植物生存环境温度、湿度、光照度、降雨量、风速风向、二氧化碳、硫化氢、氨气等信息传感，动植物生理信息感知，RFID、条码等农业个体识别感知，作物长势信息、作物水分和养分信息、作物产量信息和农业田间变量信息、田间作业位置信息和农产品物流位置等信息感知，实现农业生产全程环境及动植物生长生理信息可测可知，为农业生产自动化控制、智能化决策提供可靠数据源。

1.2 农业信息感知内容

1.2.1 水体信息感知

养殖水体信息传感包括养殖水体溶解氧、氨氮、pH、水温、电导率、浊度、叶绿素等影响养殖对象健康生长的水体多参数信息获取。

溶解氧是水体经过与大气中的氧气交换或经过化学、生物化学等反应后溶解于水中的氧。一定的水中溶解氧的含量与空气中氧的分压、水温、水的深度、水中各种盐类和藻类的含量以及光照强度等多种条件有关。溶解氧是养殖成败的一个非常重要的因素，是病害发生的一个决定性因素。

温度是养殖水质监测的一个基本参数，用来校正那些随温度而变化的参数，如酸碱度、溶解氧等，传感元件主要采用铂电阻温度计。

酸碱度也叫做氢离子浓度指数，是溶液中氢离子浓度的一种标度，也就是通常意义上溶液酸碱程度的衡量标准，标示了水的最基本性质，它可以控制水体的弱酸、弱碱的离解程度，降低氯化物、氨、硫化氢等的毒性，防止底泥重金属的释放，对水质的变化、生物繁殖的消长、腐蚀性、水处理效果等均有影响，是评价水质的一个重要参数。

电导率是水质无机物污染的综合指标，测量电导率的传感器主要有两种：接触型和无电极型传感器。前者适用于测定比较干净的水质，而后者适用于测定污水，不易被污染，不易结垢。

氨氮是水产养殖中重要的水质理化指标，是指水体中以游离态氨 NH_3 和离子态铵 NH_4^+形式存在的氮。养殖水体中氨氮主要来自于水体生物的粪便、残饵及死亡藻类。氨氮浓度升高，制约鱼类生产，是造成水体富营养化的主要环境因素。就养殖水体而言，氨氮污染已成为制约水产养殖环境的主要胁迫因子。影响鱼虾类生长和降低对不良环境及疾病的抵抗能力，成为诱发病害的主要原因。

浊度是水的透明程度的量度，浊度显示出水中存在大量的细菌，病原体，或是某些颗粒物。这些颗粒物可能保护有害微生物，使其在消毒工艺中不被去除。无论在饮用水、工业过程或产品中，浊度都是一个非常重要的参数。浊度高意味着水中各种有害物质的含量高。因此，水的浊度是一项重要的水质指标。

养殖水体水质信息传感关键技术主要有电化学检测技术和光学检测技术，电化学检测技术包括基于极谱法的溶解氧检测技术、基于电极电导法的电导率检测技术、基于离子选择电极的 pH 检测技术。光学检测技术主要包括基于荧光猝灭效应的溶解氧检测技术、基于粒子散射效应的浊度、叶绿素检测技术等，光学检测技术由于其稳定性好、维护方便正在受到越来越多的关注。

1.2.2　土壤信息感知

土壤信息感知包括土壤水分，电导率，土壤氮、磷、钾含量等影响作物健康生长的土壤多参数信息的获取。

土壤水分，又称土壤湿度，是保持在土壤孔隙中的水分，主要来源是降水和灌溉水。此外还有近地面水气的凝结、地下水位上升及土壤矿物质中的水分。常用土壤水分检测技术包括烘干法、介电法、电阻法、电容法、射线法、中子法、张力计法等，由于便于测量，介电法是目前农业物联网中常用的土壤水分检测方法。

电导率是指一种物质传送（传导）电流的能力，土壤电导率与土壤颗粒大小和结构有很强的相关性，同时土壤电导率与土壤有机物含量、黏土层深度、水分保持能力/水分泄漏能力有密切关系。常用的土壤电导率检测技术包括传统理化分析方法、电磁法测量、电极电导法测量、时域反射等方法，其中电磁法测量、电极电导法测量、时域反射等方法由于能直接将电导率转化为电信号，特别适于农业物联网土壤电导率信息传感。

土壤养分测试的主要对象是氮（N）、磷（P）和钾（K），这三种元素是作物生长的必需营养元素。氮是植物体中许多重要化合物（如蛋白质、氨基酸和叶绿素等）的重要成分，磷是植物体内许多重要化合物（如核酸核蛋白、磷脂，植素和腺三磷等）的成分，钾是许多植物新陈代谢过程所需酶的活化剂，土壤养分检测目前多采用实验室化学分析方法。

1.2.3　农业环境小气候信息感知

农业环境小气候信息感知内容是指与农业生产环境密切相关的空气温度、湿度、光照强度、风速风向、降雨量等农业气象多参数信息获取（彭丽娜，2017）。

自然条件下，绿色植物进行光合作用制造有机物质必须有太阳辐射作为唯一能源的参与才能完成。太阳辐射中对植物光合作用有效的光谱成分称为光合有效辐射，光合有效辐射是植物生命活动、有机物质合成和产量形成的能量来源，它是形成生物量的基本能源，直接影响着植物的生长、发育、产量和产品质量。

温湿度对动植物的生产生长有着至关重要的影响，在相对湿度较小时，如土壤水分充足，则植物蒸腾较旺盛，植物生长较好。同时，湿度与作物病虫害的发生也有密切关系，如小麦吸浆虫喜湿度大的环境，棉蚜、红蜘蛛则适宜在湿度较小的环境中生活。湿度大，易导致小麦锈病等多种病害流行。湿度小，容易引起白粉病等多种病害的流行。

空气中的二氧化碳可以提高植物光合作用的强度，并有利于作物的早熟丰产，增加含糖量，改善品质。而空气中的二氧化碳浓度一般约占空气体积的 0.03%，远远不能满足作物优质高产的需要。现代农业中，大都采用温室大棚进行作物的栽培和培育。在作物的整个生长期，都需要提供不同浓度的二氧化碳。适宜的二氧化碳浓度可以促使幼苗根系发达，活力增强，产量增加。

畜舍内的氨气来源主要分为两种：一种胃肠道内的氨，来源于粪尿、肠胃消化物等，尿氮主要是以尿素形式存在，很容易被脲酶水解，催化生成氨气和二氧化碳。粪氮主要是以有机物形式存在，不容易分解，但也是氨气形成过程中氮的一个来源；另一种是舍内环境氨，是通过堆积的粪尿、饲料残渣和垫草等有机物腐败分解而产生的。当氨气在空气中含量达 200ml/L 时，会刺激猪打喷嚏、流口水、食欲下降，长时间作用会增加呼吸疾病和肺炎的发病概率。因此，在设施化畜禽养殖中需要监测氨气、硫化氢、甲烷等有害气体成分。

1.2.4 农业动植物信息感知

对植物信息采集的研究主要包括表观信息的获取和内在信息的获取（张新伟 等，2019）。表观信息指作物生长发育状况等可视物理信息，内在信息指叶片及冠层温度、叶水势、叶绿素含量、养分状况等借助于外部手段获取的物理和化学的信息。其中，以光谱分析技术、图像处理技术、植物电信号分析技术和荧光分析技术四个方面发展最快，且发展潜力最大。

植物茎流是指作物在蒸腾作用下体内产生的上升液流，它可以反映植物的生理状态信息。土壤中的液态水进入植物的根系后，通过茎秆的输导向上运送到达冠层，再由气孔蒸腾转化为气态水扩散到大气中去，在这一过程中，茎秆中的液体一直处于流动状态。

叶绿素是植物进行光合作用的主要色素，是一类含脂的色素家族叶绿素，位于类囊体膜。叶绿素吸收大部分的红光和紫光但反射绿光，所以叶绿素呈现绿色，它在光合作用的光吸收中起核心作用。叶绿素有造血、提供维生素、解毒、抗病等多种用途。

叶片是植物最重要的器官，其形态变化可以反映出植物生长状态的变化，如光合作用、水分情况、养分情况等。研究表明，叶片厚度变化具有周期规律性，可分为长周期和短周期（24 小时）。通常的灌溉系统是以空气的温度、湿度以及土壤的湿度作为控制参数，属于开环控制。针对这一问题，提出了以植物的器官（叶片、茎秆、果实）的几何参数为控制参数的智能节水灌溉控制系统，属于闭环控制。

血压指血管内的血液对于单位面积血管壁的侧压力，即压强。正常的血压是血液循环流动的前提，血压在多种因素调节下保持正常，从而提供各组织器官以足够的血量，藉以维持正常的新陈代谢。

呼吸是指机体与外界环境之间气体交换的过程，动物耗氧率的大小及变化在很大程度上反映其代谢水平的高低及变化规律，因而常作为衡量动物能量消耗的一个指标。通过对动物呼吸代谢的研究可以了解动物的代谢特征、动物自身的生理状况和营养状况以及对外界环境条件的适应能力。

对动物信息检测主要集中在对动物生理信息感知的研究，除生物电（包括生物阻抗）信号外，作为有生理机能特征的信号，还有机械信号、声学信号、生物化学信号以及生物磁信号等。诸如血压、脉搏、心音、血液、体温及呼吸、脑磁 MEG、心磁 MCG 等多种生理参数，在生理研究中都是极为重要的指标。

1.2.5 农业自动识别

RFID，俗称电子标签，是一种非接触式的自动识别技术，它通过射频信号自动识别目标对象并获取相关数据，识别工作无须人工干预，可工作于农业生产各种恶劣环境（王亓剑 等，2020）。RFID 技术可识别高速运动物体并可同时识别多个标签，操作快捷方便。RFID 是一种简单的无线系统，只有两个基本器件，该系统用于控制、检测和跟踪物体。系统由一个询问器（或阅读器）和很多应答器（或标签）组成。在农产品生产全程质量安全可追溯管理中，RFID 电子标签具有支持信息自由采集、受农业生产条件干扰小、使用寿命长等优点。

条码是由一组规则排列的条、空以及对应的字符组成的标记，“条”指对光线反射率较低的部分，“空”指对光线反射率较高的部分，这些条和空组成的数据表达一定的信息，并能够用特定的设备识读，转换成与计算机兼容的二进制和十进制信息。二维条码是用某种特定的几何图形按一定规律在平面（二维方向上）分布的黑白相间的图形记录数据符号信息的，在代码编制上巧妙地利用构成计算机内部逻辑基础的“0”“1”比特流的概念，使用若干个与二进制相对应的几何形体来表示文字数值信息，通过图像输入设备或光电扫描设备自动识读以实现信息自动处理。二维条码能够有效存储和读取农产品身份信息（王祖良 等，2020）。同时，二维条码比 RFID 具有明显的价格优势。但是，二维条码读取信息的速度会受到污物、图像磨损、字迹模糊、光线和识读角度等因素的限制。

1.2.6　农业遥感

RS 即农业遥感技术，是集空间信息技术，计算机技术，数据库、网络技术于一体的实用性技术（朱少龙 等，2019）。通过地理信息系统技术和全球定位系统技术的支持，在农业资源调整、农作物种植结构、农作物估产、生态环境监测等方面进行全方位的数据管理，数据分析和成果的生成与可视化输出，是目前一种较有效的对地观测技术和信息获取手段。近年来，遥感技术在农业部门的应用也越来越广泛，完成了大量的基础性工作，取得了很大的进展，在农业资源调查与动态监测、生物产量估计、农业灾害预报与灾后评估等方面，取得了丰硕的成果。农业遥感关键技术主要包括基于 GIS 的农业机械导航定位技术、田块尺度农作物遥感动态监测技术、作物水分胁迫信息的遥感定量反演与同化技术、基于 LIDAR 数据和 QuickBrid 影像的树高提取方法、作物生长发育理化参量和农田信息遥感反演理论方法体系等。

1.2.7　农业定位与导航

GPS 即全球定位系统，是由美国建立的一个卫星导航定位系统，利用该系统，用户可以在全球范围内实现全天候、连续、实时的三维导航定位和测速。另外，利用该系统，用户还能够进行高精度的时间传递和高精度的精密定位。现实生活中，GPS 定位主要用于对移动的人、宠物、车及设备进行远程实时定位监控的一门技术。GPS 定位是结合了 GPS 技术、无线通信技术（GSM/GPRS/CDMA）、图像处理技术及 GIS 技术的定位技术，实现如下功能：全天候 24 小时监控所有被控车辆的实时位置、行驶方向、行驶速度，以便及时地掌握车辆的状况。车辆历史行程、轨迹记录。车辆调度，调度人员确定调度车辆或者在地图上画定调度范围，GPS 系统自动向车辆或者画定范围内的所有车辆发出调度命令，被调度车辆及时回应调度中心，以确定调度命令的执行情况。GPS 系统还可对每辆车成功调度次数进行月统计。

1.3 农业信息感知体系框架

农业信息感知体系框架如图 1.1 所示，农业信息感知主要技术领域包括农业生产环境信息感知、农业生产对象个体识别信息感知、农业空间信息感知、动植物生理信息感知等。其中农业生产环境信息感知包括农业水体环境信息感知、农作物生长土壤环境信息感知、农业气象信息感知，农业信息感知涵盖农业产前、产中、产后从环境信息到动植物个体信息获取，采用农业信息感知，有效解决了农业物联网信息获取瓶颈，为农业智能管理决策提供了可靠数据源和技术支撑。

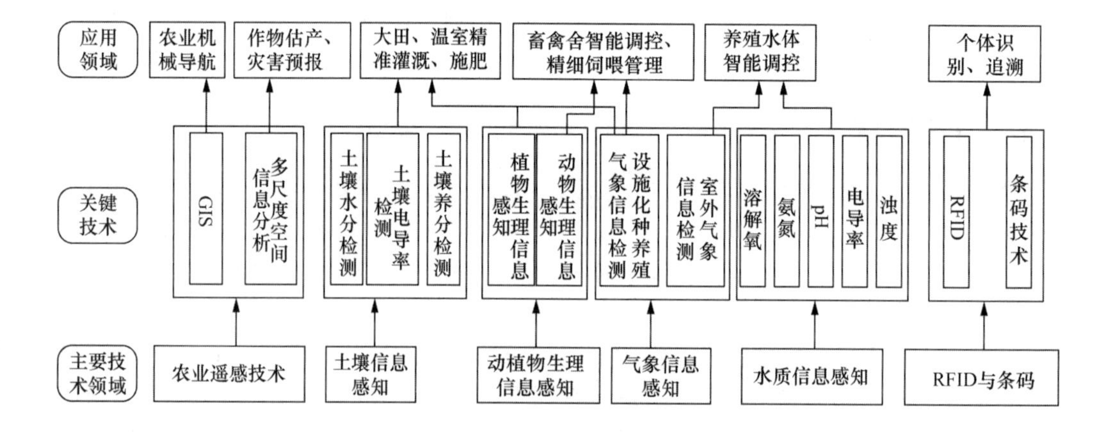

图 1.1 农业信息感知体系框架

小 结

本章从四个方面对农业信息感知内容进行了系统阐述。首先介绍了农业物联网信息获取领域常用的水质信息感知、土壤信息感知、农业环境小气候信息感知、农业动植物生理信息感知、农业自动识别、农业遥感和农业导航等方面的概念。其次阐述了水质、土壤、农业环境小气候、自动识别、动植物、遥感以及定位与导航等信息获取等方面的主要内容和技术特点。而后概括了农业信息感知体系框架，揭示了农业信息感知各部分内容间的逻辑关系。

随着新型材料技术、微电子技术、微机械加工技术、光学技术等的发展，农业信息感知技术逐渐从最初的实验室理化分析过渡到借助新型敏感材料，使得农业生产各环节信息实时在线获取成为可能。农业先进传感技术的快速发展，特别是各类电化学传感技术、光学传感技术、微纳米传感技术的快速发展使得农业物联网的大规模应用成为可能。由于农业生产分布点多面广，环境恶劣，应大力发展具有可靠性高、稳定性好、抗蚀性强的先进传感技术，以提高农业生产现场信息获取的准确性。同时，发展农业信息多层次、多尺度获取技术，实现农业生产产前、产中、产后全程信息可测，对于提高农业生产作业效率，降低生产成本，保障食品安全，实现农业生产可持续发展具有重要意义。

参考文献

彭丽娜，2017. GPRS 在气象信息采集系统中的应用[J]. 内蒙古科技与经济(6)：61，76.

王亓剑，赵馀，章华，等，2020. 浅析 WSN、RFID 技术在我国农业中的应用[J]. 产业与科技论坛，19(1)：52-53.

王祖良，郭建新，张婷，等，2020. 农产品质量溯源 RFID 标签批量识别[J]. 农业工程学报，36(10)：150-157.

张新伟，陈毅飞，杨会民，等，2019. 植物生理生态信息检测技术的研究现状与进展[J]. 新疆农业科学，56(9)：1743-1755.

朱少龙，张晋玉，晁毛妮，等，2019. 农业遥感技术研究进展[J]. 种业导刊 (8)：3-9.

第 2 章　水质信息感知技术

水产养殖是农业的重要组成部分，养殖水体水质的好坏直接决定水产养殖的产量和质量，养殖水体参数信息的感知是实现水产养殖的自动化监测和控制的前提。**水体信息传感技术是指采用物理、化学、生物等手段和技术来观察、测试养殖水体的物理、化学参数变化，对影响水产养殖的关键环境因子（参数）进行在线监测分析，为水产养殖自动化控制和决策提供可靠的数据和信息来源。**本章讲述了几种常规水质参数的定义、传感机理、检测方法，重点论述了易于接入农业物联网的水体溶解氧、电导率、pH、氨氮、浊度和叶绿素 a 等水质传感器的结构和工作原理，旨在使读者对水产养殖领域水体信息传感技术有一个系统全面的认识和了解。

2.1　概述

传感器是把被测量的信息转换为另一种易于检测和处理的量（通常是电学量）的独立器件或设备，传感器的核心部分是具有信息形式转换功能的敏感元件。在物联网中传感器的作用尤为突出，是物联网中获得信息的唯一手段和途径，物联网依靠于传感器感知到每个物体的状态、行为等数据。传感器采集信息的准确性、可靠性、实时性将直接影响到控制节点对信息的处理与传输。传感器的稳定性、可靠性、实时性、抗干扰性等性能，对物联网应用系统的性能起到举足轻重的作用。在农业水质监测方面，传感器可以用于水温、水体溶解氧、氨氮、硝酸盐、电导率、pH、浊度、叶绿素 a、CDOM 等对水产品生长环境有重大影响的水质参数的实时采集，进而为水质预测和调控提供科学依据。

2.2　溶解氧传感器

溶解氧（dissolved oxygen，DO）是指溶解于水中分子状态的氧。溶解氧是水生生物不可缺少的生存条件。对于水产养殖业来说，水体溶解氧对水中生物如鱼类的生存有着至关重要的影响，当溶解氧低于 3mg/L 时，就会引起鱼类窒息死亡，对于人类来说，健康的饮用水中溶解氧含量不得小于 6mg/L。溶解氧是衡量水质的综合指标。

目前，溶解氧的检测主要有碘量法、电化学探头法和荧光淬灭法三种方式（喻金钱，2017）。其中碘量法是一种传统的纯化学检测方法，测量准确度高且重复性好，在没有干扰的情况下，此方法适用于各种溶解氧浓度大于 0.2mg/L 和小于氧饱和度两倍（约 20mg/L）的水样。碘量法分析耗时长，水中有干扰离子时需要修正算法，程序烦琐，无法满足现场测量的要求。对于需要长期在线监测溶解氧的场合，一般采用电化学探头法和荧光淬灭法。

2.2.1　电化学探头法

根据工作原理，电化学探头法可分为极谱法和原电池法两种，它们都属于薄膜氧电极，该电极最早由 L.C.Clark 研制，故也称 Clark 氧电极，它实际上是一个覆盖聚乙烯或聚四氟乙烯薄膜的电化学电池，由于水中溶解氧能透过薄膜而电解质不能，因而排除了被测溶液中各种离子电解反应的干扰，成为测定溶解氧的专用性电极。氧气通过膜扩散的速度和氧气在两侧的压力差是成比例的。因为氧气在阴极上快速消耗，可以认为氧气在膜内的压力为零，所以氧气穿过膜扩散的量和外部氧气的绝对压力是成比例的（肖忠 等，2017）。

覆膜氧电极的优点是灵敏度高，响应迅速，测量方法比较简单，适用于地表水、地下水、生活污水、工业废水和盐水中溶解氧的测定，可测量水中饱和百分率为 0～200%的溶解氧。

1．极谱法

在极谱法的氧电极中，由黄金（Au）或铂金（Pt）作阴极，银-氯化银（或汞-氯化亚汞）作阳极，电解液为氯化钾溶液。需要在两电极之间加一适当的极化电压，此时溶解氧透过高分子膜，然后在阴极上发生还原反应，电子转移产生了正比于试样溶液中氧浓度的电流，其反应过程如下。

阳极氧化反应：

$$4Ag+4Cl^- \longrightarrow 4AgCl+4e^-$$

阴极还原反应：

$$O_2+2H_2O+4e^- \longrightarrow 4OH^-$$

全反应：

$$4Ag+O_2+2H_2O+4Cl^- \longrightarrow 4AgCl+4OH^-$$

根据法拉第定律：$i=K\cdot N\cdot F\cdot A\cdot C_s\cdot P_m/L$，其中，$K$ 为常数；N 为反应过程中的失电子数；F 为法拉第常数；P_m 为薄膜的渗透系数；L 为薄膜厚度；A 为阴极面积；C_s 为样品中的氧分压。当电极结构固定时，在一定温度下，扩散电流的大小只与样品氧分压（氧浓度）呈正比例关系，测得电流值，便可知待测试样中氧的浓度。

2．原电池法

原电池法氧电极一般由铅（Pb）作阴极，银（Ag）作阳极，电解液为氢氧化钾溶液。当外界氧分子透过薄膜进入电极内并到达阴极的三相界面时，产生如下反应。

阳极氧化反应：$2Pb+2KOH+4OH^{-}-4e \longrightarrow 2KHPbO_2+2H_2O$

阴极还原反应：$O_2+2H_2O+4e^{-} \longrightarrow 4OH^{-}$

即氧在银阴极上被还原为氢氧根离子，并同时向外电路获得电子；铅阳极被氢氧化钾溶液腐蚀，生成铅酸氢钾，同时向外电路输出电子。接通外电路之后，便有信号电流通过，其值与溶氧浓度呈正比。

对于这两种类型的氧传感器，其内部的氧气都在阴极上快速消耗，可以认为氧气在膜内的压力为零，因此氧气穿过膜扩散的量和外部的氧气绝对压力是呈比例的。但在实际应用中，氧电极的输出信号除了与水体氧气分压有关外，还与水体的温度、流速、盐度、水质、大气压力等因素有关，而且电极本身也存在零点漂移和膜老化等问题，其中水体温度对传感器响应的影响最为明显，在海水中应用时，盐度的影响也必须考虑，因此，为保证溶解氧的测量精度，必须采取有效的温度和盐度补偿措施，并对电极进行定期校准。

极谱法传感器的优势是有比较长的阳极寿命、较长的质保期和在电解液中不会有固体产生，缺点是需要较长的极化预热时间；原电池法的优点是不需要极化预热，响应快，校准维护方便，缺点是电极寿命相对较短。

2.2.2 荧光淬灭法

荧光淬灭是指荧光物质分子与溶剂或溶质分子之间所发生的导致荧光强度下降的物理或化学作用过程。与荧光物质分子发生相互作用而引起荧光强度下降的物质称为荧光淬灭剂。荧光淬灭法的测定是基于氧分子对荧光物质的淬灭效应原理，根据试样溶液所发生的荧光的强度或寿命测定试样溶液中荧光物质的含量（赵明富 等，2017）。

荧光淬灭法的检测原理是根据 Stern-Volmer 的淬灭方程：

$$\frac{I_0}{I}=\frac{\tau_0}{\tau}=1+K_{SV}[Q] \tag{2.1}$$

式中，I_0、I、τ_0、τ 分别为无氧气和有氧气条件下的荧光强度和寿命；K_{SV} 为方程常数；$[Q]$为溶解氧浓度。

根据实际测得的荧光强度 I_0、I 及已知的 K_{SV}，可计算出溶解氧的浓度，由于荧光寿命是荧光物质的本征参量，不受外界因素的影响，因此，对荧光寿命的测定可提高测定的检测准确度和增强抗干扰能力。

采用相移法实现对荧光寿命的测定。所采用的激发光是正弦调制过的光信号，因此导致指示剂发射的荧光也呈正弦变化，但由于吸收和发射之间的时间延迟，荧光比激发光在相位上延迟 θ 角，且滞后相位 θ 与荧光寿命 τ 存在如下关系：

$$\tan\theta = 2\pi f\tau \tag{2.2}$$

式中，f 为正弦调制频率。

因此，通过测定 θ 即可得到不同溶解氧质量浓度下荧光的寿命 τ，从而得出溶解氧的浓度值。由于检测对象是待测信号与参考信号之间的相位的变化，而不是光强的变化，从而可以排除杂散光对荧光信号的影响，具有较强的抗干扰能力和较高的测量准确度。

由式（2.1）可得

$$\frac{\tan\theta_0}{\tan\theta}=1+K_{SV}[Q] \tag{2.3}$$

式中，θ_0、θ 分别为无氧气时和有氧气时的滞后相移；$[Q]$为溶解氧浓度。

因此，测定不同情况下的 θ，即可导出溶解氧质量浓度的值。

与电化学探头法相比，荧光淬灭法的优点在于它不需要透氧膜，无电解液，基本不需要维护；另外荧光溶氧探头在工作时无氧气消耗，没有流速和搅动要求，反映更灵敏，测量更稳定可靠。

2.3　电导率与盐度传感器

电导率是以数字表示溶液传导电流的能力，通常用来表示水的纯度。纯水的电导率很小，当水中含有无机酸、碱、盐或有机带电胶体时，电导率就增加。水溶液的电导率取决于带电荷物质的性质和浓度、溶液的温度和黏度等。海水盐度是由电导率和温度自动计算得到的。电导率测量通常采用的方法有三种，即超声波电导率测量法，利用超声波完成对电导率的测量；电磁式电导率测量法，利用电磁感应原理，通过产生交变磁通量的方法实现电导率测量；电极式电导率测量法，测量电极间电阻间接求得溶液电导率。其中，电磁式电导率测量法和超声波电导率测量法检测元件不与被测溶液直接接触，常用于测量强酸、强碱等腐蚀性液体的电导率，但受到测量机理限制，测量范围较窄，无法对低电导溶液进行测量。电极式电导率测量依据电解导电原理，需要将电极插入被测溶液中进行测量，是目前最常用的电导率测量方法，其具体实现方法有分压法、相敏检波法、双脉冲法、动态脉冲法、频率法等。

在电极式电导率测量法中，用于测量的电导池通常由 2～5 个金属电极按照一定的几何形状装配而成，其电阻测量值取决于样品溶液流通体积的长度及电极的面积，或者简而言之取决于单个电导池的几何结构。对于如平行极板电容器一样简单的几何体而言，电导池常数 K_{cell} 可以通过电极间距离 l 除以电极面积 A 计算，即 $K_{cell}=l/A$。而在实际应用中，电导池的几何形状复杂，则不能够如此简单计算。因此电导池常数最好采用校正法进行测定。另外，鉴于各个电导池之间有差异，电导池常数是采用单个测定后标注于池体上。

电导池在测量过程中表现为一个复杂的电化学系统，测量结果主要受极化效应、电容效应和温度三方面的影响，在一定条件下，电导池可简化等效为溶液电阻和电极引线分布电容并联的形式。在电导率的测量过程中，温度会直接影响到电解质的电离度、溶解度和离子浓度，对测量结果的影响最为严重，温度补偿的方法很多，如恒温法、手动补偿法和自动补偿法等。目前最为成熟方法的是测量电导率的同时测量溶液温度，进行查表补偿或公式补偿。

2.4 pH 传感器

在既非强酸性又非强碱性（$2<pH<12$）的稀溶液中，pH 定义为氢离子浓度的负对数，如式（2.4）所示。pH 电极是用来测量氢离子浓度即溶液酸度的装置，属于离子选择性电极的一种。

$$\mathrm{pH}=-\lg[H^{+}]=\lg\frac{1}{[H^{+}]} \tag{2.4}$$

电化学分析方法的重要理论依据是能斯特方程，它是将电化学体系的电位差与电活性物质的活度（浓度）联系起来的一个重要公式。

$$E=E^{0}-\frac{RT}{nF}\ln\frac{\alpha_{i1}}{\alpha_{i2}}=E^{0}+2.303\frac{RT}{nF}\lg\frac{\alpha_{i1}}{\alpha_{i2}} \tag{2.5}$$

式中，E 为单电极电位；E^0 为标准电极之间的电位差；T 为绝对温度，单位 K；R 为气体常数，等于 8.31J/(mol · K)；n 为在 E^0 下转移电荷的摩尔数；F 为法拉第常数，为每摩尔电子所携带的电量，F=96 467C；α_i 为离子活度，下标 1、2 对应于离子的两种状态：还原态和氧化态，对应液体溶液，离子活度定义为：$\alpha_i=C_i f_i$，其中 C_i 为第 i 种离子的浓度，f_i 为离子活度系数，对于很稀（$<10^{-3}$mol/L）的溶液，$f_i\approx 1$。

由于 pH 电极的输出阻抗特别高，所以放大电路的第一级必须选用高输入阻抗的运放进行阻抗匹配，另外，在实际应用中发现，电极探头输出的信号容易受 50Hz 工频信号干扰，所以在信号调理模块中增加了低通滤波环节。图 2.1 是 pH 电极变送调理电路的工作原理图。

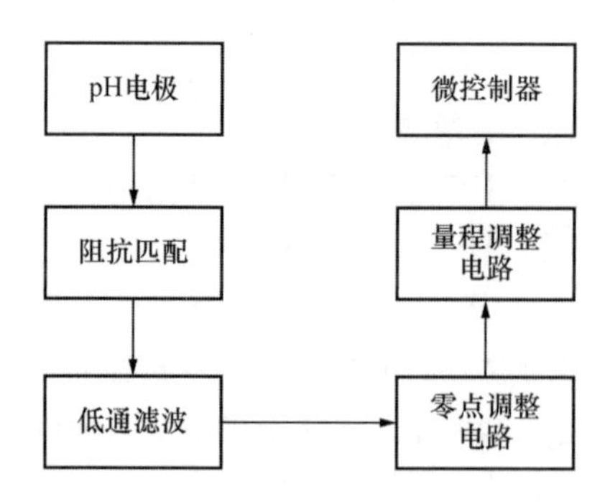

图 2.1
pH 电极变送调理电路的工作原理图

2.5 氨氮传感器

水体的氨氮含量是指以游离态氨 NH_3 和铵离子 NH_4^+ 形式存在的化合态氮的总量，是反映水体污染的一个重要指标，游离态的氨氮到一定浓度时对水生生物有毒害作用，例如游离态的氨氮在 0.02mg/L 时即能对某些鱼类造成毒害作用。氨在水中的溶解度在不同温度和 pH 下是不同的，当 pH 偏高时，游离氨的比例较高，反之，铵离子的比例较高。一定条件下，水中的氨和铵离子有下列平衡方程式表示：

$$NH_3 + H_2O \Longrightarrow NH_4^+ + OH^-$$

测定水体中氨氮含量有多种方法，现有的测定氨氮的方法主要有蒸馏分离后的滴定法、纳氏试剂分光光度法、苯酚-次氯酸盐（或水杨酸-次氯酸盐）分光光度法、电极法（包括铵离子、氨气敏和电导法）、光纤荧光法及光谱分析法等。上述方法均存在一些局限，比如滴定法的灵敏度不够高，分光光度法化学试剂用量大、步骤繁杂，铵离子电极法易受其他一价阳离子干扰，气敏电极测试水样 pH 必须调整到大于 11，光纤荧光法技术还不成熟、光谱分析法仪器成本昂贵等。其中，相对较适用于现场快速检测的是氨气敏电极法，下面对其工作原理做简单介绍。

氨气敏电极为复合电极，如图 2.2 所示，它以 pH 玻璃电极为指示电极，Ag/AgCl 电极为参比电极。此电极对置于盛有 0.1mol/L 氯化铵内充液的塑料电极杆中，其下端紧贴指示电极敏感膜处装有疏水半渗透薄膜（聚偏氟乙烯薄膜），使内电解液与外部试液隔开，半透膜与 pH 玻璃电极间有一层很薄的液膜。水体中的氨气和铵离子的浓度与水的离子积常数 K_w 和 NH_3 碱离解度常数 K_b 有关，而不同温度下 K_w 和 K_b 是变化的，可以通过如下公式计算水体中的氨气和铵离子的浓度比例。

$$\frac{[NH_4^+]}{[NH_3]} = \frac{K_b}{K_w}[H^+] = \frac{10^{\Delta^*}}{10^{pH}} \tag{2.6}$$

式中，$\Delta^* = pK_w - pK_b$；$pK_w = -\lg K_w$；$pK_b = -\lg K_b$。当水样中加入强碱溶液将 pH 提高到 11 以上时，铵盐会转化为氨气，生成的氨气由于扩散作用而通过半透膜使氯化铵电解质液膜层内 $NH_4^+ \Longrightarrow NH_3 + H^+$ 的反应向左移动，从而引起氢离子浓度改变，由 pH 玻璃电极测得其变化。

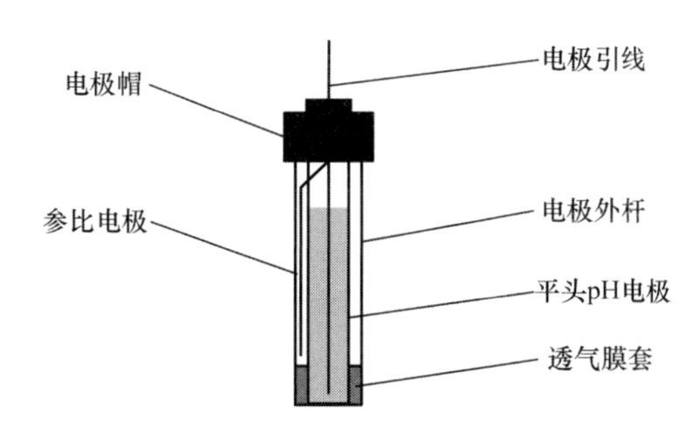

图 2.2
氨气敏电极结构图

2.6　硝酸盐传感器

由于近年来生活、工业和农业废气废水的大量排放，使全球氮循环加剧，造成自然水体中硝酸盐浓度急剧增加。硝酸盐这类营养物质含量过高会干预生物平衡，导致藻类大量生长，引发赤潮，破坏生物多样性，而且硝酸盐还可以还原为亚硝酸盐对人体和水生动物产生危害。因此，为了准确评估水质，对硝酸盐进行原位在线监测是必要的。

测定水体硝酸盐的方法主要有离子选择性电极法、化学发光法、紫外可见光谱法（UV）等。对于所有的离子选择性电极，硝酸根活度（或者稀溶液中的浓度）的对数与观察到的电压之间的线性关系是测定的理论基础。离子选择性电极（ISE）的传感膜易受与被测物质性质相似的物质的影响，不适合在盐水或含有大量氯离子的溶液中测定硝酸盐。化学发光法需要使用化学试剂，容易造成水体二次污染。采用紫外吸收光谱法是根据水体中硝酸盐仅对紫外光有吸收，且在特定浓度范围内符合比尔-朗伯吸收定律，再通过偏最小二乘法对硝酸盐校正浓度值与吸光度进行拟合，得到硝酸盐预测浓度值（程长阔 等，2017）。

图 2.3 是一种 UV 光谱式硝酸盐传感器系统的结构。传感器主要由紫外光源、光纤、光学测量窗口、微型光谱仪、数据处理模块、电刷等组成。紫外光源（氘灯）发射的紫外光经光纤传导到光学测量窗口，入射光经过测量窗口后，部分特征波段被吸收，使得光强减弱，出射光经光纤传导到微型光谱仪，并将其转换为电信号，通过控制电路和信号处理电路得到吸收光谱。数据处理模块对紫外吸收光谱数据进行处理，根据海水硝酸盐紫外吸收波段干扰物质组成与建模算法研究计算得到硝酸盐浓度值（杨鹏程 等，2016），测量结果通过水密接头与上位机进行通信，完成整个仪器测量过程。电刷用于定期清洁光学测量窗口，避免海水微生物或泥沙长时间积累对光学测量造成影响。

吸收光谱法硝酸盐测量光路通常可分为反射式和入射式两种，两种光学结构均要求入射端与透射端绝对准直。反射式光路紫外光源与光谱仪在同一侧，紫外光经光纤传输，透过反射探头光学测量窗口，经反射到达光谱仪，获取吸光度数据。透射式光路紫外光源与光谱仪在两侧，以光学测量窗口分隔，紫外光经光学测量窗口进入光谱仪，获取吸光度数据。因为透射式光路样品池对紫外光只有一次吸收，传感器光路在相同光衰减率的情况下，透射式光路进入到微型光谱仪的光信号更强，进而提高了硝酸盐可测量浓度最大值和信噪比。

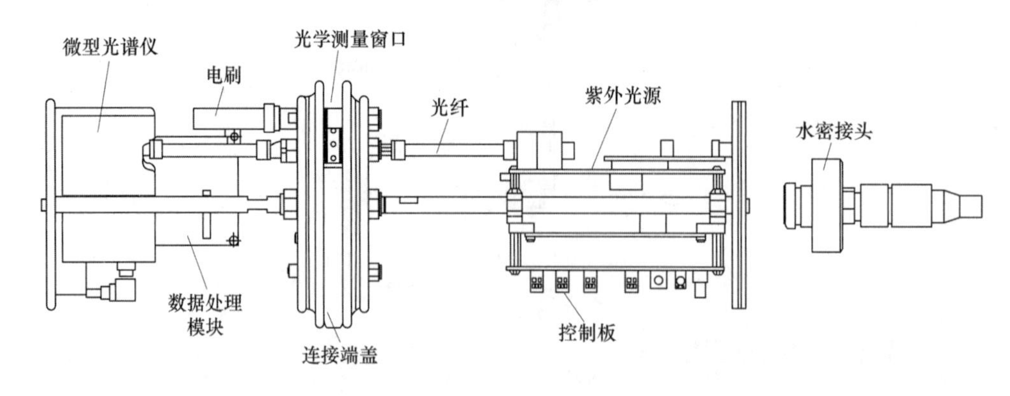

图 2.3
UV 光谱式硝酸盐传感器系统的结构

2.7　浊度传感器

浊度是评价水的透明程度的量度。由于水中含有悬浮及胶体状态的微粒，使得原是无色透明的水产生浑浊现象，其浑浊的程度称为浊度。浊度显示出水中存在大量的细菌，病原体，或是某些颗粒物，这些颗粒物可能保护有害微生物，使其在消毒工艺中不被去除，因此无论在饮用水、工业过程或水产养殖中，浊度都是一个非常重要的参数。根据测量原理，浊度的测量有透射光测定法、散射光测定法、表面散射光测定法和透射光-散射光比较测定法等。其中较为常用的是散射光测定法，下面简单介绍其工作原理。

一定波长的光束射入水样时，由于水样中浊度物质使光产生散射，散射光强度与水样浊度呈正比，通过测定与入射垂直方向的散射光强度，即可测出水样中的浊度（罗勇钢 等，2015）。按照测定散射光和入射光角度的不同，分为垂直散射式、前向散射式和后向散射式三种方式，如图 2.4 所示。

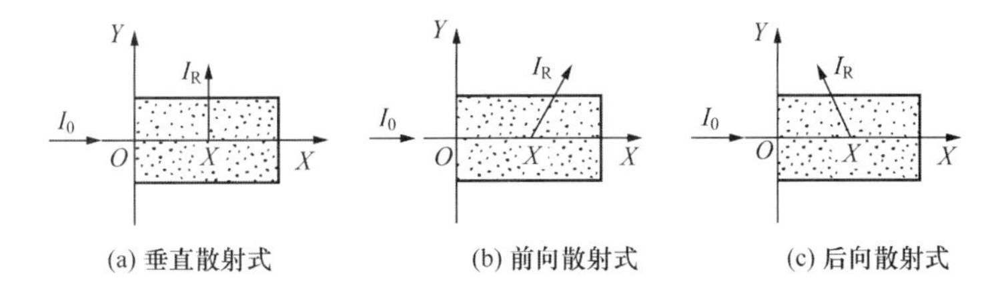

图 2.4
散射式浊度检测原理及分类

其工作原理是当一束光通过被测水样时，其 90° 方向的散射光强度 I_R 为

$$I_R = \frac{KNV^2}{\lambda^4} I_0 \tag{2.7}$$

式中，I_0 为入射光的强度；N 为单位容积的微粒数；V 为微粒体积；λ 为入射光波长；K 为系数。

在一定条件下，可假设 λ 和 V 为常数，因此在 I_0 不变的情况下，散射光强度 I_R 与浊度呈正比，浊度的测量转化成散射光强度的测量。

2.8　叶绿素 a 与 CDOM 传感器

叶绿素 a 是植物进行光合作用的主要色素，普遍存在于浮游植物（主要指藻类）和陆生绿色植物叶片中，在水体中其含量反映了浮游植物的浓度，可以通过对水中叶绿素 a 浓度的检测来监视赤潮和水质环境状况。此外，浮游植物是海洋湖泊生态系统中最主要的初级生产者和能量的主要转换者，浮游植物生物量的多少决定了海区内生态系统的群落结构和能量分布状态。因此，叶绿素 a 含量还可以作为估算海洋、湖泊初级生产力的重要依据。溶解有机物（CDOM）代表了地球表面最大的生物反应体，组成了异养细菌的主要培养基。海洋中的溶解有机物是由浮游植物通过细菌病毒溶解、释放、排泄、分泌产生的。有色溶解有机物是溶解有机物中对紫外光谱和可见光光谱吸收的部分，主要受海洋原位生物生产、海岸陆地输入、光化学降解、微生物消耗以及深海水层循环等控制（陈拥 等，2017）。CDOM 在线监测有助于解释初级生产力突然降低、浮游植物转移、藻化等现象。

目前，测量水体叶绿素 a 与 CDOM 主要使用分光光度法和荧光分析法。分光光度法大多采用 Lorenzen 提出的单色分光光度法，采集的样品必须经过处理后才能用该方法进行测定，叶绿素 a 浓度的检测极限为 1μg/L。若水中叶绿素 a 的含量极低，则应采用荧光分析法，其工作原理是：用 470nm 波长的光照射水中浮游植物，浮游植物中的叶绿素将产生波长约为 670nm 的荧光，测定这种荧光的强度 I_f，通过其与叶绿素 a 浓度的对应关系可以得出水中叶绿素 a 的含量（吴宁 等，2019）。根据 CDOM 的物质特性，CDOM 荧光检测的激发光中心波长为 370nm，发射荧光中心波长为 460nm。

荧光分析法的检测灵敏度通常比比色法和分光光度法至少高 2～3 个数量级。此外，荧光分析法的选择性非常高。吸光物质由于内在本质的一些差别，不一定都会发射荧光。而且，能发射荧光的物质彼此在激发波长和发射波长方面都会有差异，因此通过选择特定的激发波长和荧光检测波长，可以实现选择性测定的目的。

小 结

本章介绍了几种常规水质参数的定义、检测方法，并结合六种水质智能传感器，详细介绍了溶解氧、电导率与盐度、pH、氨氮、硝酸盐、浊度、叶绿素 a 与 CDOM 传感器的工作原理。

农业水体质量的优劣直接影响水产动物的生长状况，实时获取水体信息，合理地调节水质各项参数，对于改善水产动物的生长环境，提高经济效益具有十分重要的意义。

各种水质参数的测量方法较多，且各有特点，整体上水质传感器的发展趋势如下。

（1）基于光学原理的水质传感器具有较高的测量精度和较强的抗干扰能力，以及较好的重复性和稳定性，未来的研究重点将是荧光材料的化学稳定性、仪器的防腐蚀性能、电路的工作稳定性等方面进行研究。

（2）由于各种不同的水质参数之间存在着相互影响，因此，应加强多传感器信息融合技术的研究。

参考文献

陈拥，魏珈，林彩，等，2017．基于 CDOM 光学特性的近海环境富营养化监测[J]．光谱学与光谱分析，37(12)：3803-3808．

程长阔，宋家驹，杨鹏程，等，2017．海水光学硝酸盐传感器结构设计[J]．传感器与微系统，36(12)：75-77．

罗勇钢，程鸿雨，邹君，等，2015．一种散射式浊度传感器设计[J]．传感器与微系统，(6)：67-69．

吴宁，马海宽，曹煊，等，2019．基于荧光法的光学海水叶绿素传感器研究[J]．仪表技术与传感器，(10)：65-66．

肖忠，王佳庆，王清，2017．超声波清洗技术在溶解氧在线测量中的应用[J]．中国测试，43(12)：79-83.

杨鹏程，杜军兰，程长阔，2016．间隔偏最小二乘-紫外光谱法海水硝酸盐最佳建模波长区间选取[J]．海洋环境科学，35(6)：945-947.

喻金钱，2017．三种水体中溶解氧的检测方法介绍[J]．当代水产，42(2)：78-79．

赵明富，周慧，李成成，等，2017．基于荧光淬灭原理的塑料光纤溶解氧传感器[J]．半导体光电，38(1)：26-29．

第 3 章　土壤信息传感技术

土壤是农作物赖以生存和生长的物质基础。**土壤信息传感技术是指利用物理、化学等手段和技术观察、测试土壤的物理、化学参数变化，对影响作物生长的关键环境因素进行在线监测分析，为农业生产决策提供可靠的数据来源。**土壤水分是作物水分的主要来源，土壤电导率反映了土壤压实度、黏土层深度、水分保持能力等参数变化，土壤氮磷钾含量高低决定了作物营养水平。本章分别从土壤水分检测、电导率检测、氮磷钾等营养含量检测、土壤污染检测等方面对土壤信息传感的关键技术及原理进行了阐述。

3.1　概述

土壤既是一种非均质、多相、分散、颗粒化的多孔系统，又是一个由惰性固体、活性固体、溶质、气体以及水组成的多元复合系统，其物理特性非常复杂，并且空间变异性非常大，这就造成了土壤信息测量的难度。

土壤水分测量涉及应用数学、土壤物理学、介质物理学、电磁场理论和微波技术等多种学科的并行交叉。要实现土壤水分的快速测量又要考虑实时性要求，这更增加了其技术难度。土壤水分的测定方法除烘干法外，尚有电阻、热扩散、负压计、电容、谐振电容、γ 射线衰减、β 射线衰减、中子扩散、压力膜、核磁共振、遥感等方法。

土壤电导率检测是反映土壤中水溶性盐的有效指标，土壤水溶性盐作为土壤中的一个重要指标，可被用于判断土壤中水溶性盐是否成为限制作物生长的因子。同时，了解土壤盐分变化动态及对作物的生长影响具有重要的意义。常用的土壤电导率测量方法是电极法，具有操作简单、速度快等特点。

土壤养分检测有基于土壤理化分析原理的土壤溶液光电比色法开发的土壤主要营养元素快速测定仪，如 YN 型便携式土壤养分速测仪，还有基于近红外（NIR）多光谱分析技术、极化偏振激光技术、半导体多离子选择场效应晶体管（ISFET）的离子敏传感技术等土壤营养元素快速测定传感器。

土壤污染检测是反映土壤中有害物质的重要依据，主要是指对维持生态系统平衡及人体健康有重要影响的物质，如汞、铅、镉、砷、铝、铜、镍、硒、锌、铬、锰、钒、硫酸盐等元素或无机污染物，有机磷和有机氯农药等物质。常用的检测方法包括原子光谱法、质谱分析法等。土壤污染的有效监测对了解土壤质量状况，实施污染防控途径和质量管控措施具有重要意义。

随着计算机技术、光谱技术、遥感技术、传感器技术、多传感器信息融合技术和无线通信技术等技术的发展，国内土壤环境信息检测技术的研究取得了很大的进步。开发集多传感器为一体，能够同时测量多参数的多功能采集设备，并运用多传感器信息融合技术，以提高测量精度、扩展探测范围、提高测量的可靠性是田间信息采集设备研究的发展方向之一。

3.2 土壤含水量传感技术

土壤的特性决定了在测量土壤含水量时，必须充分考虑土壤容重、土壤质地、土壤结构、土壤化学组成、土壤含盐量等基本物理化学特性及变化规律。截至目前，土壤含水量测量方法研究经历了很长的道路，派生出了多种方法，但仍处于发展中。土壤含水量测量方法有多种分类方式，图 3.1 给出了一种常规的分类。

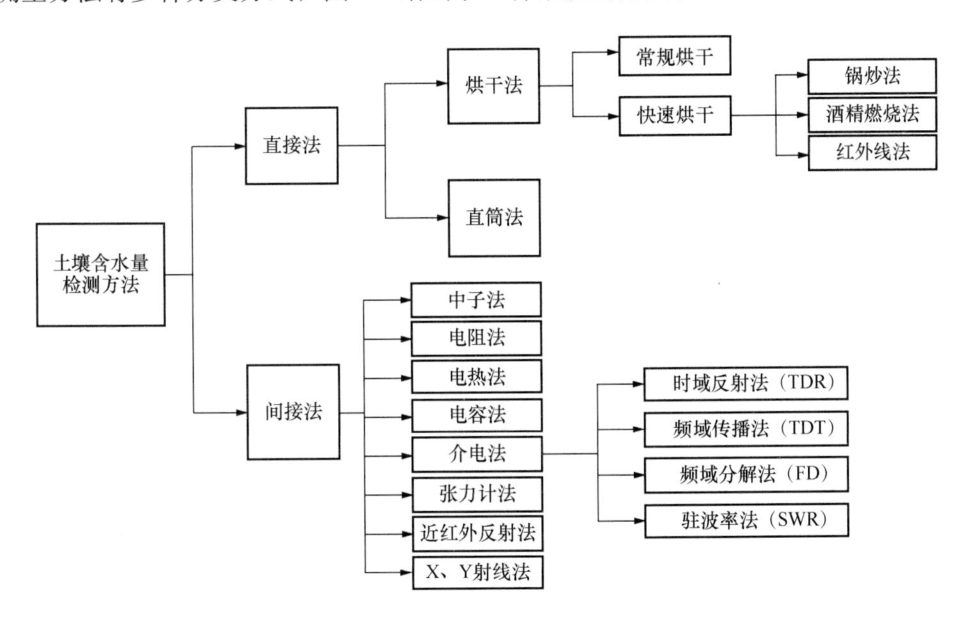

图 3.1 常用土壤含水量检测方法

其中，**烘干法**是测量土壤水分含量的经典方法，由于其具有测试精度高、测量范围宽等优点，被国际公认为测定土壤水分的标准方法。然而烘干法也存在着明显的缺点，当土壤质地分布不均时，很难获取有代表性的土样，并且耗时多，对田土有破坏，不能进行长期定位观测，无法实现土壤水分的在线快速测量，目前烘干法常常只是用来作为其他土壤水分测量方法的校正标准。**中子法**具有测定结果快速、准确并且可重复进行等优点，被公认为土壤水分测量的第二种标准方法，但由于其价格昂贵并且存在辐射防护问题，如果屏蔽不好会造成射线泄漏，以致污染环境和危害人体健康，目前中子法在发达国家已被禁止使用。**电阻法**和**电热法**等土壤水分测量方法虽然具有价格方面的优势，但测量范围相对狭窄，并且容易受到土壤质地、盐分、容重等因素的影响，田间应用不甚乐观。

目前研究和应用较多的是利用土壤介电特性的方法来测量土壤的水分，该方法对土壤中的水分敏感并且受到土壤容重、质地的影响小，被认为是最具潜力的土壤水分测量方法。按照测量原理，土壤水分监测仪器可分成以下几种类型：①时域反射型仪器（TDR）；②时域传输型仪器（TDT）；③频域反射型仪器（FDR）；④中子水分仪器（neutron probe）；⑤负压仪器（tension meter）；⑥电阻仪器（resister method）。

3.2.1 时域反射法测土壤水分

时域反射法（time-domain reflecometry，TDR）是一种介电测量中的高速测量技术，主要根据电磁波在不同介电常数的介质中传播时其行进速度会有所改变的物理现象提出。Topp 首先依此方法测得了土壤中气-固-液混合物的介电常数 ε，进而利用统计学中数值逼近的理论分类法找出不同种类土壤含水量与介电常数间的多项式关系：

$$\theta = -5.3\times10^{-2} + 2.92\times10^{-2}\varepsilon - 5.5\times10^{-4}\varepsilon^2 + 4.3\times10^{-6}\varepsilon^3 \tag{3.1}$$

式中，θ 为含水量；ε 为介电常数。

测量时将长度 L 的波导棒插入土壤中，电磁脉冲信号从波导棒始端传到终端，波导棒终端处于开路状态，脉冲信号受反射又沿波导棒返回始端。根据返回时间和返回时脉冲衰减计算土壤水、盐含量。土壤中固体成分占其容积的 50%左右，介电常数一般为 2，水的介电常数约为 80。因此，土壤水分数量的多少对土壤的介电常数影响很明显。不同质地土壤的介电常数与土壤含水量的关系可以统一标定，误差在 5%以内。而且容重、温度对土壤的介电常数与土壤含水量的关系影响很小。

基于 TDR 方法的土壤水分测试仪能够满足快速测量的实时性要求，可是对土壤这种复杂的多孔介质对象，虽然土壤水分 θ 的变化能够显著地导致介电常数 ε 的改变，但在传感器探针几何长度受到限制的条件下，由气-固-液三相混合物介电常数 ε 引起的入射—反射时间差 ΔT 却仅仅是 10^{-9} 秒数量级。这使得 TDR 土壤水分速测仪不可能测量 10cm 以内的垂直表层平均土壤含水量，而对某些作物来说，10cm 以内的垂直表层平均土壤含水量又是一个非常重要的控制指标，这是 TDR 土壤水分速测仪的一大缺陷。总体而言，TDR 测量方法具有快速方便，精度远高于中子仪等优势，但是设备昂贵。

3.2.2 频域反射法测土壤水分

频域反射法（frequency domain decomposition，FDR）利用矢量电压测量技术，在某一理想测试频率下对土壤的介电常数 ε 进行实部和虚部的分解，通过分解出的介电常数虚部可得到土壤的电导率，由分解出的介电常数实部换算出土壤含水率。1993 年，一种用于 FD 土壤水分传感器的专门芯片 ASIC（application specific integrated circuit）被开发出来，它不仅提高了 FD 土壤水分传感器的可靠性，而且极大地降低了其大规模生产成本，使 FDR 土壤水分传感器从研究阶段逐步走向生产推广阶段。

FDR 土壤水分传感器的测量原理是插入土壤中的电极与土壤（土壤被当作电介质）之间形成电容，并与高频震荡器形成 1 个回路。当 100～150MHz 的高频波施加在此电容上，会产生一个与土壤电容（土壤的介电常数）相关的共振频率，共振频率振幅的变化反映了土壤含水量的变化，共振频率的振幅也反映了土壤的电导率。通过特殊设计的传输探针产生高频信号，其阻抗随土壤阻抗变化而变化。应用扫频技术，选用合适的电信号频率使离子传导率的影响最小，传输探针阻抗变化几乎仅依赖于土壤介电常数的变化。这些变化产生 1 个电压驻波，驻波随探针周围介质的介电常数变化增加或减小由晶体振荡器产生的电压。利用电磁脉冲原理，根据电磁波在土壤中传播频率测试所得土壤的表观介电常数 ε 得到土壤容积含水量（θ_V）。

从电磁角度看，土壤由四种介电物质组成：空气、土壤固体物质、束缚水和自由水。在无线电频率标准状态时（20℃，1 大气压），纯水的介电常数为 80.4，土壤固体为 3～7，空气为 1。土壤的介电特性是以下几个因子的函数：电磁频率、温度和盐度，土壤容积含水量、束缚水与土壤总容积含水量之比、土壤容重、土壤颗粒形状及其所包含的水的形态。由于水的介电常数远大于土壤基质中其他材料的介电常数和空气的介电常数，因此土壤的介电常数主要依赖于土壤的含水量。总体而言，FDR 具备 TDR 的所有优点，且探头形状灵活，可搭建在运动的装备上于运动中测量。但是，当探头附近的土壤水分分布不均分或者有空洞时，将对测量结果产生影响。

3.2.3　驻波率法测土壤水分

基于驻波率原理的土壤水分速测方法与 TDR 和 FDR 两种土壤水分速测方法一样，同属于土壤水分介电测量（郭焘，于红博，2018）。针对 TDR 方法和 FDR 方法的缺陷，1995 年，基于微波理论中的驻波率（standing-wave ratio，SWR）原理的土壤水分测量方法被提出。与 TDR 方法不同的是，这种测量方法不再利用高速延迟线测量入射—反射时间差 ΔT，而是测量它的驻波率。试验表明，三态混合物介电常数的改变能够引起传输线上驻波率的显著变化。由 SWR 原理研制出的仪器在成本上有了大幅度的降低，但在测量精度和传感器的互换性上尚不及 TDR 方法。影响其测量精度的关键问题之一是探针的特征阻抗的计算。它属于非规则传输线特征阻抗的计算，首先需要建立描述探针周围电磁场分布梯度的偏微分方程，再利用复变函数理论构造一个合适的映射函数，将其变换到复数域上分析。由于构造一个合适的映射函数的难度很高，在某些情况下可以用数学分析中的夹逼定理计算土壤探针的特征阻抗。此外，在探针的结构设计上，通过大量实验发现，改变探针间的长短比值可以显著拓宽传感器的线性输出范围。

基于 SWR 的土壤水分测量装置如图 3.2 所示，它由信号源、传输线和探针三部分构成。其中信号源为 100MHz 的正弦波，传输线系特征阻抗为 50Ω 的同轴电缆，探针分布呈同心四针结构。

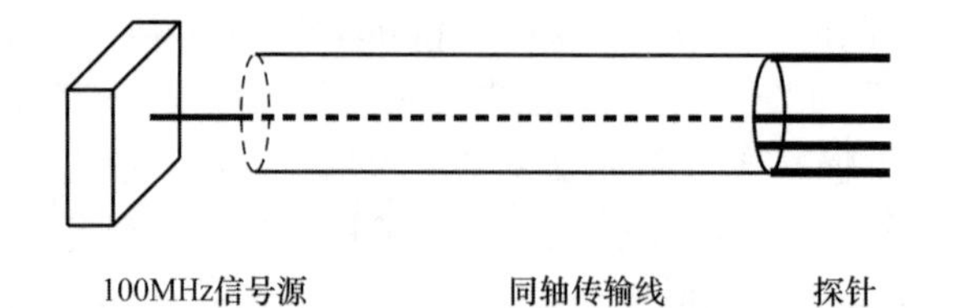

图 3.2
SWR 传感器组成结构图

驻波率法测土壤水分的基本工作原理是，信号源产生 100MHz 电磁波沿同轴传输线传播，在与探针的连接处由于阻抗不匹配会发生反射，在传输线上产生驻波，传输线两端的电压差随探针阻抗变化，探针的阻抗取决于土壤介质的表现介电常数。因此，通过测量传输线两端的电压差即可得到土壤的容积含水量。

3.2.4 中子法测土壤水分

中子仪、负压计是历史悠久的测量土壤体积含水量的仪器，主要包括快中子源、慢中子检测器、处理记录显示仪。快中子源常用低剂量的镅、铍放射源，使用时与慢中子检测器一起埋设在测量点。记录显示仪控制仪器定时测量计数，并显示和记录测得数值。中子仪适合人工便携式测量土壤墒情，采用中子水分仪定点监测土壤含水率时，每次埋设导管之前，都应以取土烘干法为基准对仪器进行标定。因中子仪器带有放射源，设备使用管理受到环境的限制。

在土壤中，中子源向各个方向发射能量在 0.1～10.0MeV 的快中子射线。快中子迅速被周围的介质，如被水中的氢原子减速为慢中子，并在探测器周围形成密度与水分含量相关的慢中子“云球”。散射到探测器的慢中子产生电脉冲，且被计数；测出慢中子的数量即可计算出土壤中的含水量。土壤中水分愈多，中子传过一段固定距离后碰撞到水中的氢原子越多，从而产生的慢中子也越多。

中子土壤湿度仪工作稳定、测量迅速、准确度高，适合于长期自动测量。由于它具有放射性，也最好能长期固定应用。也是因为它的放射性，与前述的同位素测沙仪一样，国内水文测验上很少应用。事实上，目前的仪器所使用的放射性物质剂量很小，只要注意使用要求，不会有碍于人体和环境。

3.3 土壤电导率传感技术

电导率是指一种物质传送（传导）电流的能力，单位为毫西门子/米（mS/m）。从介电物理学的角度看，土壤电导率的测量实质上介于介电损耗测量理论与方法的研究范畴。然而，土壤物理学的研究结果表明，土壤电导率本身包含了反映土壤品质与物理性质的丰富信息。土壤里的电流传导是由潮气通过土壤微粒之间小孔产生的。因此，土壤电导率主要由以下的土壤性质决定。

① 孔隙度　土壤的孔隙度越大，就越容易导电。黏土含量高的土壤要比沙质土壤有

更高的孔隙度。但是，可通过压实增加土壤的电导率。

② 温度　当温度降低到冰点附近时，土壤电导率会有微弱的下降。在冰点以下时，土壤孔隙彼此之间会越来越绝缘，导致整体的土壤电导率急剧下降。

③ 含水量　干燥的土壤比潮湿的土壤电导率低很多。电导率适中的土壤具有适中的土壤结构，并且能够适度地保持水分，这种土壤的农作物产量最高。

④ 盐分水平　提高土壤水中电解液（盐分）的浓度会急剧地增加土壤电导率，大多数种植玉米的土壤盐分水平是非常低的。

⑤ 阳离子交换能力　矿物质土壤包含很高的有机物（腐殖质）或者黏土矿物，例如高岭石、伊利石或蛭石，它们都比缺少有机物的土壤有较高的保持阳离子（如钙、镁、钾、钠、氨或氢）的能力。这些离子存在于土壤潮湿的气孔中，会和盐分一样提高土壤电导率。

国内外常用的土壤电导率的测量方法可分为实验室测量法和现场测量法两大类。实验室测量法是采用传统的理化分析手段。首先要制备土壤浸提液，然后利用电极法测量土壤浸提液的电导率，利用土壤浸提液的测量值表征土壤电导率的变化。这种传统的实验室方法作为标准测量方法具有较高的精度，也是评价土壤电导率高低的基准，但测量过程烦琐，且耗时很长，不能满足实时性测量的要求。相比之下现场测量具有非扰动或者小扰动和实时测量的优点，因此现场测量技术成为当今国内外研究的一个热点。现场测量方法包括非接触式测量和接触式测量，非接触式测量主要是指电磁感应法（EMI），接触式测量包括电流—电压四端法和时域反射法。

3.3.1　电磁感应法测土壤电导率

电磁感应法属于非接触式土壤电导率测量方法，它利用受原始地下场感应而生成的地下交变电流所引起的电磁场检测土壤电导率（冯思敏，2019），图 3.3 为其原理图。电磁感应仪 EM38 总长度 1m，主要由信号发射（T_x）和信号接收（R_x）两个端口组成，两者之间相隔一定的距离（s），发射频率为 14.6kHz。

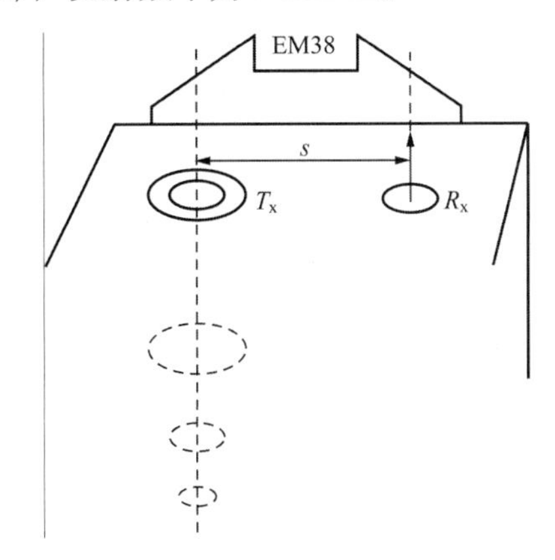

图 3.3 电磁感应法测量原理图

电磁感应法测量电导率时，首先由信号发射端子产生磁场强度，随大地深度的增加而逐渐减弱的原生磁场（H_p），原生磁场的强度随时间动态变化，因此该磁场使得大地中出现了非常微弱的交流感应电流。这种电流又诱导出次生磁场（H_s），信号接收端子既接受原生磁场信息又接受次生磁场信息。通常，原生磁场 H_p 和次生磁场 H_s 均是两端子间距（s）、交流电频率及大地电导率的复杂函数，且次生磁场与原生磁场电导率呈线性关系，可表示为

$$EC_a=4(H_s/H_p)/\omega\mu_0 s^2 \tag{3.2}$$

式中，EC_a 为大地电导率（mS/m）；H_s、H_p 分别为次生磁场和原生磁场强度；$\omega=2\pi f$，f 为发射频率（Hz）；s 为发射端子与接受端子之间的距离（m）；μ_0 为空间磁场传导系数。

3.3.2 电流–电压四端法测土壤电导率

所谓电流-电压四端法，是指测试系统包括两个电流端和两个电压端，两个电流端提供所需的测量激励信号，通过检测两个电压端的电位差换算出介电材料（土壤）的电导率。如图 3.4 所示，其中 J 与 K 端为电流端，M 与 N 端为电压端，表示恒流源，充当测试系统的激励，V 为 M 与 N 之间的电压降。电流-电压四端法属于接触式测量方法，虽为接触测量但却不需要取样，基本不用扰动土体，而且在作物生长前和生长期间都可以实现对不同深度土壤电导率的实时测量，而且测量值与土壤浸提液电导率值有着较好的相关性。但是，测量过程中要求土壤与电极之间接触良好。在测量含水量较低或者多石的土壤时，测得的土壤电导率可靠性较差。

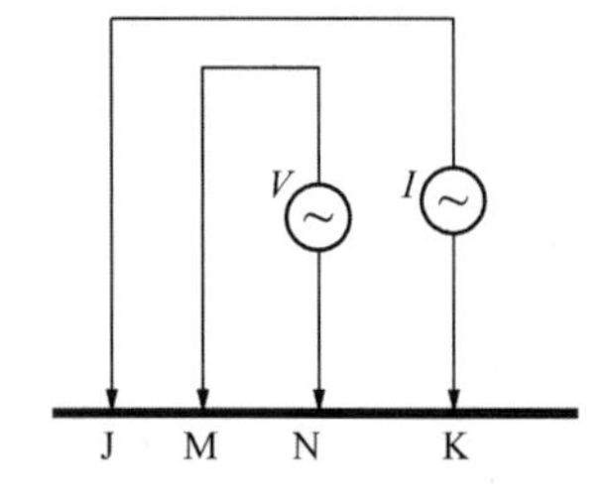

图 3.4 电流-电压四端法测土壤电导率

由导体电导率的定义可知，如果测量对象的横截面积与长度确定，则导体的电导率很容易求得。然而，对于大地电导率的测量，它恰恰是一个横截面积与长度都不确定的复杂测量对象。经大量的科学研究表明，可得大地的电导率测量公式为

$$\sigma=\frac{\left(\frac{1}{\mathrm{JM}}-\frac{1}{\mathrm{JN}}\right)-\left(\frac{1}{\mathrm{KM}}-\frac{1}{\mathrm{KN}}\right)}{\frac{1}{2\pi}}\cdot\frac{1}{V}=K\cdot\frac{1}{V} \tag{3.3}$$

式中，JM、JN、KM、KN 分别表示相应两端点之间的距离。通过在稳幅交流电源输出电流一定的情况下，土壤电导率和电压端电压降呈反比。其中，K 是一个与传感器电极分布有关的系数。

在国外，已经有基于电流-电压四端法测量原理的车载土壤电导率测量的商品化设备，典型代表是美国 Veils 公司生产的 Veris3100。中国农业大学基于电流-电压四端法与应变片电桥法开发了一套车载式土壤电导率与机械阻力实时测量系统，具有良好的测试

效果（孟超 等，2019）。

3.3.3 土壤水分、电导率复合检测

图 3.5 为土壤水分/电导率/温度复合感知测量原理框图。土壤水分和电导率复合感知是通过同步测量两个频率下的探头导纳幅值，进而分解探头导纳的实部与虚部，利用探头导纳实部与介电损耗的关系得出土壤电导率，探头导纳虚部与介电常数的关系得出土壤含水率，实现土壤水分、电导率的实时测量，消除两者间相互影响，提高每个参数的测量精度。图 3.5 中包括至少两个不同频率信号发生源，高频信号发生源 Sw1 和低频信号发生源 Sw2 分别与探头 ZL 相连接，上述三者的另一端是共同接地的；精密取样元件 Zr1 和 Zr2 分别处于高频信号发生源 Sw1 和低频信号发生源 Sw2 所在的电路。频率带通滤波器 Fw1 串联在第一信号发生源 Sw1、第一精密取样元件 Zr1 和探头 ZL 所在的电路中；特定频率带通滤波器 Fw2 串联在第二信号发生源 Sw2、第二精密取样元件 Zr2 和探头 ZL 所在的电路中。微处理器通过 A/D 转换器将高低频率反映的模拟信号，转换成数字信号，应用嵌入式土壤水盐耦合分解模型，不仅可以输出智能传感器直接输出的土壤水分和电导率，而且可以输出土壤溶液电导率。在此基础上，微处理器内嵌智能化算法，实现自识别/自诊断功能和标准化的土壤信息智能接口。常用的符合测量仪器有产自英国的 HH2 / WET 土壤三参数速测仪，采用 FDR 原理能同时测量水分、电导率、温度三个指标，非常方便快捷（张晓光 等，2019）。

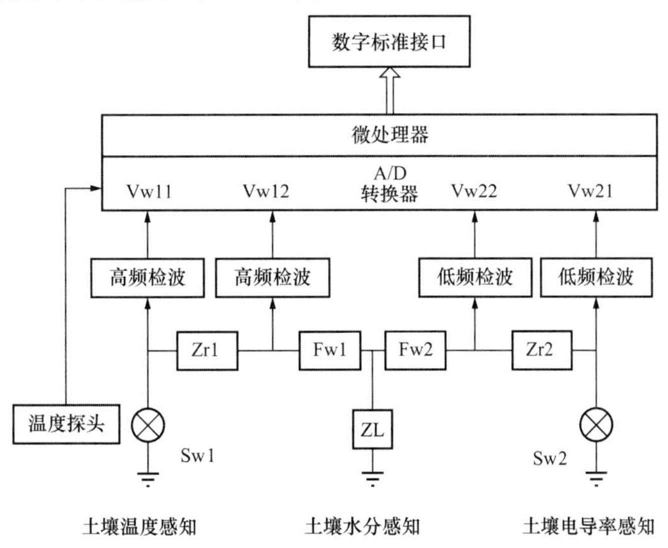

图 3.5 土壤水分/电导率/温度复合感知测量原理框图

3.3.4 光谱方法测土壤电导率

传统的土壤电导率测量主要依靠实地采样、实验室理化分析的方法，该方法虽然精度可靠，但是耗时耗力，难以满足大范围实时测量的需求。而目前主流的遥感技术，具有检测范围广、实时性高、时间连续性强等优势，已实现多时相、宏观的土壤电导率监测，一定程度上为土壤盐渍化的监测和防控提供了一定的基础保障（亚森江・喀哈尔 等，2019）。

测量过程中，首先利用 ASD FieldSpec 3 型光谱仪（产自美国 Analytical Spectral Devices 公司，波段为 350～2500nm）于暗室条件下测定样品的 VIS-NIR 真值光谱数据。然后通过这些数据分别模拟 Landsat 8 OLI、Sentinel 2、Sentinel 3 宽波段，采用多种预处理方法构建三维光谱指数（three-dimensional spectral index，TDSI），并选取最优光谱指数。最后，基于实际测量所得土壤电导率（electrical conductivity，EC）数据结合回归智能算法构建土壤 EC 估算模型，在今后的土壤 EC 测量过程中，可依据此模型进行土壤 EC 的实时高精度测量（曹肖奕 等，2020）。

这种基于地面实测 VIS-NIR 真值数据结合不同卫星所属的波谱响应函数计算所得的各自宽波段数据，采用智能算法进行土壤 EC 预测模型构建，理论上实现了土壤 EC 以及土壤盐渍化的监测，并为今后的发展提供了良好的科学指导。但是，在实际的卫星观测过程中，会受复杂的地物单元以及大气等因素的影响，导致模拟数据与实际的卫星宽波段数据存在差异。因此，针对此问题，在后期的估算模型普适性方面应开展进一步的研究。此外，也可考虑增加必要的卫星传感器。

3.4 土壤养分传感技术

土壤养分测定的主要对象是氮、磷和钾，这三种元素是作物生长的必需营养元素。

氮是植物体中许多重要化合物（如蛋白质、氨基酸和叶绿素等）的重要成分，在土壤中有两种存在形态：有机态和无机态（李明真，2018）。有机态氮一般占 95%以上，但大多数是不能直接被作物吸收利用的氮化合物，必须经过微生物分解转化为无机态氮后才能被作物利用；无机态氮一般占全氮量的 1%～5%，主要包括铵态氮（NH_4^+）、硝态氮（NO_3^-）和极少量的亚硝态氮（NO_2^-）。土壤氮的测试项目主要有四个：全氮、有效氮、铵态氮和硝态氮，通常每年或每季测试一次。全氮量用于衡量土壤氮素的基础肥力，有效氮（也称水解氮）主要包括铵态氮、硝态氮、氨基酸、酰胺和易水解的蛋白质氮等，反映土壤近期内氮素供应情况，与作物生长关系密切，对推荐施肥更有意义。

磷是植物体内许多重要化合物（如核酸核蛋白、磷脂，植素和腺三磷等）的成分，通常以多种方式参与植物的新陈代谢过程。土壤中磷素包括有机磷和无机磷，有机磷主要有磷脂、核酸和植素等，经过土壤微生物分解后，才能被作物吸收利用；无机磷主要有钙磷、铁磷和铝磷等，存在形态受土壤 pH 影响很大。石灰性土壤中以钙磷为主，酸性土壤中以铝、磷和铁磷为主，中性土壤中三者比例相当。土壤磷的测试项目主要有两个：全磷和有效磷，通常每 2～3 年测试一次。土壤全磷量受土壤母质、成土作用和耕作施肥的影响很大，而有效磷比较全面地反映土壤磷素肥力的供应情况，对推荐施肥有直接的指导意义。

钾是许多植物新陈代谢过程所需酶的活化剂，能够促进光合作用和提高抗病能力。土壤中钾素主要以无机形态存在，按其对作物有效程度划分为：速效钾（包括水溶性钾和交换性钾)、缓效钾（非交换性钾）和相对无效钾（矿物钾)。水溶性钾是以离子形态存在于土壤溶液中的钾，其含量一般只有几 mg/kg；交换性钾是土壤胶体表面负电荷吸附的钾，其含量从小于 100mg/kg 到几百 mg/kg；非交换性钾是存在于层状硅酸盐矿物层间和颗粒边缘上的钾；结构钾是矿物晶格中或深受晶格束缚的钾。土壤钾的测试项目主要有全钾、速效钾和缓效钾，通常每 2～3 年测试一次。土壤全钾对分析钾素肥力的意义不大，但可以用于鉴定土壤黏土矿物的类型，土壤钾素肥力的供应能力主要决定于速效钾和缓效钾。

目前，土壤氮、磷、钾养分测试主要采用常规土壤测试方法，具体涉及田间采样、样本前处理和浸提溶液检测等三个部分，也可以采用光谱分析技术直接对田间的原始土壤（或作物）进行分析，从而获取土壤养分信息。

3.4.1 光谱检测方法测土壤养分

光谱检测方法是对土壤浸提溶液的透射光或反射光进行光谱分析，从而获得溶液中待测离子的浓度,检测机理比较成熟,主要有两种方法——比色法和光谱法(孙明,2016)。

比色法是一种定量光谱分析方法，以生成有色化合物的显色反应为基础，通过比较或测量有色物质溶液颜色深度来确定待测组分含量，要求显色反应具有较高的灵敏度和选择性，反应生成的有色化合物稳定，而且与显色剂的颜色差别较大，关键在于选择合适的显色反应、控制合适的反应条件和选择合适的波长（Yang X et al., 2019)。比色法具有仪器设计简单、成本低等优点，也存在重复性、精度和应用范围等问题，但在今后的一段时期内仍将是土壤养分现场快速检测的一个重要手段。

光谱法是基于比尔朗伯定律的一种吸收光谱分析方法，即在液层厚度保持不变的条件下，溶液颜色的透射光强度与显色溶液的浓度成比例。光谱法采用特定波长的单色光，通常为最大吸收波长，分别透过已知浓度的标准溶液以及待测溶液，采用分光光度计测定吸光度。光谱法灵敏度较高，检测下限可达 10^{-6}mol/L，采用催化或胶束增溶分光光度法，检测下限可达 10^{-9}mol/L。

近年来，伴随二元光学、微光机电系统和集成光学研究领域精密加工技术的发展，促使微型光谱仪成为可能，特别是基于色散原理的微型光谱仪已具备实用性。比如紧凑级光纤探针光谱仪（产自 Ocean Optics 公司)，衍射光栅集成式微型光谱仪以及基于平面光栅原理的小型光谱仪（产自长春光学精密机械与物理研究所)。上述微型光谱仪具有重量轻、体积小、探测快且成本低等优势，如果采用其进行土壤养分实地测量可以避免常规实验室测量方法的诸多缺陷。

3.4.2 电化学检测方法测土壤养分

电化学检测方法是在不同的测试条件下，研究电化学传感器（电极）的电量变化（如电势、电流和电导等）来测定化学组分。通常采用以下两种方法：一是基于热力学性质的检测方法，主要根据能斯特方程和法拉第定律等热力学规律研究电极的热力学参数；二是基于动力学性质的检测方法，通过对电极电势和极化电流的控制和测量研究电极过程的动力学参数。电化学传感器主要由换能器和离子选择膜组成，通过换能器将化学响应转换为电信号，利用离子选择膜分离待测离子与干扰离子，主要应用在生物分析、药品分析、工业分析、环境监测以及有机物分析等领域，在土壤测试领域应用也不少。目前，已应用于土壤测试的电化学传感器有离子选择性电极和离子敏场效应管。

离子选择性电极是一种电势型电化学传感器，基本结构如图 3.6（a）所示，主要由电极管、内参比电极、内参比溶液和敏感膜构成。电极管一般由玻璃或高分子聚合物材料制成，内参比电极常用 Ag/AgCl 电极，内参比溶液一般由选择性响应离子的强电解质和氯化物溶液组成。敏感膜由不同性质的材料制成，是离子选择性电极的关键部件，一般要求具有微溶性、导电性和对待测离子的选择性响应。图 3.6（b）是复合电极，即将指示电极和外参比电极组装在一起，测量时不需另接参比电极。其电极电压的产生机理是在敏感膜上不发生电子转移，而是通过某些离子在膜内外两侧的表面发生离子的扩散、迁移和交换等作用，选择性地对某个离子产生膜电压，且膜电位与该离子浓度（活度）的关系符合能斯特方程式。作为一种不破坏溶液的分析方法，具有一些独特的优点：①易仪器化、自动化和适于现场检测；②灵敏度高，检测下限可达 1×10^{-6}mol/L；③响应速度快，响应时间通常只需几分钟，甚至不足一分钟；④样本处理方法简单，不需要化学分离等复杂操作；⑤检测精度受溶液颜色、沉淀或混浊影响比较小。

离子敏感场效应晶体管是一种用于测量溶液中金属离子的半导体原件，其在测量过程中通过测定溶液中金属离子与栅极电介质两者相互作用条件下的电压变化情况确定溶液中特定离子的浓度。采用 ISFET 法可以对土壤中的氮、磷、钾离子的含量以及 pH 进行有效检测，相对于传统方法其具有快速准确、可长期对土壤中的营养元素进行检测的优势。

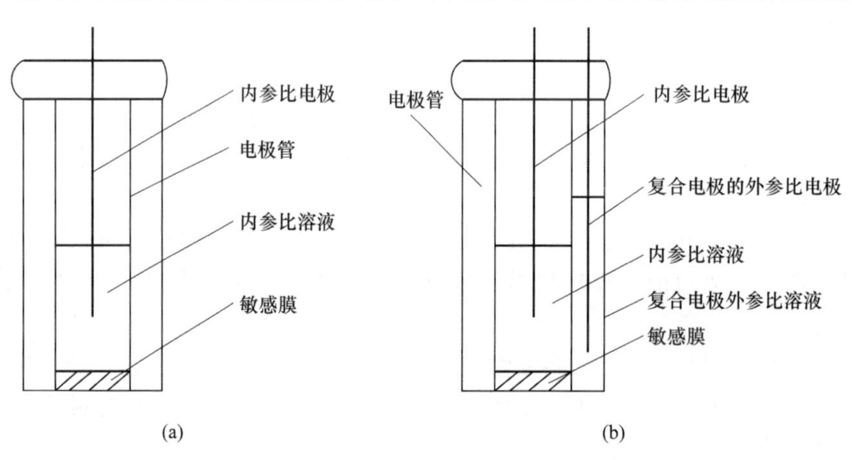

图 3.6 离子选择性电极结构图

3.5 土壤污染感知技术

土壤作为农作物生长所必需的重要依托，是农业实现可持续发展的重要自然资源，也是维持人类正常生存的基本要素之一。但是，随着近年来愈发严重的生活污水、工业废气、交通车辆的废气的随意排放以及农药的过度使用，导致土壤中重金属含量严重超标。由于重金属在土壤中不容易被降解，且潜伏周期长，如果长时间处于这种状态会严重影响农作物的健康生长，进而对人类的身体健康造成一定的伤害。

土壤重金属污染是一种无机污染，当土壤中的汞、铅、镉、铬等金属的原子量达到 50 以上时，就属于土壤重金属污染（Yang P et al.，2019）。同时，上述金属元素也被列为土壤重金属污染的主要元素。而在农作物的生长过程中，其会不断地从土壤中吸收营养元素，进而导致部分重金属元素也被作物吸收。当吸收的重金属含量超标时，就会对农作物的生长造成伤害，也会给人类的健康带来潜在的隐患。由于工业生产活动错综复杂，导致重金属在土壤中的存在形态具有差异性。因此，在进行土壤重金属检测时应该考虑重金属存在形态对检测效果的影响，从而确定最佳的检测方式。目前，常用的土壤重金属检测方法有原子光谱法、质谱分析法等方法。

3.5.1　原子光谱法测土壤污染

原子光谱法，是用于检测微量甚至痕量元素的众多方法之一，具有较高的检测灵敏度。对土壤中的重金属进行检测的方法主要有吸收光谱法、发射光谱法和荧光光谱法。

① *吸收光谱法*　通过分析原子谱线对待测元素的原子蒸汽的吸收程度，对该元素的具体含量进行测定。该方法主要是基于不同元素的电子排布方式和原子结构存在差异，导致元素处于激发状态时其能量大小不同，最终体现在吸收能量的光谱曲线的差异性。该方法应用于各行各业，给各领域的研究学者带来了一定的启发。由于光谱方法具有较强的针对性，在对土壤中的不同元素进行针对性检测工作时，对不同的元素具有不同的光谱和光线，以此保证元素检测结果的精确性。同时，光谱方法具有一定的单一特性，在面对各种复杂多样性质的金属元素时，其检测结果可能存在一定的误差。

② *发射光谱法*　作为原子光谱法中的另一种方法，发射光谱法可以有效克服吸收光谱法中线性范围窄的劣势，通过“价电子”从高能的激发态回到基态的过程中，将激发能产生的光谱以辐射形式释放。由于不同元素其原子释放的光谱存在差异性，可以此为依据对元素的组成部分进行有效检测。但进行该方法所需要的设备价格昂贵，且当土壤中待测金属元素含量过低或过高时，都会存在较大的误差。因此在实际的使用过程中，我们需要对该方法进行不断的改进和完善。

③ *荧光光谱法*　基于火焰原子化的重要机理，吸收处于原子激发状态下的辐射以进行原子化反应，然后通过记录原子化反应后的荧光状态，进行金属元素的具体含量测定。荧光光谱法是一种线性范围宽、灵敏度更高且适用于多种元素的检测方法。但是，由于受限于原子化相关技术的发展，该方法在实际应用过程中，会受到研究或者应用领域的限制，无法进行大规模的推广应用。

3.5.2　质谱分析法测土壤污染

质谱分析法通过电磁场的运动方式推断离子的质量，然后由离子的质量对化合物的具体组成部分进行进一步推断。从第一台基于质谱分析原理的相关仪器诞生以来，经历了几十年的技术升级，质谱分析法已经成为一种新型元素的分析技术，其在检测灵敏度方面已经有了很大的进步，可实现同时对多种元素的精准分析和检测。基于其自身的独特优势，质谱分析法逐渐在土壤重金属的检测过程中担任了重要的角色。

在采用质谱分析法对土壤中的重金属离子含量进行检测的过程中，常用的方式之一是紫外-可见吸收光谱法。利用单色器的性能。获取对应的单色光，对待检物质的吸光能力进行有效的检测。同时，借助于显色剂，也可实现对样品中的离子进行检测，被广泛应用于土壤重金属检测活动中。该方法测试仪器价格低廉，是较为经济有效的检测方法之一，但是在实际使用过程中，常受离子反应的影响，操作过程较为复杂。

小　结

本章分别对农业生产中土壤含水量、电导率、养分、重金属污染等参数检测的传感技术进行了概述，介绍了常用土壤信息先进传感技术原理及主要特点，主要包括以下内容：首先，简要概述了土壤信息感知对于农业信息获取的重要意义及其主要应用领域；其次，对土壤水分检测的主要方法进行了阐述，分析了不同测量方法的特点；再次，对土壤电导率检测关键技术进行了介绍；然后，介绍了土壤养分信息感知关键技术原理及其特点；最后，介绍了土壤污染感知关键技术原理及其特点。

土壤信息获取技术是实现农业生产智能化管理、科学化决策、精准化作业的前提和基础，现有的土壤信息获取技术包括实验室物理化学分析方法和在线信息检测方法，实验室方法作为标准测量方法具有较高的精度，但测量过程烦琐，且耗时很长，不能满足实时性测量的要求。土壤含水量、电导率、养分、重金属污染等信息在线检测技术存在稳定性差、成本高、操作维护难等问题，难以满足农业生产规模化应用等。因此迫切需要开发具有较高可靠性、稳定性、成本低廉的土壤信息快速获取技术及产品，以提高土壤信息采集水平和效率，满足农业生产管理需求。

参考文献

曹肖奕，丁建丽，葛翔宇，等，2020．基于不同卫星光谱模拟的土壤电导率估算研究[J]．干旱区地理，43(1)：172-181．

冯思敏，2019．土壤电导率测定的影响因素探索[J]．广东化工，46(23)：108，119．

郭焘，于红博，2018．土壤含水量测定方法综述[J]．内蒙古科技与经济(3)：66-67．

李明真，2018．快速土壤养分测定方法综述[J]．农业开发与装备(6)：41-42．

孟超，杨玮，张淼，等，2019．车载式土壤电导率与机械阻力实时测量系统[J]．农业机械学报，50(S1)：102-107．

孙明，2016．基于比色法和光谱法的土壤中磷的快速检测方法研究[J]．食品安全质量检测学报，7(11)：4478-4483．

亚森江・喀哈尔，杨胜天，尼格拉・塔什甫拉提，等，2019．基于分数阶微分优化光谱指数的土壤电导率高光谱估算[J]．生态学报，9(19)：7237-7248．

张晓光，曾路生，张志辉，等，2019．不同土壤电导率测量方法对土壤盐渍化表征的影响[J]．青岛农业大学学报（自然科学版），36(1)：56-60．

YANG P, SHI J H, YU Y G, et al., 2019. Development of a measuring instrument for rapid detection of cadmium ions in water environment[J]. Applied Ecology and Environmental Research, 17(5): 10759-10766.

YANG X, QI M, YANG P, et al., 2019. Detection of nitrogen in soil based on the indophenol-blue colorimetry combining with spectroscopy[J]. International Agricultural Engineering Journal, 28(2): 375-379.

第4章　农业环境小气候信息感知技术

在农业与其所处的自然环境条件这样一个彼此相互作用的复杂系统中，气象条件是起主导作用的、最活跃的自然条件，它对生产对象和农业生产过程都有影响，在很大程度上制约着农产品的产量、质量以及农事作业的质量和效率。**农业环境小气候信息感知技术是随着电子信息技术的发展和农业气象知识的丰富积累而逐渐发展起来的。农业环境小气候信息感知技术采用物理、化学等手段和技术观察、测试农业小气候的物理、化学参数变化，对影响农业生产的关键环境因素进行在线监测分析，为农业生产决策提供可靠的数据来源**（李金生，傅康，2020）。本章讲述了几种常规农业气象参数的定义、传感机理和检测方法，重点论述了可以比较方便地接入农业物联网的太阳辐射、光照度、空气温湿度、二氧化碳、风速风向、雨量、大气压力等气象类传感器的结构和工作原理，以期使读者对农业气象信息传感技术有一个系统全面的了解和认识。

4.1　概述

农业环境小气候信息观测大致可分为传统农业环境小气候观测和基于传感器技术的农业环境小气候自动采集两种方法。传统农业环境小气候信息观测主要依靠人工方式，在农田现场定点、定期获取农业环境小气候信息，并逐级上报至相关部门。该方法耗费人力、物力，而且信息传递的时效性和客观性较差。基于传感器技术的农业环境小气候信息自动采集是现代农业的重要技术手段，随着传感器技术的快速发展，其应用涵盖了农业环境小气候采集的各个方面，如农田小气候、农作物理化参数以及农业灾害等（安学武，2020）。总的来看，基于传感器技术农业环境小气候信息自动采集方法不受地域限制，在实时性和自动化方面具有传统农业环境小气候信息观测无法比拟的优势。

通常，农业环境小气候信息监测系统，包括气象采集节点、数据处理中心和气象信息发布平台三部分，其中气象采集节点作为获取农业气象信息的直接手段，在监测系统中发挥了无可替代的作用，一般环境小气候采集节点集成了太阳辐射传感器、光照度传感器、空气温湿度传感器、风速风向传感器、雨量传感器、二氧化碳传感器和大气压力传感器等。

4.2　太阳辐射

太阳辐射是指太阳辐射经过大气层的吸收、散射、反射等作用后到达固体地球表面上单位面积单位时间内的辐射能量。太阳辐射量及日照时间长度直接影响植物光合作用，是农业、环境、资源、生态等研究的重要基础数据。太阳辐射与农业生产关系十分密切。太阳辐射与热量、水分条件的不同组合，形成不同的农业气候类型，影响到农业生物的地域分布、农业结构、农业生产布局和发展。因此，通过气象信息感知技术长期监测太阳辐照度，对于农业中作物种植结构的优化配置具有重大的参考意义。

目前对太阳辐射量的测量可以分为光电效应和热电效应两种。光电效应主要采用光电二极管、硅太阳电池作为探测器，硅太阳电池的短路电流与辐照度呈线性关系，可满足在弱日射（<20W/m^2）到最大日射 1367W/m^2 之间具有较好线性度的要求。其灵敏度高，响应速度快，性能价格比优越，光谱响应范围宽，对 0.3～1.1μm 之间的光谱均有较高的灵敏度。热电效应就是将两个或两个以上的热电偶串接在一起，其温差电动势就是几个热电偶温差电动势的叠加（牛雅迪，2017）。其主要原理是塞贝克效应，也叫做第一热电效应。美国 Epply 公司生产的 PSP 型精密太阳总辐射传感器（图 4.1）就是利用该原理制作的。这种传感器具有响应速度快、灵敏度高、测量太阳辐射波长幅度宽等特点。

图 4.1
PSP 型精密太阳总辐射传感器

4.2.1　硅太阳电池测量原理

硅太阳电池又叫做硅光电池，利用其短路电流与辐照度呈线性的特性可以对太阳辐射量进行测量。一般光电型太阳辐射计至少包含硅探测器与余弦修正片两部分。硅光探测器设置在余弦修正片下面，集成了硅光电池和 I/V 转换电路模块，主要完成光电转换功能。余弦修正片主要对入射的太阳光进行余弦修正，减少系统测量的余弦误差。

4.2.2　热电堆测量原理

采用热电堆即塞贝克效应对太阳辐射量进行测量，主要通过绕线电镀式多点热电堆，其表面涂有高吸收率的黑色涂层。热节点在感应面上，冷节点在机体内，在线性范围内产生的温差电动势与太阳直接辐射度呈正比。通常为了防止外界环境对其性能的影响，一般采用两层经过精密的光学冷加工磨制而成的石英玻璃罩。

4.3 光照度

光照是指单位面积上所接受可见光的光通量。光照是农作物进行光合作用的能量来源，是叶绿体发育和叶绿素合成的必要条件，光能调节农作物体内某些酶的活性，对农作物的生长发育影响很大。因此，光照强度的监测对农作物的生产调控极其重要。光照传感器主要用于农业林业温室大棚培育等。

目前，光照度计大多应用光电检测方法，其中探测器主要包括光电二极管和硅光电池。两者的测量原理都是在线性测量范围内光电管的输出短路电流与辐照度呈线性关系。为了模拟人眼的光谱敏感性，通常选用光扩散较好的材料制成光照小球置于光电传感器受光面作为光照度传感器的余弦修正器，不仅成本低廉，校正效果也比较好。秦旭辉基于塑料光纤耦合原理研制了30mm和50mm两种新型的光纤光照强度传感器，采用3D打印加工技术实现了传感器准直对焦，提高了光纤耦合效率。光电检测式光照传感器（图4.2）对农作物光照强度的采集精度达到0.272lux（秦旭辉，2016）。

图4.2 光电检测式光照传感器

4.4 空气温湿度

空气温度也就是气温，是表示空气冷热程度的物理量。空气湿度是表示空气中水汽含量和湿润程度的气象要素。植物的生长对于温湿度要求极为严格，特别是在温室大棚方面，不当的温湿度下，植物会停止生长，甚至死亡。在动物养殖方面，各种动物在不同的温度下会表现出不同的生长状态，高质高产的目标要依靠适宜的环境来保障。空气温湿度作为主要的参考数据，对这些数据信号的采集是整个农业调控系统中重要的一部分。通常空气温湿度的测量大多采用集成感知器件，诸如SHT1x系列、HTU1x系列、

DHT1x 系列传感器等。

4.4.1 SHT 系列传感器测量原理

SHT 系列传感器（图 4.3）是瑞士 Sensirion 公司生产的具有 I2C 总线接口的单片全校准数字式相对湿度和温度传感器。该传感器采用独特的 CMOSensTM 技术，具有数字式输出、免调试、免标定、免外围电路及全互换的特点。传感器包括一个电容性聚合体湿度敏感元件和一个用能隙材料制成的温度敏感元件，并在同一芯片上与 14 位的 A/D 转换器以及串行接口电路实现无缝连接，芯片与外围电路采用两线制连接，而且每个传感器芯片都在极为精确的恒温室中以镜面冷凝式湿度计为参照进行标定，校准系数以程序形式存储在 0TP 内存中，在校正的过程中使用。该传感器无须外围元件就能直接输出湿度、温度等指标的数字信号，可以有效解决传统温湿度传感器的不足。

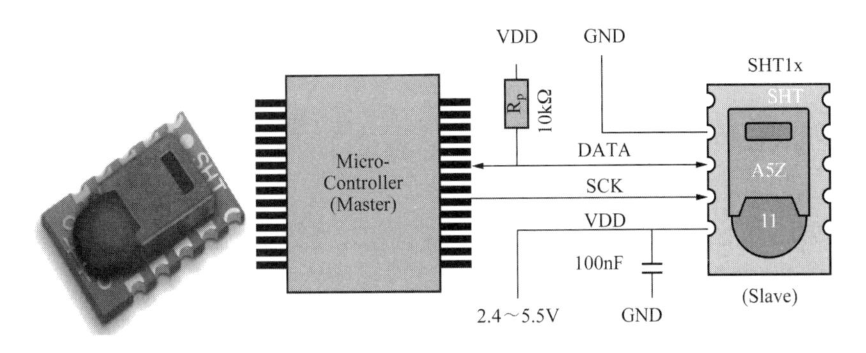

图 4.3 SHT 系列传感器实物图

4.4.2 HTU1x 系列传感器测量原理

HTU1x 系列温湿度传感器（图 4.4）是基于 Humirel 公司高性能的湿度感应元件研制的，HTU1x（F）系列模块为 OEM 应用提供一个准确可靠的温湿度测量数据。该传感器将传感元件和信号处理电路集成在一块微型电路板上，输出完全标定的数字信号。HTU1x（F）系列模块专为低功耗小体积应用设计，具有良好的品质、较快的响应速度、抗干扰能力强、性价比高、面标定、抗结露等优点，微小的体积、极低的功耗，使 HTU1x（F）成为各类应用的首选。

图 4.4 HTU1x 系列温湿度传感器

4.4.3 DHT1x 系列传感器测量原理

DHT1x 数字温湿度传感器（图 4.5）是一款具有已校准数字信号输出的温湿度复合传感器，具有全部校准、数字输出卓越、长期稳定性、无须额外部件、超长的信号传输距离和超低能耗等特点。该传感器由一个电阻式感湿元件和一个 NTC 测温元件，与一个 8 位单片机芯片连接，并采用单线制串行接口，然后进行模拟到数字的转换，发出数字信号。每个 DHT1x 都在湿度校验室中进行校准。

图 4.5 DHT1x 数字温湿度传感器

4.5 风速风向

风是作物生长发育的重要生态因子。风速增加，空气乱流加强，使作物内外各层次之间的温度、湿度得到不断的调节，有效避免某些层次出现过高或过低的温度、湿度，以利于农作物的生长发育。风能在农业中的应用很多，一般将风速风向作为观测风能的两项指标。对农业环境中风向、风速的监测，有助于我们深入了解风速风向的变化，掌握风速风向的变化规律，为保障农业稳定生产和可持续发展创造条件。

传统的风速测量装置包括风杯和皮托管，分别基于机械和空气动力学原理。风向部分由风向标、风向度盘（磁罗盘）等组成，风向示值由风向指针在风向度盘上的位置来确定。在 20 世纪五六十年代，陆续出现了热丝（膜）风速计和激光多普勒流速计，分别基于传热学原理和多普勒效应。八十年代发展起来的粒子成像测速仪（PIV），其基本原理为测量流场中示踪粒子在一定时间间隔内的位移，从而获得流场速度的定量信息。这些机械装置体积较大，价格昂贵，而且移动部件需要经常维护。

超声波风速风向测量系统是一种利用超声波在空气中沿传播方向流动时速度会发生改变的原理，测量空气流动速度和方向的系统（刘华欣，2018）。若在风场中沿 X 方向平行放置两对超声波探头：T_1 和 T_2 为发射探头，R_1 和 R_2 为接收探头，如图 4.6 所示。超声波风速风向测量系统由超声波探头、发射接收电路、电源模块、发射接收控制及数据分析处理中心和数据结果显示单元组成。在测出某个方向上顺风、逆风条件下，由发射探头施加激励脉冲起到接收探头收到第一个脉冲止的超声波传播时间，就可计算出该方向上的风速。两个不同方向上的风速测量必须顺风和逆风各发射接收一次，根据矢量合成原理，算出总的风速、风向。

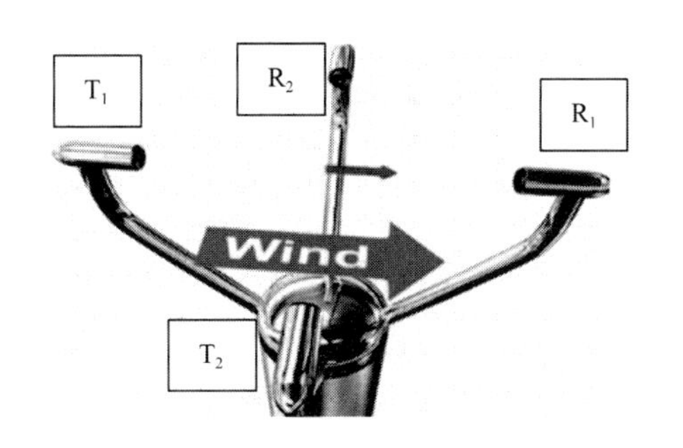

图 4.6
超声波风速风向测速装置

4.6 雨量

室外大田种植水资源的来源很重要的一部分来自降雨。雨量计是测量降水最常用的仪器，常见的雨量计（雨量传感器）主要有机械式雨量计和光学雨量计。其中，机械式雨量计主要有翻斗式雨量计、称重式雨量计、虹吸式雨量计；光学雨量计包括光学散射探测雨量计、光强衰减法雨量计和图像采集法雨量计。目前，国内各气象观测站和无人气象站对降水的监测主要以翻斗式或者称重式雨量计为主。除了传统的翻斗式雨量筒外，目前正在研究的对降水的监测还有光学探测、声波探测和雷达探测等多种类型的探测技术，其中以光学原理为基础的天气现象识别技术研究最为广泛。具有代表性光学雨量计主要有以下三种：第一种是以美国 OSI 公司 OWI430 系列传感器为代表的降水粒子光强闪烁法，不同降水会产生不同的闪烁信号，通过对探测到的闪烁信号进行处理，即可获得对降水类型和降水量的监测。第二种以英国 Biral 公司 HSS 系列天气现象仪为代表的通过测定降水颗粒速度获取天气现象的降水粒子下落速度法，另外利用此类技术的其他代表性产品还有德国 PMTech 公司的 PARSIVEL M300、德国 Thies 公司生产的激光降水探测器以及加拿大 GENEQ 公司生产的 TPI-885 降水现象传感器等。第三种是以芬兰 Vaisala 公司生产的 PWD 系列为代表的通过测定常规气象要素和光强衰减等多要素来判定天气现象的光强衰减多要素判断法。

4.6.1 翻斗雨量计测量原理

图 4.7 为翻斗式雨量计结构示意图，翻斗雨量计适用于降雨率和降雨累计总量的测定。雨水进入承雨口，经过漏斗流入上翻斗。上翻斗达到一定积水量发生翻转，经汇集漏斗和节流管注入计量翻斗，计量翻斗翻动一次为 0.1mm 降水量，然后雨水进入计数翻斗。计数翻斗中部的小磁钢上装有弹簧开关，计数翻斗翻转一次，干簧管开关闭合一次，产生一次脉冲信号。脉冲信号送至采集器的计数器进行计数，每个计数为 0.1mm。翻斗式雨量计具有抗干扰能力强、全户外设计、测量精度高、存储容量大等特点（袁小燕，刘洋，2019）。因为翻斗雨量计适合于数字化方法，所以对自动天气站特别方便。由触点闭合所产生的脉冲，能用数据记录仪进行监测，还能对选择时段的脉冲进行合计以提供降水量值。翻斗雨量计也可采用图形记录器。

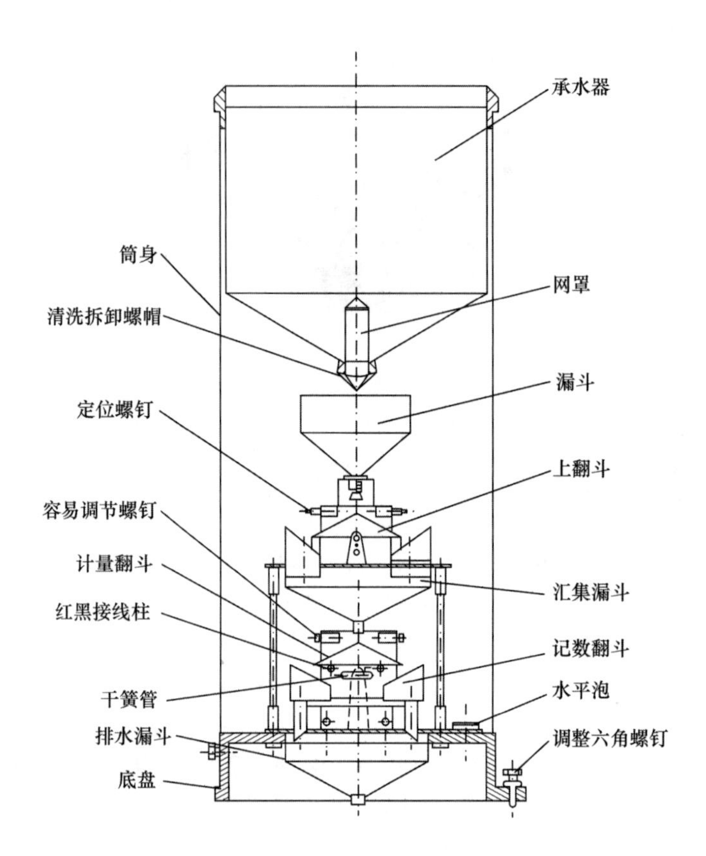

图 4.7 翻斗式雨量计结构示意图

4.6.2 光学雨量计测量原理

光学雨量计对降水的探测主要根据降水颗粒的下降速度和颗粒大小来判定。以雨滴为例，雨滴末速度是通过雨滴尺寸分布计算降雨率的一个重要参量，在重力作用下，水滴的下落速度不断增加，与此同时，空气阻力也随之增加，重力和阻力很快达到平衡，使水滴匀速下降。雨滴的下落速度随雨滴尺寸的增加而增加，当雨滴直径超过 2mm 时，雨滴末速度的增加率逐渐减少。当雨滴的直径为 0.1mm 时，其末速度约为 0.72m/s，直径为 5mm 时，末速度达到 9m/s 的极大值；当雨滴尺寸继续增加时，雨滴将发生破裂，所以雨滴的下落速度范围为 0.72～9m/s。根据测定雨滴的降落速度来确定雨滴的大小，进而计算单位面积内单位时间的降雨量，图 4.8 为光学雨量计示意图。目前国内结合光学雨量计中的 CCD 图像采集法与机械式雨量计，已经探索出一种同时使用力学原理和光学原理的称重式光学雨量计（蔡彦 等，2017），如图 4.9 所示。

图 4.8 光学雨量计示意图

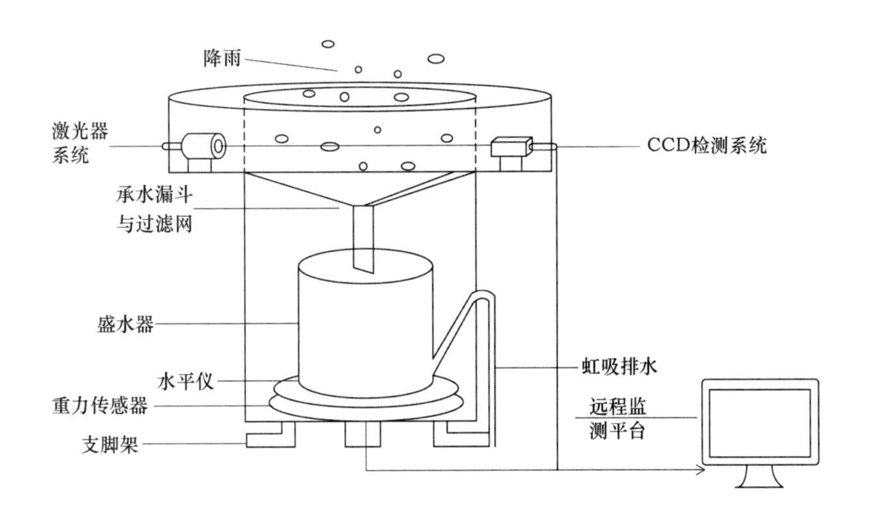

图 4.9 称重式光学雨量计结构示意图

4.7 二氧化碳

二氧化碳是植物进行光合作用的重要原料之一。二氧化碳可以提高植物光合作用的强度，并有利于作物的早熟丰产，增加含糖量，改善品质。在温室大棚种植中，在作物的整个生长期，都需要提供不同浓度的二氧化碳。适宜的二氧化碳浓度可以促使幼苗根系发达，活力增强、产量增加。畜禽场中的二氧化碳浓度过高就会导致动物缺氧，出现精神不振、乏力、食欲减退、增重迟缓、发病率高等症状。因此，使用二氧化碳传感器实时在线监测温室或者畜禽养殖环境中的二氧化碳浓度，对于精准调控温室作物的生长条件、畜禽场的通风换气具有重要的意义。通常，二氧化碳传感器包括红外线传感器和热传导传感器。在农业生产中，一般采用红外吸收散射式气体传感器检测二氧化碳浓度（袁博，2019）。红外线二氧化碳传感器具有灵敏度高、可重复性好、响应时间快、预热时间短等特点。

基于不同气体分子的近红外光谱选择吸收特性，利用气体浓度与吸收强度关系，当红外光源发射的红外光通过二氧化碳气体时，二氧化碳气体会对相应波长的红外光进行吸收。红外二氧化碳传感器由红外光源、光路、红外探测器、电路和软件算法构成。

当一束波长为 λ（4.26μm），光强为 I_0（cd）的单色平行光射向二氧化碳气体和空气的混合气室时，由于气室中的样品在 λ 处具有吸收线和吸收带，光会被混合气体吸收一部分，光通过气体后光强会发生衰减。分析二氧化碳气体时，红外光源发射出 1～20μm 的红外光，通过一定长度的气室吸收后，经过一个 4.26μm 波长的窄带滤光片后，由红外传感器监测透过 4.26μm 波长红外光的强度，以此表示二氧化碳气体的浓度。红外二氧化碳传感器如图 4.10 所示。

图 4.10
红外二氧化碳传感器

4.8 大气压力

大气压力是指单位面积上所承受的大气柱的重量。大气压力的变化影响着农作物的地域分布，同时影响着水中溶解氧的溶解度。农业中大气压力的监测，对气象预报和灾害预警具有重要的意义。

数字气压计是利用压敏元件将待测气压直接变换为容易检测、传输的电流或电压的一种装置，其工作原理是在单晶硅片上扩散上一个惠斯通电桥，电压阻效应使桥臂电阻值发生变化，产生一个反映大气压力值的差动电压信号。随着 MEMS 技术的飞速发展，带有温度补偿和多种输出方式的小型气压检测芯片种类繁多，其具有高精度、高灵敏度、高性价比等优点，在各行各业得到了广泛应用。大气压力传感器数字集成芯片如图 4.11 所示。

图 4.11
大气压力传感器数字集成芯片

小 结

农业环境小气候信息是影响农作物、畜禽等种养殖对象健康生长的关键因素，如何掌握农业气象环境信息对于提高农业生产环境调控水平，实现精细化种养殖具有重要意义。本章分别介绍了太阳辐射、光照度、空气温湿度、风速风向、雨量、二氧化碳、大气压力等农业常规气象参数的定义、检测方法和传感器原理，力图使读者能够了解主要农业环境小气候信息感知技术，掌握相关检测仪器的选型方法。

参 考 文 献

安学武，2020．应用 STM32 系统设计基于物联网的农业小气候观测传感器[J]．中国农学通报，36(16)：143-148．
蔡彦，李应绪，单长吉，等，2017．称重式光学雨量计的设计[J]．物理通报(6)：77-79．
李金生，傅康，2020．浅析农业气象信息传感器的发展和应用[J]．南方农机，51(13)：79．
刘华欣，2018．基于超声波传感器的风速风向测量研究[J]．仪表技术与传感器(12)：101-104，110．
牛雅迪，2017．热电堆型总辐射传感器设计[D]．南京：南京信息工程大学．
秦旭辉，2016．光纤光照度与温度传感器的研究[D]．济南：山东建筑大学．
袁博，2019．基于 NDIR 原理的 CO_2 浓度传感器的制备与研究[D]．成都：电子科技大学．
袁小燕，刘洋，2019．SL3-1 翻斗雨量传感器的误差分析及改进措施[J]．时代农机，46(12)：54-55．

第5章　动植物信息感知技术

5.1　概述

信息感知是指通过物理学、化学或生物学效应感受事物的状态、特征等信息，按照一定的规律转换成可利用信号，主要涉及传感器和光谱技术，是物联网中获取动植物信息的重要途径。动植物信息感知主要涉及植物茎流，茎秆直径，叶绿素含量，叶片厚度，动物脉搏、血压、呼吸等。农作物长势的好坏，畜禽动物是否生长健康，直接决定农产品的产量和品质。因此，通过物联网及时获得农业动植物信息，科学把握农业动植物生长状况，对监测农情、预防病虫害和重大动物疫情疫病有重要意义。本章主要论述了动植物信息感知传感器和测定仪，对其传感机理、关键技术和方法，以及主要的农业应用进行了介绍。

5.2　植物信息感知

精准农业的核心思路是通过先进的测量手段，获取植物内部和外部的信息，指导灌溉、施肥过程。其中植物内部所固有的信息称为植物生理信息，外部环境所具有的信息称为植物生态信息。植物本身所固有的生理参数目前还是以形态学参数为主，如茎秆直径，叶片厚度、果实的生长和膨大过程、植株高度信息等。通过这些参数可以对植物当前的水分、营养等情况进行一个估计，从而更好地评估植物当前的状态。有了植物生理参数信息，才能更精确地判断和评价植物的长势和各项经济指标。

5.2.1　植物茎流传感器

植物茎流是指作物在蒸腾作用下体内产生的上升液流,它可以反映植物的生理状态。土壤中的液态水进入植物的根系后，通过茎秆的输导向上运送到达冠层，再由气孔蒸腾转化为气态水扩散到大气中去，在这一过程中，茎秆中的液体一直处于流动状态。当茎秆内液流在一点被加热，液流则携带一部分的热量向上传输，一部分与水体发生热交换，还有一部分则以辐射的形式向周围发散，根据热传输与热平衡理论通过一定的数学计算即可求得茎秆的水流通量，即植物的蒸腾速率（赵燕东 等，2016）。

植物蒸腾量的热学测定法大致可分为热脉冲法、热平衡法和热扩散法等三类。图 5.1 为常见的植物茎流传感器。热脉冲和热扩散法通过在作物活体内植入热源和温度探针的方法进行测量，尽管具有较高的测量精度，但是同时具有破坏性且不适合茎秆较细的植物。为了弥补上述两种方法的不足，研究者对热平衡法进行了大量的研究。热平衡法通常用于测定直径较小的植物或器官，如植物茎秆、小枝、苗木等。热平衡法的基本思想是：如果向茎秆的一部分提供一定数量的恒定热源，在茎秆内有一定数量茎流流过的条件下，此处茎秆的温度会趋向于定值。在理想情况下，即不存在热损失时，提供的热量应等于被茎流带走的热量，这个论点构成了热平衡法测定茎流的基础。

图 5.1
植物茎流传感器

5.2.2　植物茎秆直径传感器

植物茎秆直径的测量通常采用线性位移传感器（linear variable differential transformer，LVDT），属于直线位移传感器。常见的 LVDT 传感器如图 5.2 所示。

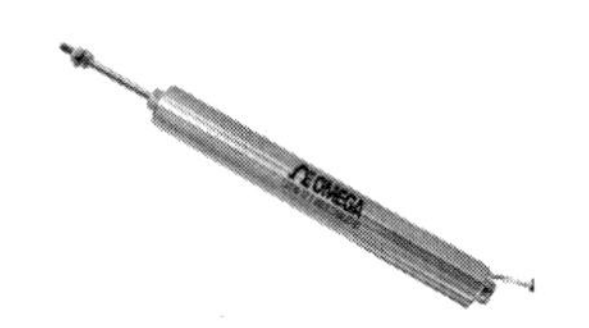

图 5.2
LVDT 传感器

如图 5.3 所示，LVDT 的结构由铁心、初级线圈、次级线圈组成，初级线圈、次级线圈分布在线圈骨架上，线圈内部有一个可以自由移动的杆状铁心。当在初级线圈两端加载图中（1）所示的正弦波时，根据电磁感应原理，在两端的次级线圈上也会感应出相应的正弦波（2）和（3）。当铁心处于中间位置时，两个次级线圈产生的感应电动势相等；当铁心在线圈内部移动并偏离中心位置时，两个线圈产生的感应电动势不等，其电压大小取决于位移量的大小。为了提高传感器的灵敏度，改善传感器的线性度、增大传感器的线性范围，设计时将两个次级线圈反串相接（图中 Part2 所示），两个次级线圈的电压极性相反，LVDT 输出的电压是两个次级线圈的电压之差，如图 5.3 中波形（4）所示。

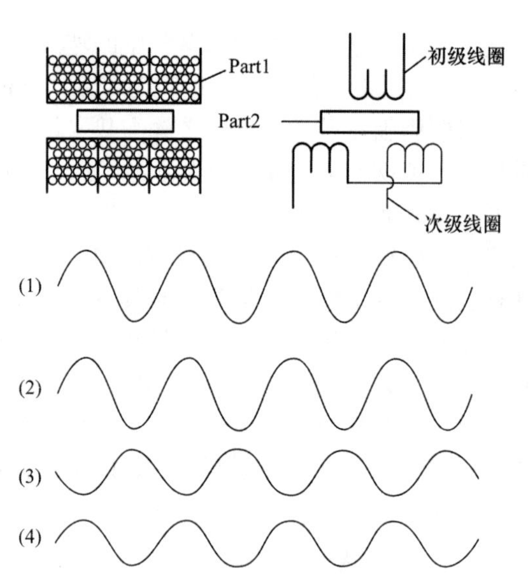

图 5.3
LVDT 工作原理

LVDT 具有无摩擦测量、长机械寿命、无限的分辨率、零位可重复性、轴向抑制、输入/输出隔离的特点与优势，因此具有广泛的应用范围。

5.2.3 植物叶片厚度传感器

近代植物水分生理研究表明，植物水分状态的变化，可以通过在植物根、茎、叶等各个器官体积上发生的微小变化反映出来。并且植物器官（如叶、茎、果等）形态或生理变化，可以更直接、更全面、更快速、更灵敏地反应植物体内水分的状况（朱福安，2016）。这种变化在微米级测量中就能显示出来，从而为精量灌溉系统提供科学而准确的依据，实现真正意义上的智能节水灌溉。这样，诊断植物水分的测量，可转化为微位移传感器的测量精度和相互对应规律的研究，即通过植物器官或植物本身的尺寸参数的微量变化判断植物的水分信息状态。在植物各器官中，叶片是含水量最高、同时也是对自身水分状态变化最敏感的器官。

植物叶片厚度通常在 300μm 以下，并且叶片质地柔软。所以，在对叶片厚度进行测量时，传感器的选择就显得非常关键，一般来说，选择应力较小的线性差动电感式位移传感器（linear variable differential inducer，LVDI）进行叶片厚度测量较为合适。常见的 LVDI 传感器如图 5.4 所示。

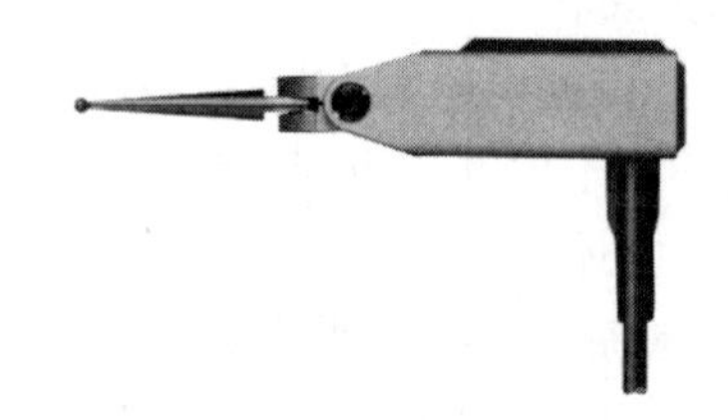

图 5.4
LVDI 传感器

5.2.4 叶绿素含量测定仪

植物缺乏氮、磷、钾、铁等营养元素时，其叶片的形态、植株的姿势等表型不同。叶色作为最简单的作物营养状况判断依据，其主要思想是：不同叶色，微观上表现为叶绿素含量、含氮量的不同，这些变化都会在叶片的光谱特性上有所反映（Ni Z et al.，2015）。植物叶片叶绿素含量通常通过测量叶片在两种波长的光谱透过率（650nm 和 940nm）确定。

叶绿素含量测定仪主要有 SPAD（soil and plant analyzer development）叶绿素计、Green Seeker 光谱仪、小麦成分近红外分析仪等。SPAD 叶绿素计是一种测量植物叶片叶色值的便携式设备（王秋红 等，2015），测量获得的 SPAD 值是相对叶绿素值，两者呈正相关关系。该仪器已广泛用于指导小麦、水稻、棉花等作物管理决策，如图 5.5 所示。

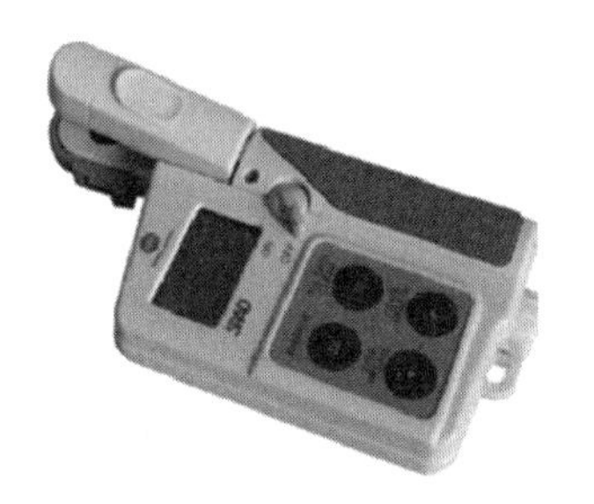

图 5.5
SPAD 叶绿素计

5.2.5 植物归一化植被指数测定仪

检测植物营养状况的另一个重要参数是归一化植被指数（normalized difference vegetation index，NDVI），又称标准化植被指数。该指标可用于指导无人农场小麦、玉米、水稻、棉花等作物管理决策。NDVI 通过 660nm 红光反射率和 780nm 近红外光反射率组合计算获得，可用于检测植被生长状态等，它反映植被繁衍变化的信息（刘茂成，2017），NDVI 时间序列可以准确反映陆地生态系统植被的长势、季相和时间变化趋势（李晶 等，2016）。NDVI 可用于判断植物生长的状态，NDVI 越大，植物长势越好。

目前，在农业生产中 NDVI 测定仪以手持式为主，如 PlantPen 叶夹式 NDVI 测量仪（图 5.6）、SpectroSensor2 NDVI 测量仪和 CM1000NDVI 测量仪。手持式测量仪虽然具有便携、轻巧的优点，但是其需要人工现场操作，在实现长期定位监测上并不具有优势。固定式 NDVI 测定仪，具有轻巧和长期定位监测的优势，还可以克服天气对测定的影响，如 SRS-NDVI 测量仪（图 5.7），是一种在近地面对冠层 NDVI 进行长期定位监测的测定仪，体积小巧，可实现多处布点，在物联网集成系统中具有优势。

图 5.6 PlantPen 叶夹式 NDVI 测量仪

图 5.7 SRS-NDVI 测量仪

5.3 动物信息感知

动物生理信息感知主要用于检测动物体的机能（如消化、循环、呼吸、排泄、生殖、刺激反应性等）的变化发展以及对环境条件所起的反应等。动物体的各种机能是指它们的整体及其各组成系统、器官和细胞所表现的各种生理活动。

5.3.1 脉搏传感器

动物体内各器官的健康状态、病变等信息不同程度地显现在脉象中。机体脉象中含有关于心脏、内外循环和神经等系统的动态信息，通过对脉搏波检测获得含有诊断价值的信息，可用于预测机体内部某些器官结构和功能的变化趋势（原霁虹，2016）。脉搏传感器的基本功能是将各浅表动脉搏动压力这样一些物理量转换成易于测量的电信号。脉搏传感器按照工作原理来分，可以分为压力式脉搏传感器、光电式脉搏传感器、传声器及超声多普勒技术等。其中，压力式脉搏传感器用得最多。

1．压力式脉搏传感器

压力式脉搏传感器分为压电式传感器（图 5.8）、压阻式传感器和压磁式传感器三种（陈培敏 等，2019）。

① *压电式传感器* 其原理是利用压电材料的物理学效应（压电效应）将感测到的脉搏的机械压力信号转换为电信号。压电式传感器可分为压电晶体式传感器、压电陶瓷式传感器、压电聚合物传感器和 PVDF 压电材料传感器等。

② *压阻式传感器* 其原理是利用介质的压阻效应，即介质电阻率随机械压力变化而变化的性质制成。可分为固态压阻式传感器、液压传感器和气导式传感器三种。

③ *压磁式传感器* 也叫磁弹性传感器，是一种新型压力传感器。其工作原理是利用磁导率随机械压力变化而变化的性质制成的，进而将磁导率变化转换成相应变化的电信号输出。

2．光电式脉搏传感器

光电式脉搏传感器（图 5.8）的工作原理主要如下：血液的流动会导致血管内的血容量发生改变，而血容量的多少会影响血液对光线的吸收量，从而导致透过组织的光线强度也将随血流的变化而发生变化，光电传感器就是将接收透射后的光信号转换为电信号，从而获取脉搏信息。基于上述原理可设计出光电容积式脉搏计、光闸式桡动脉脉搏传感器和红外光电传感器等。

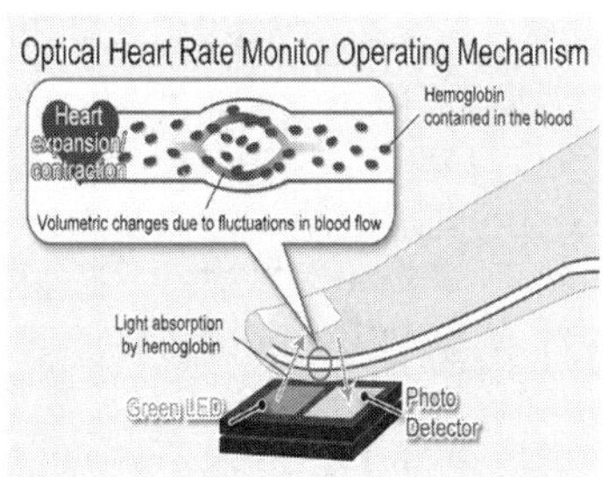

图 5.8
压电式脉搏传感器（左）与光电式脉搏传感器（右）

3．传声器

脉搏的搏动可以认为是一种振动信号，继而会产生波动，由于频率极低，所以其本质应是一种次声波。传声器就是利用物理声学原理，通过探测器感测由脉搏引起的振动（听信号）。提取方法主要有间接耦合的方式（即非接触式），脉搏声波经空气腔耦合后传到传声器振膜（敏感膜）上从而被获取。

4．超声多普勒技术

国内对脉搏波的研究在仪器上正朝超声显像方向发展，脉搏图也进入了由示波图到声像图研究的新阶段。动脉脉搏除了包含压力搏动的信息之外，还有管腔容积、脉管的三维运动和血流速度等多种信息，仅用压力脉图难以全部定量地反映脉象构成要素的指标。随着医学超声显像技术的发展，超声多普勒技术在脉象客观化研究中已经日益受到重视，取得了一定的进展。

5.3.2　血压传感器

血压测量一般有直接测量（有创法）和间接测量（无创法）两种方法。直接测量法（有创法）是将一根导管经皮插入待测部位的血管或心脏内，经过导管内的液柱同放在体外的应变式传感器、可变电感式差动变压器、电容式传感器相连，从而测出导管另一端的压力。另外一种方法是将传感器放在导管的末端，直接测出端部所在点的血压值，这种方法的优点是测量准确，并且能进行连续性的测量，缺点是对被测体伤害较大。间接测量法（无创法）是利用脉管内的压力与血液阻断开通时刻所出现的血液变化关系，从体表测出相应的压力值，这种方法的优点是不需要剖切，同时测量简便，所以得到了广泛的应用，这种方法的缺点是精度较差，只限于对动脉压力的测量，只能测量舒张压、收缩压两个数据，而不能连续记录血压波形。

1．有创血压传感器

有创血压传感器主要由三个部分组成：流量控制器，传感器芯片和三通，如图 5.9 所示。其中流量控制器可以保持流体低速注入被测体血管，三通可以选择流体的流通方向，实现排空气、校零和血液取样的功能。

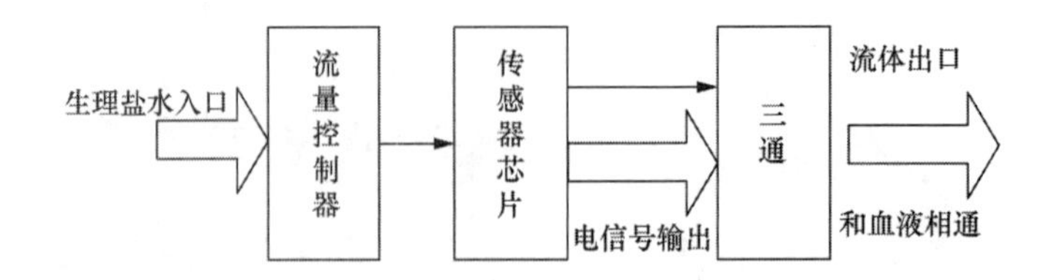

图 5.9 有创血压传感器结构框图

2. 无创血压传感器

无创血压传感器是基于无创血压测量法的传感器。无创血压测量法主要包括动脉张力测定法、容积补偿法和脉搏波速测定法。

动脉张力测定法的理论基础是具有内在压力的血管被外力部分压扁时，血管壁的内周应力发生变化，当外力达到某一特定值时血管内压力与外力相等，此时通过测量外压力即可得到动脉血压，同时依据外围动脉压与中心动脉压的相关性，由相应的转换函数计算出中心动脉压。动脉张力法通常选择底部贴近坚硬的骨组织的浅表动脉进行测量，常用的被测动脉有桡动脉、颈动脉和股动脉。

容积补偿法的理论基础是当动脉血管由于外力作用而处于去负荷状态时外加压力等于动脉压力，血管直径不会随血压波动而变化，血管处于恒定容积状态。因此，通过预置参考压力使动脉处于去负荷状态，同时采用快速反应伺服压力控制系统根据血压波动时刻调节外加压力使动脉血管始终处于恒定容积状态，此时通过测量外加压力就可得到动态的动脉血压值。

脉搏波速测定法是根据脉搏波沿动脉传播速率与动脉血压之间具有正相关性的特点提出的，通过测量脉搏波速间接推算出动脉血压值。脉搏波速可通过脉搏波在动脉中两点间传递时间计算出来，因此可采用相同原理利用脉搏波传导时间间接推算动脉血压值。

近年来，随着 MEMS 技术的逐渐成熟，一种基于 MEMS 的超声波贴片血压传感器（图 5.10）应运而生，这款贴片传感器集成压电式电极阵列，通过超声波传导的方式捕获位于皮肤下方 4cm 处的血管直径信息（Wang C，2018）。这款贴片以一层薄薄的柔性有机硅基底制成，能够很好地贴合皮肤，即使皮肤发生弯曲、伸展等动作，也不会影响其传感器性能。这种采用超声波贴片测量血压的方法，为动物可穿戴监测设备的研究提供了有力的技术保障。

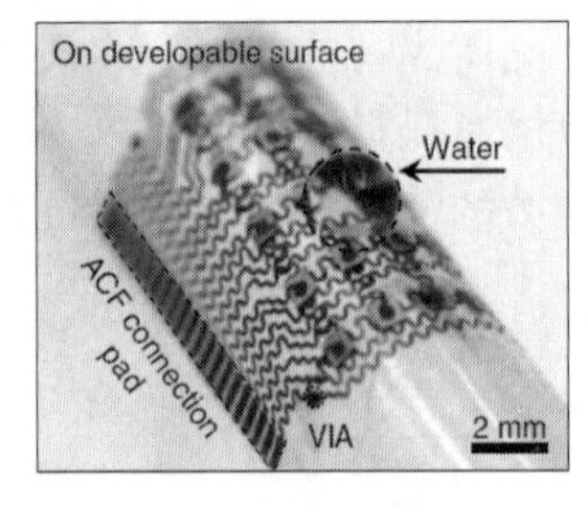

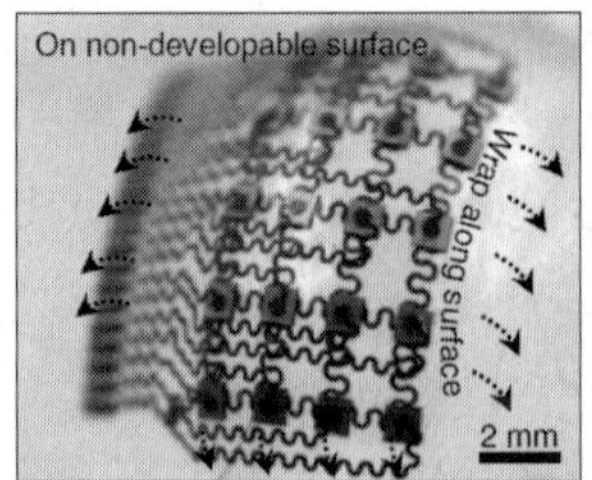

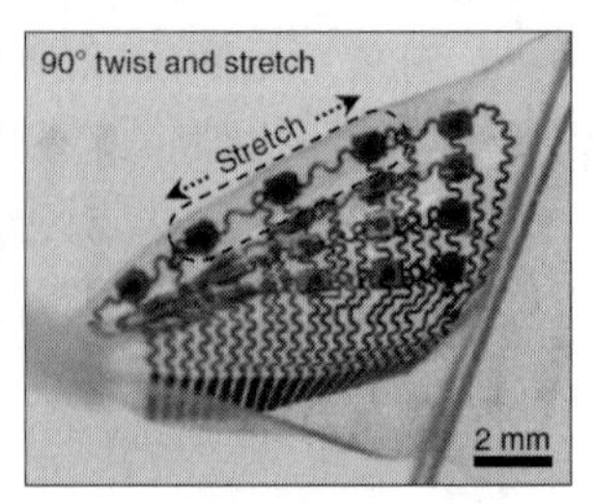

图 5.10 超声波贴片血压传感器

5.3.3 呼吸传感器

畜牧和养殖产业中，对动物个体信息及其行为的智能感知与分析构成了精准畜牧的核心。动物呼吸异常，可能是由于遭受病毒感染、消化不良或者患有呼吸综合征等疾病。

实时监测畜禽呼吸状况，对于畜禽场动物疾病预警、环境精准调控、降低养殖风险有着极其重要的作用（逯玉兰 等，2019）。呼吸传感器是将呼吸信号转成电信号，从而测量动物呼吸状况。将呼吸信号转化为电信号的方式有几种。其中最常见的是利用电阻应变片作为传感器，当有呼吸运动时，在运动的方向上引起电阻的变化，从而采集到电信号。这种传感器的电阻材料主要是康铜丝和卡码合金，特点是线性误差小，长时间使用零点，稳定性好。但其灵敏度受电阻丝弯曲形状影响较大，在机械应力的作用下，会使材料本身的电阻率发生较大的变化。

固态压阻式传感器是近年发展起来的新型传感器件，由于它的原理是基于半导体的压阻效应，所以也称为半导体应变式传感器。半导体材料在机械应力的作用下，本身的电阻率发生了较大的变化，这种现象叫压阻效应。半导体晶片的压电效应的方向性强，对于一个给定的半导体晶片，在某一晶格方向上压电效应最显著，而在其他方向上压电效应就较小或不会出现，半导体应变片的应变灵敏系数比金属应变片大几十倍至一百多倍。

5.3.4　体温传感器

体温作为动物最重要的生命特征之一，可用于判断多种动物疫病。因此，针对畜禽场养殖动物进行大面积的体温精确监测，对于动物疫情的防控和治愈观察具有极其重要的意义。动物体温监测一般采用非接触式红外温度传感器或者接触式热敏型电阻传感器，通常为了安装和使用方便，选择集成度高、小尺寸、高精度的数字温度芯片做成无线标签的形式进行贴身测温。常见的体温传感器如图 5.11 所示。

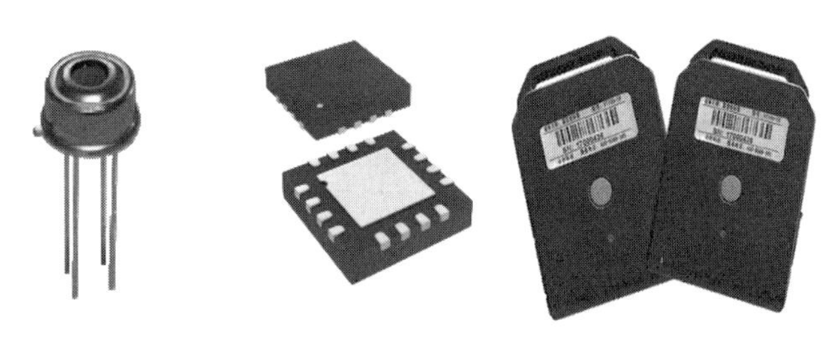

图 5.11　红外热电堆传感器、热敏传感器与无线温度标签

小　结

本章较为详细地介绍了农业动植物信息的传感技术，重点介绍了测量植物信息的茎流传感器、茎秆直径传感器、叶绿素含量测定仪和叶片厚度传感器，以及测量动物脉搏传感器、血压传感器和呼吸传感器，对各种传感器的结构和传感原理做了基本的概述。

植物的茎流速率、茎直径变化、叶片厚度和叶绿素含量都是反映植物体内水分、营养状况的生理指标，通过检测这些生理指标预测作物水分需求，监测作物水分状况，用于指导节水灌溉系统中参数的选择，以及建立合理的追肥标准，具有重要意义。未来对植物生理信息检测的重点将放在以下几方面：探索植物生理信息变化的作用机理，以及与其他水分信息（入土壤水分、叶水势等）之间的关系，尝试为木本植物设计一种面向全季节、无损原位测量传感器；研究植物生理信息的变化规律，包括植物种类和品种之间的差异性、不同植株之间的差异性，以及不同地域和气象条件下的差异性，并对这些差异性进行标准化处理，通过多源数据融合建立补偿校正模型；开发性能可靠、灵敏度高、价格适宜的植物生理信息监测设备，从而有效地排除环境条件的干扰，为广泛应用提供良好的基础；研究嵌入式微型无源传感器，并在此基础上展开植物水分生理信息的观测与分析。

动物信息因动物体的生理、病理的不同而不同，又受环境、时间、气候的影响，表现出同一动物体在不同的时间、地点有不同的生理信息，有时也会有不同的疾病表现出相同的生理信息。动物的脉搏、血压和呼吸等生理参数是动物体的重要生理指标，合适的生理参数对于维持动物体正常的生命活动是十分必要的，因此对动物生理信息的检测对于防病治病和及早发现疾病有重要意义。未来的动物生理信息传感器在保持现有优势的基础上，首先要探索无损的检测方法，减少传感器对动物生理的影响；其次是改进制造工艺，开发贴片或微型嵌入式传感器芯片，同时提高检测精度；最后是提高集成工艺，开发无线传感器芯片，实现动物生理信息的无线实时监测。

参考文献

陈培敏，田杨萌，王宏伟，等，2019. 基于LabVIEW的心音和脉搏信号融合采集系统的设计[J]. 电子设计工程，27(9)：171-174.

李晶，郇文飞，秦元萍，等，2016. 归一化植被指数时序数据拟合算法对比分析[J]. 中国矿业，25(z2)：317-323.

刘茂成，2017. 植物叶片氮营养手持诊断仪的设计与研发[D]. 长春：吉林农业大学.

逯玉兰，李广郝，玉胜，2019. 基于Wi-Fi无线感知技术的猪呼吸频率监测[J]. 农业工程学报，35(24)：183-190.

王秋红，周建朝，王孝纯，2015. 采用SPAD仪进行甜菜氮素营养诊断技术研究[J]. 中国农学通报，(36)：92-98.

原霁虹，2016. 基于数字化动物体脉搏计电路设计实现研究[J]. 畜牧兽医杂志(35)：34-37.

赵燕东，高超，张新，等，2016. 植物水分胁迫实时在线检测方法研究进展[J]. 农业机械学报，47(7)：290-300.

朱福安，2016. 植物叶片厚度微增量检测仪设计研究[D]. 哈尔滨：东北林业大学.

NI Z, LIU Z, HUO H, et al., 2015. Early water stress detection using leaf-level measurements of chlorophyll fluorescence and temperature data[J]. Remote Sensing, 7(7): 3232-3249.

WANG C, LI X, HU H, et al., 2018. Monitoring of the central blood pressure waveform via a conformal ultrasonic device[J]. Nature Biomedical Engineering, 2(9)：687-695.

第 6 章　农业自动识别技术

农业自动识别技术是实现农业精准化、精细化和智能化管理的前提和条件，是农业物联网实现农业物物相连和农业感知的关键技术之一。**农业自动识别是指利用 RFID、条码等实现对农业物联网中的每个农业个体的精确标识与描述，其目的是快速、精确地给出每个农业个体的身份、产地等相关信息，进而实现对动物的跟踪与识别、数字养殖、精细作物生产、农产品流通等。**本章重点论述了 RFID、条码技术的基本工作原理、关键技术与方法，以及典型的农业应用，以期使读者对农业自动识别技术有一个系统全面的认识和了解。

6.1　概述

为了快速、精确地获取农业个体的相关信息，需要对其进行标识。条码技术曾扮演重要角色，而且目前仍被广泛使用。但条码技术的缺点是识别速度慢、效率低、难以实现自动识别。RFID 即无线射频识别技术，是一种非接触的自动识别技术，可以克服条码技术的不足，因而受到研究者和农户的青睐。

6.2　RFID 技术

6.2.1　RFID 技术简介

射频（radio frequency，RF），是指可传播的电磁波。RFID 基本原理是利用射频信号和空间耦合（电感或电磁耦合）或雷达反射的传输特性，实现对被识别物体的自动识别。

RFID 系统主要由电子标签、阅读器和天线三部分组成，一般由阅读器收集到的数据信息还会传送到后台系统进行处理。

① 电子标签　标签由耦合元件及芯片组成，每个电子标签都具有唯一的电子编码，附着在物体上标识目标对象；每个标签都有一个全球唯一的 ID 号码（user identification，UID，即用户身份证明），在制作标签芯片时存放在 ROM 中，无法修改，对物联网的发展有着很重要的影响。RFID 标签分全被动、半被动（也称作半主动）和主动三类。

② 阅读器　阅读器是用于读取或写入标签信息的设备，可设计为手持式或固定式等多种工作方式。对标签进行识别、读取和写入操作，一般情况下会将收集到的数据信息传送到后台系统，由后台系统处理数据信息。

③ 天线　天线用来在标签和阅读器之间传递射频信号。射频电路中的天线是联系阅读器和电子标签的桥梁，阅读器发送的射频信号能量，通过天线以电磁波的形式辐射到空间，当电子标签的天线进入该空间时，接收电磁波能量，但只能接收很小的一部分。阅读器与电子标签之间的天线耦合方式有两种：一种是电感耦合方式，适用于低频段射频识别系统；另一种是反向散射耦合模式，适用于超高频段的射频识别系统。天线可视为阅读器与电子标签的空中接口，是 RFID 系统的一个非常重要的组成部分。

6.2.2 RFID 识别工作原理

能量和数字信息在 RFID 系统的阅读器、天线和电子标签三部分间流通，工作原理如图 6.1 所示，具体工作流程如下。

（1）首先是阅读器通过其发射天线发射射频信号，并产生一个电磁场区域作为工作区域。

（2）当相应的电子标签进入阅读器发射天线产生的磁场区域时，电子标签就在空间耦合的作用下产生感应电流给自身电路供能，此后电子标签就被激活开始工作。

（3）电子标签被激活后，内部存储控制模块将存储器中的数据信息调制到载波上并通过标签的发射天线发送出去。

（4）阅读器接收天线接收到从电子标签发送来的含有数据信息的载波信号，由天线传送到阅读器相关解调、解码等数据处理电路，对接收到的信号进行解调、解码后送到后台系统进行处理。

（5）后台系统首先判断该标签的合法性，然后根据预先的设定做出相应处理和控制，然后发送指令信号进行其他操作。

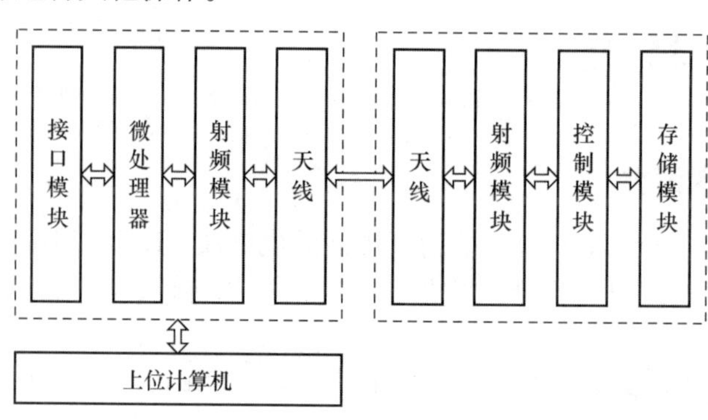

图 6.1
RFID 系统的工作原理图

RFID 系统大体上有低频（9～135kHz）、高频（13.56MHz）、超高频（433.92MHz、862～928MHz）三个工作频段，不同工作频段的 RFID 系统具有不同的特点，因此不同工作频段的 RFID 系统应用场合也不相同，通常情况下频率低的系统识别距离较近，技术较简单，应用比较普遍；频率高的系统识别距离远，但是技术较复杂，多应用在一些发展前景较好的领域。

6.2.3　RFID 最新技术与展望

UHF-RFID（超高频 RFID）基于其穿透能力强、识别距离远、准确率高与速度快等优势，越来越成为 RFID 技术关注的焦点。

RFID 的可靠性与稳定性在实际应用中是至关重要的。因此一个如图 6.2 所示的 UHF-RFID 标签的性能评估系统被建立起来，性能评估系统基于 UHF-RFID 阅读器、步进电动机和软件系统。该系统可以评估一些关于 RFID 的重要指标，例如整个标签的灵敏度和标签的辐射方向，检验该标签是否适合物联网应用程序使用（Colella R et al., 2016）。

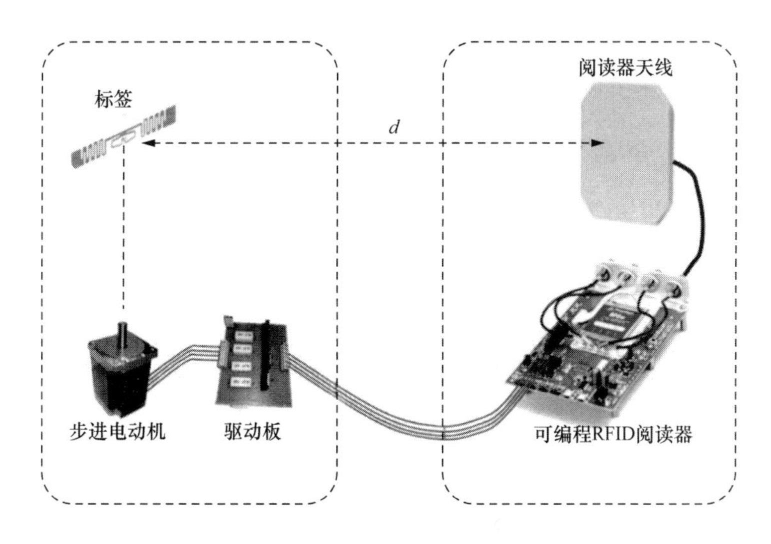

图 6.2
UHF-RFID 标签性能评估系统

还有的最新技术在 RFID 的集成应用上进行了拓展。将 RFID 天线与 WLAN 天线结合，实现了两种天线的圆极化，在阅读器中通过 915MHz（UHF-RFID）频段与标签进行通信，并通过 2.45GHz（WLAN）频段将接收到的信息发送到数据处理中心，拓展了 RFID 阅读器的应用，天线样式如图 6.3 所示（Sarkar S, Gupta B, 2019）。

RFID 标签的稳定读取是对个体信息进行识别的关键，但是在实际使用过程中，RFID 的读取工作是非常复杂的，不仅受距离的影响，还容易受其他物体的影响，如金属。因此如何提高在复杂环境下 RFID 的读取成功率是重要的工作。结合机器学习与强化学习设计的阅读器，能够在受干扰的情况下，通过调节阅读器内部元件的参数（发射功率、读取持续时间等）提高 RFID 标签的读取成功率（Luetticke D, Meisen T, 2018）。

图 6.3
UHF-RFID/WLAN 圆形贴片天线

目前看来，在频率范围难以拓展的情况下，对 RFID 标签的改进极为有限，因此要实现标签识别的速度、准确率的提高，还需要在阅读器方面做很多工作，提高对标签识别的准确率、距离及速率，提高识别时的抗干扰能力。

6.3 条码技术

6.3.1 条码技术简介

条码是由宽度不同、反射率不同的条和空，按照一定的编码规则（码制）编制成的，用以表达一组数字或字母符号信息的图形标识符。即条码是一组粗细不同、按照一定的规则安排间距的平行线条图形。

一个完整的一维条码是由两侧的空白区、起始字符、数据字符、校验字符（可选）和终止字符以及供人识读字符组成的。其中数据字符和校验字符是代表编码信息的字符，扫描识读后需要传输处理，左右两侧的空白区、起始字符、终止字符等都是不代表编码信息的辅助符号，仅供条码扫描识读时使用，不需要参与信息代码传输。图 6.4 显示条码符号的结构。

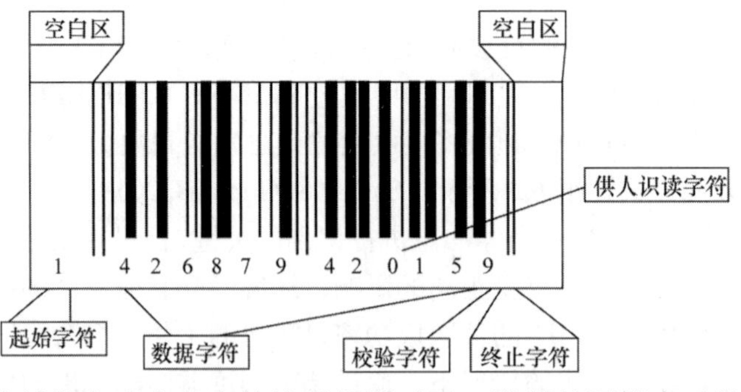

图 6.4
条码符号的结构

条码编码方法是指条码中条空的编码规则以及二进制的逻辑表示的设置。条码的编码方法有两种：模块组合法和宽度调节法。模块组合法是指条码符号中，条与空是由标准宽度的模块组合而成。一个标准宽度的条表示二进制的“1”，而一个标准宽度的空模块表示二进制的“0”，例如 EAN 码、UPC 码模块的标准宽度是 0.33mm，它的一个字符由两个条和两个空构成，每一个条或空由 1～4 个标准宽度模块组成。宽度调节法是指条码中条与空的宽窄设置不同，用宽单元表示二进制的“1”，而用窄单元表示二进制的“0”，宽窄单元之比一般控制在 2～3，库德巴条码、39 码、25 码和交叉 25 码均采用宽度调节法。

条码主要包括一维条码（如 EAN13 码、UPC 码、39 码、交叉 25 码、EAN128 码等）和二维条码（如 PDF417、CODE49、MaxiCode、QR 码等），其中 UPC 码主要用于北美地区，EAN128 条码在全世界范围内具有唯一性、通用性和标准性，可给每一个产品赋予一个全球唯一的贸易项目代码，PDF417 码与上述一维条码相比，具有单位面积信息密度高和信息量大等特点，在制造业领域和物流领域已得到广泛应用。

国际通行的二维条码码制有 Code 49 码、PDF 417 码、Code One 码、Data Matrix 码和 QR 码，特别是 QR 码具有识读速度快、数据密度大、占用空间小的优势，可表示 7089 个字符，是普通条码的约 100 倍，并可 360° 全方位高速读取。

汉信码（Chinese-sensible code）是中国自主研制的二维条码。汉信码是一种矩阵式二维条码，具有汉字编码能力超强、抗污损、抗畸变识读能力、识读速度快、信息密度高、纠错能力强、图形美观等优点，是一种具有自主创新、拥有自主知识产权、适合中国应用的二维条码。汉信码攻克了二维条码码图设计、汉字编码方案、纠错编译码算法、符号识读与畸变矫正等关键技术，制定了汉信码国家标准（GB/T 21049—2007），打破了国外公司在二维条码生成与识读核心技术上的商业垄断，对于降低中国二维条码技术的应用成本，推进二维条码技术在中国的应用进程，具有广阔的推广应用前景。

6.3.2　条码识别工作原理

条码识读系统由扫描系统、信号整形和译码三部分组成，如图 6.5 所示。整形电路的脉冲数字信号经译码器译成数字、字符信息。它通过识别起始、终止字符判别出条码符号的码制及扫描方向；通过测量脉冲数字电信号 0、1 的数目来判别出条和空的数目。通过测量 0、1 信号持续的时间来判别条和空的宽度。这样便得到了被辨读的条码符号的条和空的数目及相应的宽度和所用码制，根据码制所对应的编码规则，便可将条形符号换成相应的数字、字符信息，通过接口电路送给计算机系统进行数据处理与管理，便完成了条码辨读的全过程。

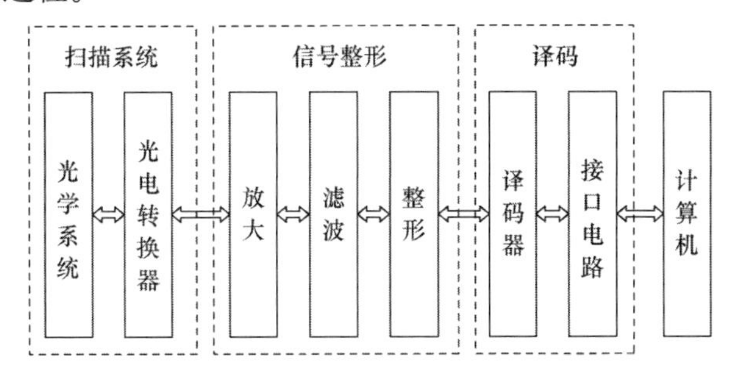

图 6.5
条码识读系统组成

6.3.3 二维条码技术最新进展

条码技术是通过不同的色块的组合进行信息编码，所以色块组合复杂度越高，颜色越丰富，条码所能表达的信息就越丰富。因此当前很多研究在丰富条码信息表达能力上取得了很大的进展，特别是关于二维条码。

QR 码结构的灵活性为摆脱数据容量的限制提供了可能，促进了相关研究的发展，其中包括数据隐藏技术、多路复用技术和彩色二维码技术等。最新研究表明，彩色二维码技术通过多路复用可以将数据容量提升 24 倍，为了平衡解码速度与数据容量，可以在复用码数量上进行调整，通过对 14 个二维码复用产生的彩色二维码实现了对语音信号的嵌入。

由于使用者在二维码解码之前难以确定解码程序会被引导到何处，所以包括 QR 码在内的所有二维码都会存在安全性问题，所以很多学者对二维码的安全问题进行了研究，防止二维码被恶意篡改与识别。Md. Salahuddin Ahamed 等设计了一种基于 RSA 加密算法的二维码，其通过数字签名的方式与二维码扫描者进行匹配验证，验证成功才能完成对二维码的识别，该方法可以有效防止付款码、支票码以及个人信息被人恶意利用（Ahamed M S，Mustafa H A，2019）。通过 QR 码复用的方式将红外水印二维码与原码结合，在二维码被窃取复印的情况下，红外水印二维码会是缺失状态，使得二维码无法被盗用。此技术可以被广泛地应用到防伪技术中（Wang Y et al.，2018）。

条码的稳定识别是条码使用过程中的重要环节，也是信息有效传递的重要保证。为了增强识别算法的鲁棒性，考虑到深度学习算法的抗噪声能力，近期有很多研究人员将深度学习方法与二维码识别相结合，例如使用卷积神经网络对图形二维码进行识别，在此算法上取得了较好的效果（Lee J K et al.，2019）。

6.4 RFID 技术与条码技术的比较和应用

6.4.1 RFID 技术与条码技术的对比

从应用上来看，两种技术具有一定的相似性，都是通过非接触式进行数据读取，这一共性使得两种技术在物联网应用中得到了很大的推广与发展。

但从原理上说两种技术差异较大。RFID 技术是基于射频技术实现的，通过射频标签与阅读器完成数据传输，对使用者来说，数据是“不可视”的，而条码的数据是“可视”的，这就使得条码信息容易被破坏，一旦条码破损，将很难对原有结构进行恢复或者直接读取。另外相对于条码技术，RFID 磁条的使用寿命长、存储信息量大，还可以对 RFID 标签内容进行修改，实现重复利用。条码技术不具备这些优点，但其成本相对于 RFID 技术来说低很多，任何人都可以通过编码系统实现对已有信息进行编码，生成相应的条码，而 RFID 标签则需要特定的芯片，需要专业人员与设备才能加工生产，并且很多相应的芯片技术国内缺少相应的知识产权。因此，这两种技术的应用目的是相同的，但是根据其自身特性又有不同的应用场景。

目前，也有相应的技术通过结合二维条码与 RFID 技术进行使用。例如，一种基于 QR 码的嵌入式无芯片 RFID 技术，实验证明该标签的有效识别距离为 2m，能够满足日常场景中的应用需求（Vardhan G S et al.，2016）。

6.4.2 RFID 在农业物联网中的典型应用

RFID 在农业物联网中的典型应用主要包括农产品跟踪与识别、数字养殖与精细作物生产、农产品流通等。

1. 农产品跟踪与识别

通过农产品跟踪与识别技术可以有效保证食品安全，对于问题食品可以快速追溯与召回，降低食品问题引发的风险，该技术是公众健康的重要保证。

十多年来，全球动物疫情不断爆发，如疯牛病、口蹄疫、禽流感等，不仅造成巨大的经济损失，而且给人类健康和生命安全带来严重威胁。为此，许多国家将 RFID 技术应用于动物跟踪与识别，以增强动物性食品溯源机制。依据标签外形及佩戴方式，动物电子标签可分为项圈式、耳牌（标）式、注射式和药丸式等，如图 6.6 所示。

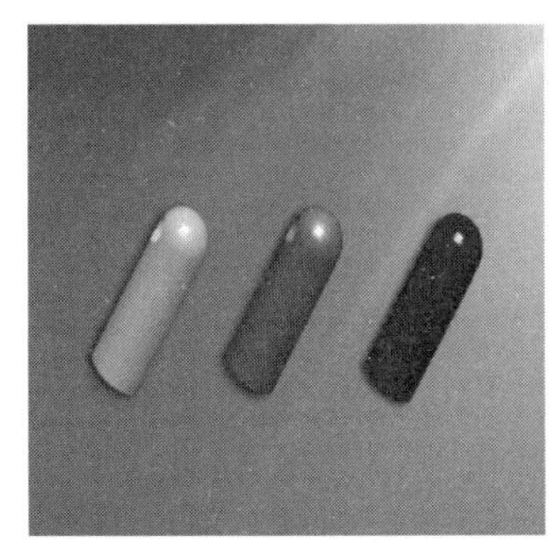

（a）动物项圈 RFID

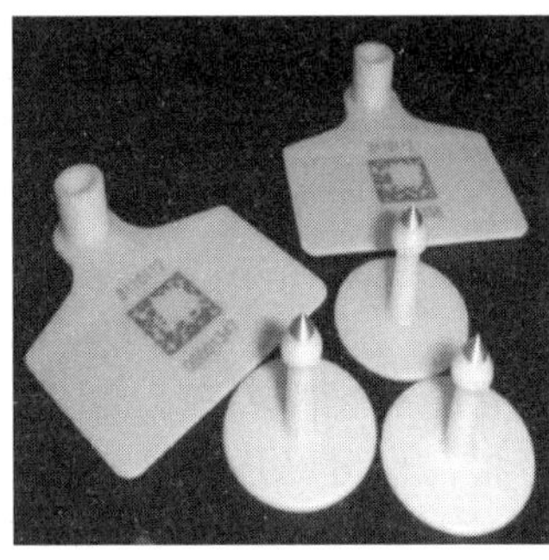

（b）动物耳标 RFID

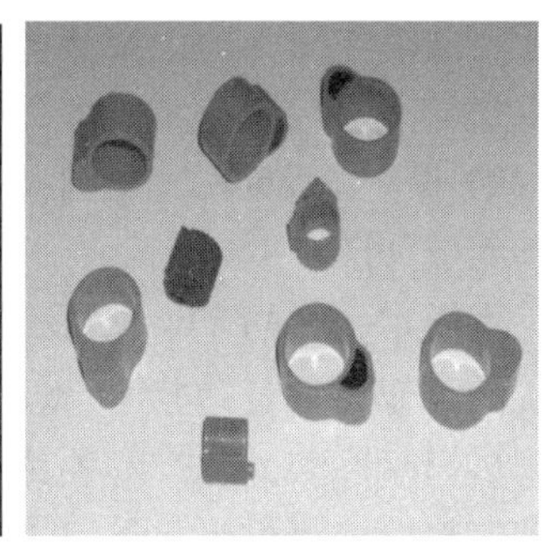

（c）动物脚环 RFID

图 6.6 RFID 动物电子标签示例

当动物进入 RFID 固定式读写器的识别范围，或者手持式读写器靠近动物时，即可自动识别标签中的相关信息，如动物的基本情况（牲畜的品种、性别、免疫编号和出生日期等）、饲料使用情况、疾病和免疫进度等。系统将牲畜从出生到屠宰过程的防疫、检疫、监督工作贯穿起来，可实现对动物的快速、准确溯源。

图 6.7 是荷兰的畜禽养殖场中带有 RFID 标签的奶牛、猪和鸡。我国也尝试将 RFID 技术应用于动物溯源与食品安全监管。2006 年，浙江省水产局推出了鱼类产品智能防伪卡——千岛湖“淳牌”有机鱼身份证，实现了从水体到餐桌的全程质量跟踪管理。

除了对肉类食品进行追踪识别之外，还需要对蔬菜产品进行溯源。相较于肉类食品，蔬菜类产品的溯源以条形码为主，为了摆脱对数据存储的限制，多地已经开始采用 RFID 技术。条码与 RFID 关联的蔬菜溯源已经在天津等地得到了应用，在上海与山东更是采用了以 RFID 为主要手段的“有机蔬菜追溯管理系统”。通过蔬菜的 RFID 标签可以详细地了解到蔬菜产品的产地信息、运输信息和种植信息等，将每一棵蔬菜的责任落实到参与生产运输的个人身上，可以有效杜绝农药滥用、注射药剂等不合理的情况，为大众的菜篮子添了一把安全锁。

图 6.7 带 RFID 电子标签的畜禽

2．数字养殖与精细作物生产

数字养殖是数字农业的重要组成部分，是提高农业效益和养殖业集约化程度的重要的手段，其关键是建立适合畜禽养殖的技术体系。RFID 电子标签可用于记录圈养牲畜的生理、生产活动，读写器通过有线或无线通信将相关数据传输到计算机数据控制中心，上位机软件根据相应信息对系统进行实时管理。依托 RFID 技术、网络技术及数据库技术，可准确而全面地记录牲畜的饲养、生长及疾病防治等情况，同时还可对肉类品质等信息进行准确标识，实现畜禽养殖信息的融合、查询和监控。

20 世纪 80 年代，美国、荷兰、新西兰等国已建立了数字化程度较高的奶牛场，其基本组成如图 6.8 所示。

奥斯本公司的 TEAM 系统主要用于怀孕母猪的饲养和管理。TEAM 全自动母猪饲喂系统的工作原理是：每 50～60 头怀孕母猪圈养在一个 90～100m²大栏中，根据饲养规模，每栏可以是同一批配种的怀孕母猪，也可以是不同日期配种的怀孕母猪进行混合饲养。自动饲喂站通过母猪佩带的 RFID 电子耳牌对母猪个体进行识别和区分，并根据每头母猪的怀孕日程和体况，结合天气温度自动计算出母猪每天应采食的饲料定额并投放相应的饲料量给该母猪。母猪采食完自己当天的饲料定额后，即使它再进入饲喂站，饲喂站不会再投放饲料给它，从而达到控制怀孕母猪采食量和保持母猪体况的目的。通过 TEAM 系统的精确饲喂方式，怀孕母猪的总体饲料节约水平可达每头每天节约 1 磅饲料。

TEAM 系统还在怀孕栏中为怀孕前 8 周的母猪安装了自动的发情探测站并配备了试情公猪。当栏内母猪接近发情或发情时，它们将接近电子发情探测站并与试情公猪进行鼻与鼻的接触，在此同时，发情探测站将记录下该母猪的电子耳牌以及它与公猪接触的次数和接触持续时间，并将记录的数值转化为发情指数曲线，当曲线达到预设的发情阈值时，TEAM 系统将自动提醒饲养员或管理人员对该母猪进行发情的人工鉴定。电子发情探测站和试情公猪如同一位永远工作的饲养员，它几乎不放过每一头发情母猪，这种发情鉴定完全符合母猪的自然生理特性，不会给母猪造成任何应激反应。理论计算表明，电子发情探测结合人工复查手段，母猪的怀孕受胎率将提高 8%。实际应用中我们也发现，使用了 TEAM 系统和电子发情探测站的某些猪场，其母猪受胎率甚至提高了 10%。

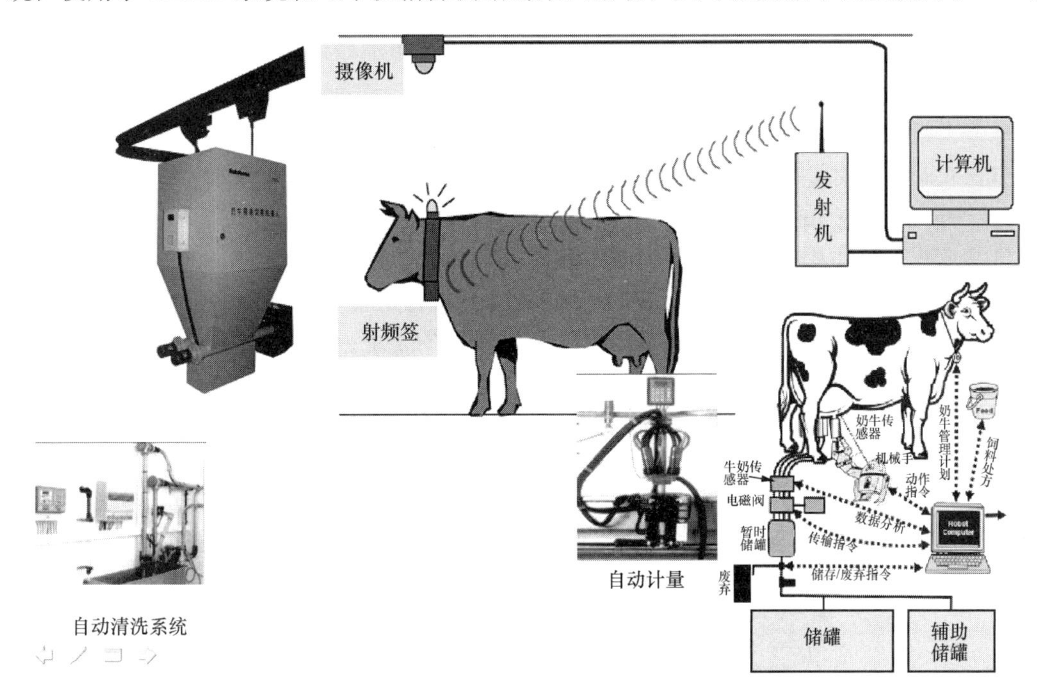

图 6.8
数字养殖系统

精细作物生产可节省人力物力，有效提高作物的产量和质量，是保障农作物经济效益的重要手段之一。农业生产中，利用电子标签或其他传感器自动记录田间影像与土壤酸碱度、温湿度、日照量乃至风速、降雨量等变化，记录田间管理情况、农药使用情况等信息，可实现科学化、精细化的农业生产。除此之外，电子标签也可用于存储农作物的生产者、品名、品种、等级、尺寸、净重、收获期、农田代码、包装日期等信息，为食品追溯提供源头数据。图 6.9 是荷兰的精细花卉种植基地的分选系统及其使用的 RFID 标签。

(a) 花卉分选系统

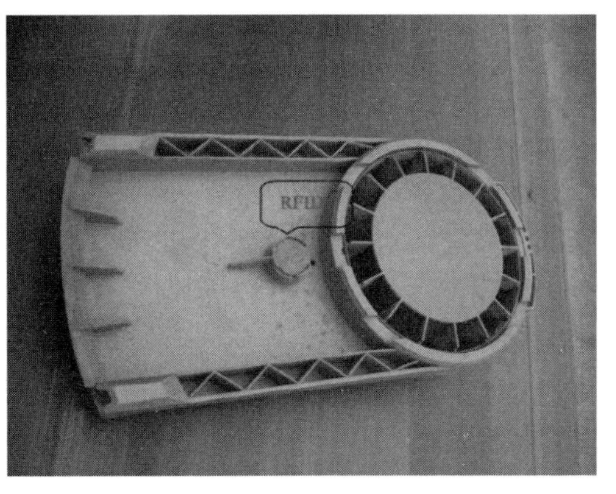

(b) 每盆花卉下的 RFID 标签

图 6.9
荷兰的精细花卉种植

3. 农产品流通

由于我国农业生产地域差异性显著，农产品需要跨地域运输，必须经过“产地—道口—批发市场—零售卖场”这一流通过程。常规农产品流通完全采用人工记录方法，不仅耗费大量人力物力，而且延长了农产品流通周期和上市时间，降低了农产品保鲜度。通过在农产品上粘贴 RFID 标签，自动记录和识别农产品“生产—加工—仓储—运输—销售”等流通环节信息，提高产品信息在“产地—批发市场—零售市场”的采集速度和信息共享程度，可提高农产品物流效率和经济效益。

2005 年，美国著名水果农产品生产商 Ballantine 公司率先在行业内开发和应用 RFID 技术，以达到其顾客沃尔玛公司对 RFID 技术应用的要求。荷兰的花卉物流配送已经利用 RFID 实现了花卉生产、交易、物流配送的信息化管理，如图 6.10 所示。

(a) 物流车间

(b) 带电子标签的物流车辆

图 6.10 荷兰的花卉物流配送

在中国，茶叶、蔬菜水果、肉类产品和粮食等多种食品已试点加入全球统一的编码标识追溯系统。北京、上海等一些地方政府部门，正在与行业协会合作， 在分类食品领域，试点采用以商品条码、物品编码及射频识别技术为核心的 GSI 全球统一识别系统，开展农产品安全追溯工作，同时建立从农田到餐桌的全程追溯体系。

6.4.3 条码技术在农业物联网中的典型应用

1. 条码技术在农业物联网中的主要应用类型

条码技术在农业物联网中的典型应用主要包括被读类业务和主读类业务。

1）被读类业务

农业物联网应用平台将二维码通过彩信发到用户手机上，用户持手机到现场，通过二维码机具扫描手机进行内容识别，被读类业务工作原理图如图 6.11 所示，其应用领域如图 6.12 所示。

图 6.11 被读类业务原理图

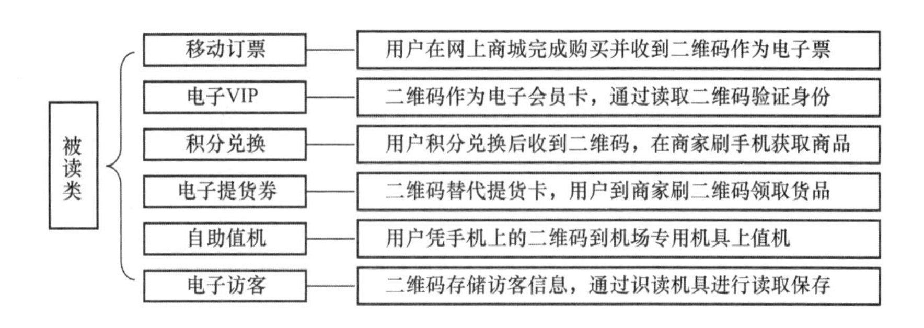

图 6.12
被读类二维码应用领域

2）主读类业务

用户在手机上安装二维码客户端，使用手机拍摄并识别媒体、报纸等上面印刷的二维码图片，获取二维码所存储内容并触发相关应用，工作原理图如图 6.13 所示，应用领域如图 6.14 所示。

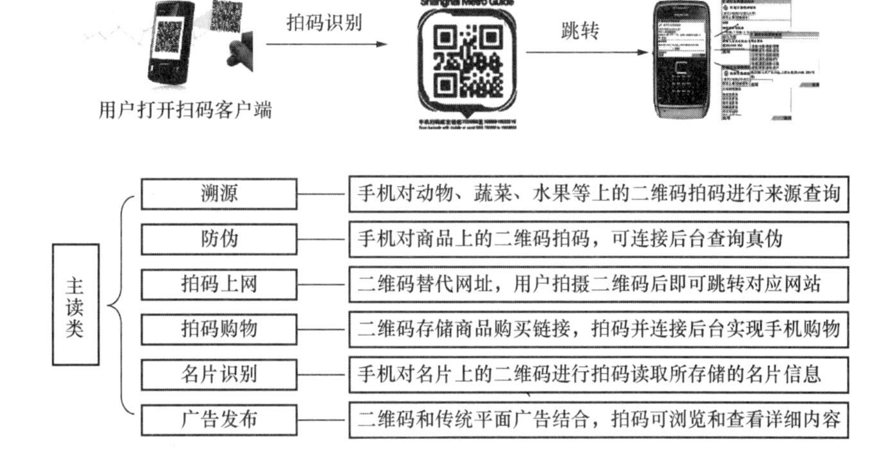

图 6.13
主读类业务原理图

图 6.14
主读类二维码应用领域

2．水产品可追溯系统的条码编码方案

下面介绍水产品可追溯系统的条码编码方案。这是可追溯性概念在水产品安全性管理方面的应用。国际食品法典委员会将可追溯体系的定义表述为“食品市场各个阶段的信息流的连续性保障体系”。可追溯体系能够从生产到销售的各个环节追溯检查产品。通俗地说，就是利用现代化信息管理技术给每件商品标上号码、保有相关的管理记录，从而可以进行追溯的系统。建立可追溯体系的关键是水产品的标识技术，常见的标识技术包括条码技术和 RFID 技术。具体方案如下。

1）水产品编码对象分析

以往农产品可追溯编码体系研究和实践中，多针对单体大、附加值高的产品研究，而我国水产品生产实际中，水产品具有兼顾单体大、附加值高与大批量、低值、单体小并存的特点，因此在水产品编码对象上应根据对象的不同采用不同的编码方式，具体可分为个体编码和批次编码。

2）水产品追溯编码原则

编码制定的原则应该遵循唯一性、开放性、兼容性和简明性的原则。水产养殖品编码应采用最短代码长度，形式简单明了，方便输入。在保证编码唯一性和开放性的前提下，水产养殖品追溯编码兼顾国际标准与国内监管实际，采用水产养殖品追溯码和水产养殖品监管码相结合的编码方式。水产养殖品追溯码采用符合国际标准的 EAN. UCC 三段式编码规则，水产养殖品监管码采用行政区划监管为主的编码方式。水产养殖品追溯码主要考虑与国际标准统一，水产养殖品监管码满足国内监管实际需求。

3）水产品编码设计

产品编码采用 EAN-13 规范实现。EAN-13 条码由前缀码、厂商标识码、商品项目码和校验码组成。前缀码由 2～3 位数字组成，是 EAN 分配给国家（或地区）编码组织的代码，代表商品制造商所属的国家或地区。中间 4 位数字表示商品制造商的代码，由国家编码管理局审查批准并登记注册。最后 5 位数字表示商品标识码，由企业自行编制。校验码用来校验条形阅读器的结果是否正确。对商品编码的基本原则是根据行业和管理的需求设置商品的基本特征。通常情况下，商品的基本特征包括商品名称、商标、种类、规格、数量和包装类型等。但在水产养殖产品编码中我们更多地考虑产地、种类、商标、品种、等级、包装作为特征编码。在参考《水产及水产加工品分类与名称》(SC 3001—1989)的分类体系基础上，对水产养殖产品编码主要从类别、种类、品种和包装类型方面进行，第 1～2 位从产品类别方面编码，如淡水鱼类、淡水虾类、淡水蟹类、淡水贝类等，第 3～4 位为产品类别中的常见产品品种，如淡水鱼类中又可分成罗非鱼、青鱼、草鱼、鲢鱼等，第 5 位为每一具体品种出池时的规格。图 6.15 给出的例子提供的编码包含的信息为某养殖企业养殖的规格为 1.6 斤以上罗非鱼淡水鱼类。

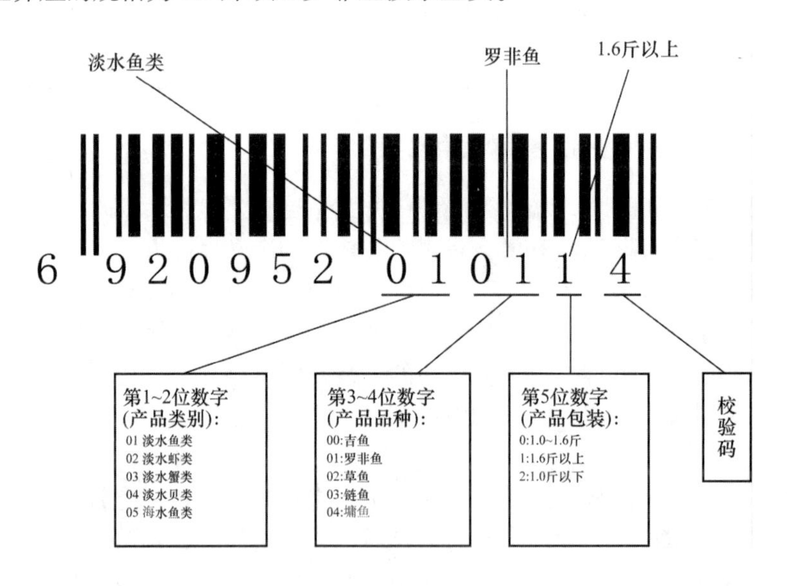

图 6.15
罗非鱼编码方案

小　结

农业个体标识是指利用 RFID、条码等技术实现对农业物联网中的每个农业个体的精确标识与描述，其目的是快速、精确地给出每个农业个体的身份、产地等相关信息，身份识别是 RFID 在农业物联网中的主要应用。

利用 RFID 和条码实现农业个体标识存在的主要问题包括成本问题、标准问题、安全问题、环境污染问题等。

RFID 的发展趋势主要表现在与个人移动设备的结合、与 GPS 的结合、与传感器的集成等；条码的发展趋势则是二维条码逐渐取代一维条码，并与数据库、网络技术进一步结合，拓展其应用领域。

参 考 文 献

AHAMED M S, MUSTAFA H A, 2019. A secure QR code system for sharing personal confidential information[C]//2019 International Conference on Computer, Communication, Chemical, Materials and Electronic Engineering(IC4ME2), Rajshahi, Bangladesh：1-4.

COLELLA R, CATARINUCCI L, TARRICONE L, 2016. Improved RFID tag characterization system: use case in the IoT arena[C]// 2016 IEEE International Conference on RFID Technology and Applications(RFID-TA), Foshan：172-176.

LEE J K, WANG Y, LU Y C, et al., 2019. The enhancement of graphic QR code recognition using convolutional neural networks[C]// 2019 8th International Conference on Innovation, Communication and Engineering(ICICE), Zhengzhou, Henan Province, China：94-97.

LUETTICKE D, MEISEN T, 2018. Design of an automated measuring system for RFID transponders in complex environments[C]// 2018 IEEE International Conference on RFID Technology and Application(RFID-TA), Macau：1-6.

SARKAR S, GUPTA B, 2019. A dual frequency circularly polarized UHF-RFID/WLAN circular patch antenna for RFID readers[C]// 2019 IEEE International Conference on RFID Technology and Applications(RFID-TA), Pisa, Italy：448-452.

VARDHAN G S, SIVADASAN N, DUTTA A, 2016. QR-code based chipless RFID system for unique identification[C]// 2016 IEEE International Conference on RFID Technology and Applications(RFID-TA), Foshan：35-39.

WANG Y, SUN C, KUAN P, et al., 2018. Secured graphic QR code with infrared watermark[C]// 2018 IEEE International Conference on Applied System Invention(ICASI), Chiba：690-693.

第7章　农业遥感技术

遥感（remote sensing，RS）技术是远距离获取图像信息的重要手段。由于农业生产地域广、季节性强、品种各异，在宏观尺度上采用遥感技术实现对农业资源、农情（旱涝、病虫害、作物长势）进行实时监测、估产是最有效的途径。因此，农业遥感是农业现场信息感知的重要手段之一，具有大面积同步观测、时效性强、综合性强的特点，尤其是对农业不同尺度信息的感知，具有得天独厚的优势。本章论述了遥感技术的基本原理、主要方法及其在农业中的应用，重点阐述了遥感数据在农作物长势监测、农作物灾害监测、农业产量及品质预估以及多源数据融合等方面的应用。

7.1　概述

遥感是指以卫星、飞机等不同平台为媒介，通过记录地面目标物的电磁波特性，非接触远程对地球或其他星体表面进行观测，以获取面状图像（影像）信息的技术手段。其中，分辨率作为遥感传感器成像系统对输出影像细节辨别能力的一种重要的度量方式，是遥感影像应用价值的重要技术指标，对“影像细节”的不同度量则形成了多种不同类型的分辨率，通常分为以下三种：空间分辨率、光谱分辨率和时间分辨率。其中，空间分辨率表达了对遥感影像空间细节的辨别能力，是指观测影像中一个像素所对应的地面范围；光谱分辨率是指对地物波谱细节信息的分辨能力，是卫星传感器接收地物辐射波谱时所能辨别的最小波长间隔，间隔越小，光谱分辨率就越高，对地物的分类识别效果就越好；时间分辨率是对同一地点的重复观测能力，通常也把时间分辨率称为重访周期。重访周期越短，时间分辨率越高（孟祥超，2017）。

由此可见，在农业应用中，遥感技术可以快速获取不同尺度农作物信息，因为其同步观测、时效性强、综合性强的特点，在农业资源调研、农作物估产、农业灾害预报以及精准农业等方面逐渐得到广泛应用。针对不同应用所使用的数据种类，又可分为光学遥感和微波遥感。不同空间分辨率代表性遥感数据在农业中的应用如表 7.1 所示（史舟等，2015）。

表 7.1　不同空间分辨率代表性遥感数据在农业中的应用

尺度	空间分辨率	代表性遥感数据		应用领域			
		光学遥感	微波遥感	农作物监测	农业灾害监测	农业资源调查	精细农业
全球/区域	公里	MODIS，NOAA	SMOS	多	多	少	无
区域	几十米	TM，CBERS，HJ	ASAR，ERS	多	多	多	少
农场/田块	米级	SPOTS，lkonos	RADARSAT-2	少	少	多	少
田块	亚米	GeoEye，QucickBird	TerraSAR，Cosmo	少	少	少	多

7.2　农业遥感的基本原理

7.2.1　光学遥感技术简介

地物在电磁波的作用下，在特定波段形成能够反映物质成分和结构信息的光谱吸收与反射特征，这种因光谱而异的响应特性称为光谱特性。当太阳通过大气将电磁波传到地物时，地物根据光谱特性反射电磁波，反射的电磁波被传感器（即光学遥感装备）接收，对数据进行分析处理，最后形成遥感影像（或其他数据）。其中，光学遥感也称可见光遥感(visible spectral remote sensing)，是指传感器工作波段限于可见光波段范围(380～750nm）之间的遥感技术，该波段的遥感数据具有分辨率高、易于解译的特点。

绿色植物的主要光谱响应特征如图 7.1 所示，在可见光范围内有两个吸收谷和一个反射峰，即 450nm 的蓝光、650nm 的红光和 55nm 的绿光。正是植被这种固有的光谱特性，使得遥感监测农情信息成为可能。然而，光学遥感影像在获取过程中容易受到云雾等天气条件的影响，表现为在云雾及云阴影等区域存在部分或整体的地物信息缺失现象，对农作物信息的有效获取造成了一定的阻碍，需去除云雾及云阴影，以恢复地物信息，目前已有较多相关处理算法。

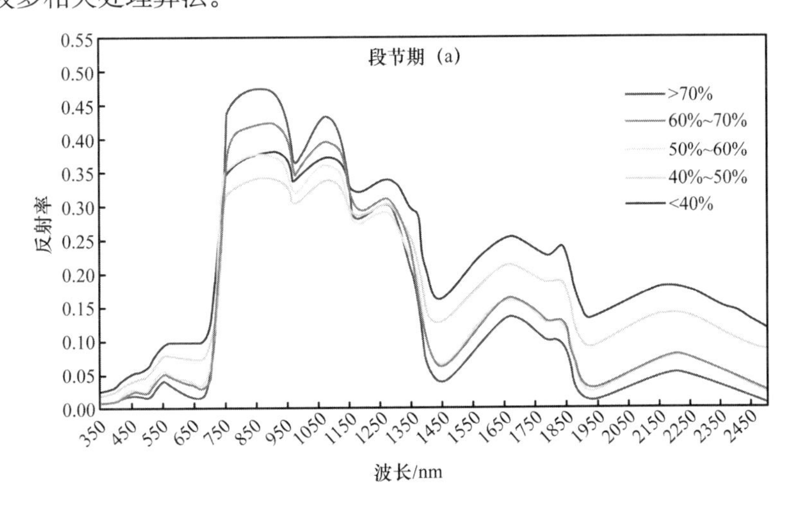

图 7.1
绿色植物的主要光谱响应特征

在光学遥感中，高光谱数据是近年来发展速度较快的一种数据类型，其本质上是影像数据和光谱探测数据融合为一体的成像光谱遥感数据，此类数据相对于其他类型的遥感数据，具有很高的光谱分辨率，能够更为全面、细致地获取地物光谱特征及差异性，提供更多的地表信息。结合农作物类型丰富且光谱相似的特点，高光谱遥感数据在农业中应用最为广泛。其中最具代表性的高光谱数据为美国地球观测系统的中分辨率成像光谱仪（MODIS），其可见光、近红外以及热红外设置有 36 个通道，覆盖周期为 1～2 天，并且业务化地提供各类指标，如植被指数、地表温度和生物量等，为全球各地大面积农作物的周期性监测提供了重要的数据支撑。然而，高光谱遥感数据也存在一定不足，即运算量巨大，且噪声复杂。因此，需要综合利用原始光谱特征、空间特征和植被生化参量敏感的光谱特征指数等信息，对植被特征库光谱维进行优化，以解决数据冗余的问题（Shang K et al.，2015）。

7.2.2 微波遥感技术简介

微波遥感是指利用波长 1～1000mm 电磁波遥感的统称，通过接受地面物体发射的微波辐射能量，或接受遥感仪器本身发出的电磁波束的回波信号，达到对物体进行探测、识别和分析的目的。现阶段在微波遥感中最常用的传感器为雷达，故而也将微波遥感称为雷达遥感。考虑到各种农作物具有不同的冠层结构、几何特性和介电常数等，导致在不同频率和极化的合成孔径雷达（synthetic aperture radar, SAR）影响中表现为不同的特征，这也是采用雷达遥感进行农作物分类和识别的理论基础（McNairn H et al., 2016）。与光学遥感相比，微波遥感技术具有全天候昼夜工作能力，能穿透云层，不易受气象条件和日照水平的影响；能穿透植被，具有探测地表目标的能力；获取的微波图像有明显的立体感，能提供可见光照相和红外遥感以外的信息。但由于微波的波长比可见光、红外线长几百至几百万倍，微波遥感器所获得的图像空间分辨率较低。

在农业应用中，可以利用 SAR 技术的四类特征监测农情：后向散射特征、极化特征、干涉特征和层析特征。

① *SAR 后向散射特征* 现多用于农作物估产，一般利用后向散射系数建立与产量的关系模型，然后反演产量。该方法属于经验模型，在特定区域可以获得较好的估测精度。

② *SAR 极化特征* 通常需要进行极化合成和极化分解技术，通过极化合成技术可以计算任意一种极化状态的后向散射回波，进而提取地物更多的特征。通过极化分解技术可以将地物的特征进一步细化，以此增强地物的探测能力。由于极化特征不仅具有后向散射对农作物生理特征敏感的特性，同时具有对农作物散射方向、形状敏感的极化特征，是目前农业应用中使用最广泛、研究最深入的 SAR 特征（Yang H et al.，2019）。

③ *SAR 干涉特征* 是在简单的相位高程关系式基础上，增加了极化特征，利用全极化观测进行干涉处理，结合了干涉特征对空间分布敏感以及极化特征对散射体物理性质敏感的特性，达到区分分辨单元内不同散射机制的垂直分布特征的目的。

④ *SAR 层析特征* 是为了实现地物垂直方向上的观测，主要利用不同极化的干涉相干变化来重建观测场景后向散射随高度变化的方程，然后利用观测的相干数据获得植被

高度和地形相位，将获得的植被高度和地形相位特征带入以傅里叶-勒让德级数展开的垂直结构方程，求解各系数获得场景沿垂直方向的散射值（张王菲 等，2020）。

7.3 农业遥感平台

遥感平台是安装遥感器的飞行器，能够从一定高度或距离对地面目标进行探测，通常由遥感传感器、数据记录装置、姿态控制仪、通信系统、电源系统和热控系统组成，其基本功能是可准确记录传感器的位置，获取可靠的数据并将数据传输到地面接收站。目前遥感平台的分类并无统一的标准，可按平台高度、用途、对象和技术特点等方式进行分类。本书以平台高度为标准，将其大体分为：①航天遥感平台，如不同高度的人造地球卫星、航天站或航天飞机等；②航空遥感平台，如无人机、旋翼式飞机等；③地面遥感平台，如遥感塔等。

航天遥感平台通常指运行在地球大气层之外的空间，以人造卫星、宇宙飞船、航天飞机、火箭等航天飞行器为主的遥感平台，具有收集数据范围大、获取信息速度快、周期短，获取信息受限条件少等优点。近年来，各国先后发射了各类民用卫星平台和传感器。例如，中国“环境一号”卫星、美国 Hyperion 卫星、美日联合研制的 ASTER 传感器等，传感器类型也从光学资源为主逐渐向高光谱、高空间、高时间分辨率方向过渡（史舟 等，2015）。

航空遥感平台主要是指高度在 80km 以下的遥感平台，主要包括飞机和气球两种。由于其飞行高度较低，机动灵活，而且不受地面条件限制，调查周期短，资料回收方便，因此应用十分广泛。现阶段主要使用的技术为无人机搭载各种成像与非成像传感器，获取遥感影像、视频等无人航空遥感数据，特别是随着可见-近红外航空成像光谱仪、航空 CCD 数字相机等遥感传感器的小型化，使得随时获取厘米级空间分辨率的可见-近红外图像成为可能。目前完备的无人机遥感系统基本组成如图 7.2 所示。在农业应用方面，无人机遥感不像航天遥感平台受轨道周期等因素的影响，可以及时高效地提供高质量的田间尺度遥感数据，发挥在农田精细尺度和动态连续监测的优势，目前无人机遥感平台广泛应用于农田地块边界和面积调查、农作物种类识别和统计、农作物长势分析、农作物养分和土壤水分监测等领域。

地面遥感平台包括遥感塔、遥感车和遥感舰船等。以遥感塔为例，遥感塔为铁架式地面遥感平台，一般高度在 30～300m，塔上根据实验需要测量的数据类型安装各类遥感传感器，以中国科学院 2011 年建成的轨道式可移动的高架遥感塔为例，该塔方位旋转达 180°，俯仰旋转角度为-20°～90°，角度精度达 0.2°，具有自动水平校准功能，可沿 80m 长的轨道进行移动测量，现已在遥感塔上安装微波辐射计、红外成像仪、热红外辐射计等观测仪器，同时配合散射计、高架车等开展观测实验，可获取典型地物目标的后向散射特性数据和地面参数，实现对农作物和裸土进行多个时相的连续观测，定量分析典型地物目标后向散射特性的规律及影响因素。该平台的设计图和工作图分别如图 7.3 和图 7.4 所示。

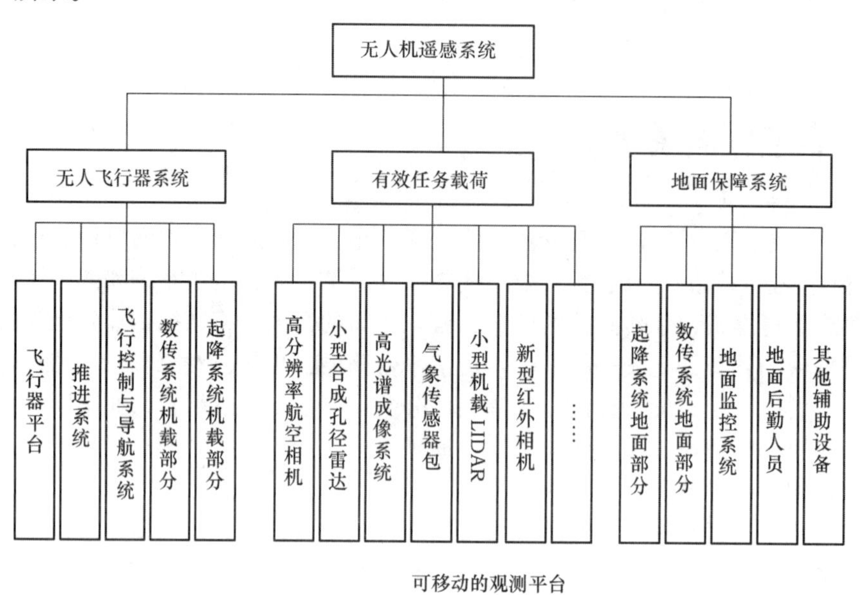

图 7.2
无人机遥感系统的组成

图 7.3
高架试验观测平台、导轨与样地设计图

图 7.4
高架试验观测平台、导轨与样地工作图

7.4 农业遥感技术的应用

7.4.1 作物长势遥感监测

作物长势是指农作物的生长发育状况及其变化态势。通过长势监测，可以及时了解农作物的生长状况、土壤墒情、肥力及植物营养状况，便于采取各种管理措施，从而保证农作物的正常生长。

影响作物反射波谱特征的因素除了自身固有的性质和类型之外，还有季节和健康状况。植被的叶绿素、叶内结构及水分含量等在不同的作物、不同的生长条件，以及不同的生长发育阶段对外来电磁波的反射、吸收和透射特征各不相同，因此，其光谱特征的变化也是不同的。一般作物的光谱特征是随着叶子的成熟，在可见光区的反射率降低，而红外区升高；衰老的病态叶子由于损失了叶绿素，可见光区的反射率显著升高，而近红外区下降。因而，用测定光谱辐射数据的遥感方法来监测农作物的生长发育及其生物指标是非常有效的。

根据农作物植物叶片光谱响应特征，选用多光谱遥感数据经分析运算，产生某些对植被长势、生物量有一定指示意义的数值——植被指数（vegetation index，VI）。植被指数与叶面积指数、植被生物量等成正相关，可以用来描述农作物的生长、发育状态，体现作物的长势。可用于农作物长势监测的植被指数有简单植被指数（simple vegetation index，SVI）、比值植被指数（ratio vegetation index，RVI）、归一化植被指数（normalized difference vegetation index，NDVI）、归一化绿度指数（normalized difference greenness index，NDGI）、归一化差异指数（normalized difference index，NDI）、土壤校准植被指数（soil adjusted vegetation index，SAVI）、垂直植被指数（perpendicular vegetation index，PVI）、权重差值植被指数（weighted difference vegetation index，WDVI）等。

7.4.2　灾害监测

在全球变暖的大背景下，大范围的气候灾害和突发性强烈天气灾害愈加频繁，频发的灾害严重制约了我国农业的平稳发展。下面就农业中常见的三种灾害进行具体分析。

1．干旱灾害

干旱灾害指的是，降水与历史同期相比持续减少，产生气象干旱，由此造成农田土壤根层水分减少，导致土壤干旱，在超过农作物的调节和适应能力之后，才会形成作物供水受限，发生水分胁迫，形成植被干旱。针对上述过程，研究人员提出了两类指标分别衡量植被水分含量情况和温度变化情况。

植被水分含量就是对作物缺水情况进行量化，所使用的数据大多为可见光-近红外遥感数据，在此方法中又以遥感干旱指标法使用最为广泛，其中包括距平植被指数 AVI，温度植被干旱指数 TVDI，条件植被温度干旱指数 VTC、SDCI 等，该类指标同时利用了不同波段的遥感数据，尤其注重遥感数据与气象因子的耦合。

衡量温度变化的方法则更侧重于气象干旱的监测，主要考虑降雨和温度等气象因子，所采用的数据也基本以微波、可见光遥感数据结合为主，利用微波遥感数据获取农作物覆盖下土壤墒情信息，构造各种干旱指标对干旱的程度进行划分。常用的方法包括 Palmer 干旱指数（palmer drought severity index，PDSI）、植被健康指数（vegetation health index,VHI）、蒸发胁迫指数（evaporative stress index，ESI）、微波极化指数（microwave polarization difference index，MPDI）、热惯量法等。以热惯量法为例，其基本原理是利用土壤的一种热特性：土壤热惯量，该特性代表能够引起土壤表层温度变化的情况，同时反应土壤含水量以及土壤温度的日较差。

2．冷冻灾害

在冷冻灾害中，我国北方的冬小麦、水稻是最主要的受害物种。冷冻灾害可能会造成小麦苗龄小、死亡等现象。而在作物遭受冷冻灾害之后，作物内部的叶绿素活性减弱，对近红外光和红光的敏感程度下降，从而导致植被指数发生变化。因此，农作物冷冻灾害遥感监测方法一般分为三种：地面温度监测法、植被指数差异分析法和风险评估法。

（1）地面温度监测法主要充分考虑导致灾害发生主要因子的空间变化情况，利用遥感数据反演最低地表温度，建立受灾程度与降温幅度的相关关系，确定冻害灾情，但该方法所用的数据为热红外遥感数据，热红外遥感数据的空间分辨率普遍较低，故而精度并不是十分理想。

（2）植被指数差异分析法较为简单，其基本原理是从农作物冻害脆弱性角度出发，考虑到农作物受灾之后植被指数等指标会出现下降的趋势，通过对比受灾前后植被指数的差值即可判断受灾情况，但此方法存在滞后性，不能及时地反应农作物冷冻灾害情况。

（3）风险评估法是利用高时间分辨率的卫星遥感数据，如 MODIS 等数据，对稀疏的气象站数据进行空间化，提取数据结构特征，然后利用 GIS 技术结合气象观测资料进行冻害风险制图，但是由于高时间分辨率遥感数据的空间分辨率较低，且存在混合像元问题，需要采用混合像元分解技术进行预处理。此类方法一般可分为四类：凸集合分析方法、统计分析方法、系数回归分析方法和光谱-空间联合分析方法。

3．病虫害

病虫害会导致农作物叶片的细胞结构色素、水分氮素含量及外部形状发生变化，当侵染进一步加重后，会引起支柱的整体性损伤，如细胞破裂、植株枯萎坏死等，这些均可能导致作物反射光谱发生变化。而利用遥感大范围监测技术，可以早期发现灾情，及时做到响应和处理，以减少经济损失。

目前，国内外研究者大多通过提取病虫害作物的反射光谱与正常作物可见光到红外波段的反射光谱，对比二者的差异，实现作物病虫害的遥感监测。常用的特征提取方法可以分为以下两类：光谱运算及变换方法，以及光谱数据知识挖掘方法。其中，光谱运算及变换方法主要包括敏感波段提取法、光谱植被指数法、微分光谱分析法、吸收谷/反射峰等光谱位置参数提取法。而光谱数据知识挖掘方法主要包括主成分分析、小波分析法、神经网络法、支持向量机、偏最小二乘回归等。

7.4.3 作物产量和品质估测

遥感作为快速获取大面积作物产量信息的有效技术手段，虽然具有空间上连续和时间动态变化的优势，但是由于受卫星时空分辨率等因素的制约，还不能真正揭示作物生长发育和产量形成的内在过程机理、个体生长发育状况及其与环境气象条件的关系。作物模型基于作物光合、呼吸、蒸腾、营养等生理生态机理，考虑作物生长与气候、土壤、生物乃至人文等环境因素相互作用，可以准确模拟作物对象在时间和空间上的连续演进，能够准确地模拟单点作物的生长发育状况及产量，但是在应用到区域尺度时，由于地表、近地表环境的非均匀性，模型中一些宏观资料的获取和参数的区域化非常困难。

遥感与作物模型同化的方法是常用的作物产量估测的手段，通过将作物生长机理过程模型与卫星遥感观测信息最优化结合，以解决区域高精度作物产量估测问题。数据同化是集成观测和模型这两种基本研究手段的重要方法，它能够将多源的、时间上连续的、空间上不完整的观测整合到一个演进的作物生长过程模型中，从而更加准确一致地估计作物生长过程的各个状态分量。

遥感与作物模型同化算法主要有两种策略，即基于代价函数的优化方法和顺序同化方法。基于代价函数的优化方法，主要采用优化算法，通过多次迭代最小化遥感反演的状态变量与作物模型模拟的状态变量之间的差异，重新初始化作物模型参数，达到对作物模型优化的目的，目前采用较多的优化算法有 SCE-UA（shuffled complex evolution-university of arizona）和 Powell 算法。顺序数据同化方法是指在系统运行过程中，利用观测信息在观测和模型误差分别加权的基础上对模型状态进行更新，从而获得模型状态的后验优化估计。

7.4.4　农作物识别和信息提取

在农作物种植过程中，不同种类农作物的种植面积、生长情况、产量、品质以及受灾程度是农情监测需要关注的领域，而如何快速准确地识别农作物的种类并提取农作物关键生物理化参数信息是至关重要的。由于不同种类的农作物冠层的物候特征、纹理信息、几何结构、叶片生化组分及内部组织结构之间均存在不同程度的差异，而这些差异在光谱反射特征中较为明显。因此，遥感技术也可应用于农作物识别及其关键生物理化参数信息的提取，如叶面积指数、叶绿素含量、地上部生物量、水分含量、作物株型等。

考虑到需要农情监测的面积及种类，在农作物的识别中，多光谱数据和高光谱数据往往结合使用。多光谱数据主要用于大面积农作物分类，而高光谱数据由于波段数量多则用于记录农作物之间更细微的光谱差异，相对于多光谱数据能够更为准确地实现作物的详细分类与信息提取。光谱角分类和决策树分层分类是目前最常用的基于高光谱的作物分类方法，光谱角方法对太阳辐照度、地形和反照率等因素不敏感，可以有效地减弱这些因素的影响。

7.5　天地网一体化观测技术

随着物联网技术的飞速发展，特别是无人机和各类无线智能传感器、控制器组网建设的逐步完善，为农业遥感提供了新的数据获取手段，因此提出了“天地网一体化”的概念，其中的“天地网”指的是遥感、地面、无限传感网。天地网一体化技术能够自动采集农作物叶面到冠层、土壤表层到剖面的理化信息，为农田信息地面便携、精确和高效性采集奠定了基础，故而目前研究方向也逐渐从单源单尺度转移到多源多尺度融合研究，将卫星、航空、地面传感网络等多平台观测的遥感信息与作物模型、农学专家知识、气象等非遥感信息有机融合，形成能够贯穿作物生长全程的信息获取、校正、融合、解析和决策模型。通过全面的天地网一体化农业遥感观测系统的建立，可获得高时空分辨率、高精准、低成本的精细农田信息获取能力。天地网一体化观测系统图如图 7.5 所示。

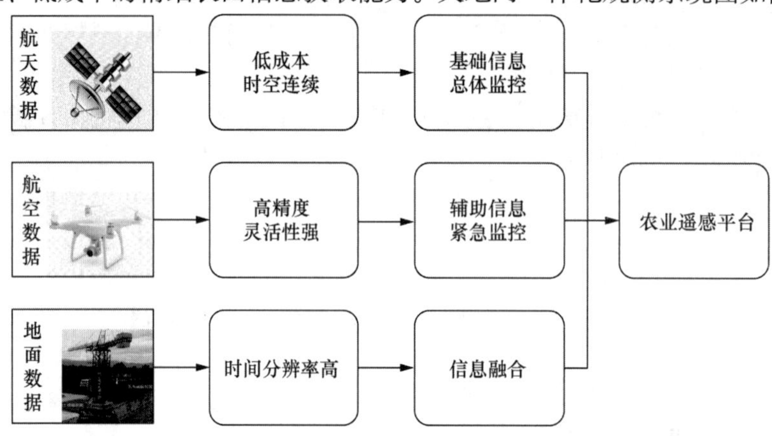

图 7.5 天地网一体化观测系统图

小 结

农业遥感的发展经历了从单一作物到多作物、从定性到定量、从试验研究到业务试运行的发展过程，在估产机理、技术方法及大范围试运行等方面均取得了很大的进展。本章主要介绍了农业遥感技术的原理、方法及其在农业物联网中的应用。农业遥感技术的应用主要包括作物长势遥感监测、灾害监测、作物产量和品质估测，以及作物识别与信息提取。最后介绍了天地网一体化观测技术。

农业物联网中农业遥感技术无论是从农业遥感监测应用程度来看，还是就遥感技术本身而言，今后都有很大的发展空间。主要体现在以下两方面：①鲁棒性强的多源异构融合模型的构建：为提高农作物识别精度、遥感定量反演精度，将来应尽可能结合多源遥感数据和其他环境监测传感器数据。②农情遥感机理和定量研究进一步深入：农情遥感监测中的作物波谱、类型识别模型和产量预测模型的定量研究将会在应用的驱动下进一步深入。

参 考 文 献

孟祥超，2017．多源时-空-谱光学遥感影像的变分融合方法[D]．武汉：武汉大学．

史舟，梁宗正，杨媛媛，等，2015．农业遥感研究现状与展望[J]．农业机械学报，46(2)：247-260．

张王菲，陈尔学，李增元，等，2020．雷达遥感农业应用综述[J]．雷达学报(3)：444-461．

MCNAIRN H, SHANG J, 2016. A review of multitemporal synthetic aperture radar(sar) for crop monitoring[J]. Multitemporal Remote Sensing, 20: 317-340.

SHANG K, ZHANG X, SUN Y L, et al., 2015. Sophisticated vegetation classification based on feature band set using hyperspectral image[J]. Spectroscopy and Spectral Analysis, 35(6): 1669-1676.

YANG H, YANG G, GAULTON R, et al., 2019. In-season biomass estimation of oilseed rape(Brassica napus L.) using fully polarimetric SAR imagery[J]. Precision Agric, 20: 630-648.

第8章　农业定位与导航技术

现代农业是由信息技术做支撑，根据空间变异定位、定时、定量地实施一整套现代化农业操作与管理的系统。卫星定位技术可以用于精准导航、精准作业和精细管理，为现代农业提供实时、高效、准确的点位信息，为农机作业提供高效的导航信息。农业机械导航结合卫星定位技术、农业工程技术、计算机技术等高新技术得到快速发展，并使农业生产质量和效率得到提高。本章主要阐述了卫星导航系统、农业机械田间作业自主导航技术的原理、方法和应用，以便使读者对农业定位与导航技术有一个全面系统的认识和了解。

8.1　概述

在农业物联网中，卫星导航系统主要是用于田间信息和作业机具的准确定位，结合土壤中含水量、氯、磷、钾、有机质含量和作物病虫害、杂草分布情况等不同的田间信息，辅助农业生产中的灌溉、施肥、喷药、除草等田间操作（马晓燕，2016）。

卫星导航系统在农业机械中的应用主要包括农机作业导航、变量施肥、农田产量监测等多个方面。其中，农机作业导航要求精度能够实现亚米级别、变量施肥导航要求精度能够达到亚分米级别、农田产量监测要求精度达到分米至米级别。农田作业机械导航主要有辅助导航和自动导航两种类型，根据导航系统工作原理又可分为机器视觉导航、GPS姿态传感器导航、北斗导航和多传感器融合导航等多种类型。

8.2　卫星导航系统

8.2.1　卫星导航系统简介

卫星导航系统是指采用导航卫星对地面、海洋、空中和空间用户进行导航定位的技术，卫星导航系统由导航卫星、地面台站和用户定位设备三个部分组成。目前常见的卫星导航系统是指全球卫星导航系统（GNSS）。GNSS 是指在全球范围提供定位、导航、授时服务的卫星导航系统总称。目前，四大 GNSS 包括美国的全球定位系统（GPS）、俄罗斯的格洛纳斯卫星导航系统（GLONASS）、欧洲的伽利略卫星导航系统（Galileo）和中国的北斗卫星导航系统(BDS)。图 8.1 为全球卫星导航系统(杨卫中，吴才聪，2018)。

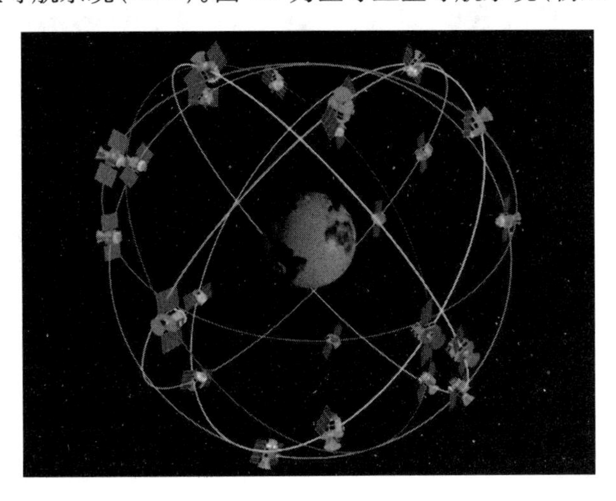

图 8.1
全球卫星导航系统

8.2.2　卫星导航系统工作原理

卫星导航按测量导航参数的几何定位原理分为测角、时间测距、多普勒测速和组合法等系统，其中测角法和组合法因精度较低等原因没有实际应用。

① *多普勒测速定位*　“子午仪”卫星导航系统采取这种方法，基于双曲面交会定位原理：用户接收导航卫星发送的无线电信号，根据多普勒频移效应，测定用户到导航卫星的相对速度，得到用户到两颗导航卫星的距离差，从而构成两个以上的双曲面，再通过双曲面相交形成双曲面交会点，从而推算出用户位置。

② *时间测距导航定位*　“导航星”全球定位系统采用这种体制。用户接收设备精确测量由系统中不在同一平面的四颗卫星（为保证结果独一，四颗卫星不能在同一平面）发来信号的传播时间，然后完成一组包括四个方程式的模型数学运算，就可算出用户位置的三维坐标以及用户钟与系统时间的误差。

8.2.3　全球卫星导航系统

1．GPS

全球定位系统（global positioning system，GPS），又称全球卫星定位系统，是现有的众多导航系统中的一员。GPS 是一个中距离圆形轨道卫星定位系统，通过位于太空中的 24 颗卫星实时监测时间和距离，从而组成全球定位系统。全球定位系统覆盖率达到 80%，工作过程不受复杂天气的影响，测量速度快、测量精度高，并且具有较高的抗干扰能力和优良的保密性，因此应用非常广泛。图 8.2 为 GPS 24 颗卫星分布图。

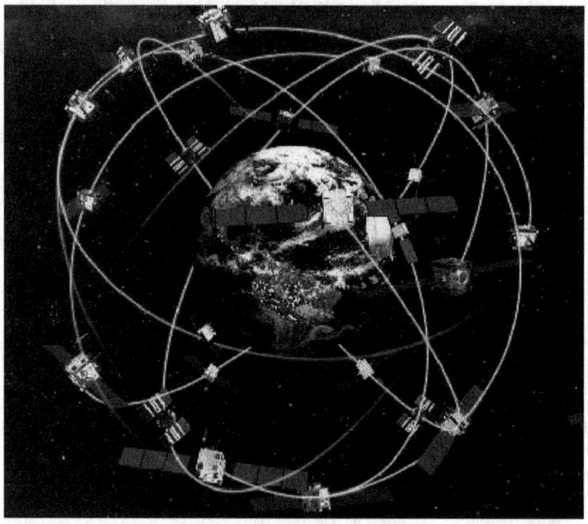

图 8.2 GPS 24 颗卫星分布图

GPS 的工作原理是通过测量多颗导航定位卫星与地面接收机的距离信息，综合分析所采集到的数据信息，利用三维坐标距离公式推算出被测点的位置。GPS 由地面监控、空间星座、用户接收三个主要部分组成。地面监控细分为注入站、监测站、主控站三个部分，其中，注入站负责注入卫星详细资料；监测站负责监测卫星的实时信息，同时负责编制星历；主控站及时修正各项参数。这三个部分借助现代通信技术实现信息的互联，能够实时交流各项数据。

GPS 在农业物联网中能够实施施肥机械作业的动态定位，即根据管理信息系统发出的指令，实施田间的精确定位。按照参考点的不同，GPS 接收方式可分为单点定位和差分定位。动态差分定位过程中，采用测码伪距观测量进行相对定位，卫星轨道偏差、卫星钟差、大气折射等误差有效减弱，加上载波相位平滑技术可以达到分米级定位精度。因此，可作为农业应用的首选方案。在差分定位中需要设定基站的基准点，该基准点应使用已知定位点的大地坐标，也可以利用基站 GPS 经过一定时间的定位数据采集与统计处理后确定的基站地理坐标作为参考点。

2．GLONASS

GLONASS 是由俄罗斯国防部独立研制和控制的第二代军用卫星导航系统，与 GPS 相似，该系统也开设民用窗口。GLONASS 技术可为全球海陆空以及近地空间的各种军、民用户全天候、连续地提供高精度的三维位置、三维速度和时间信息。GLONASS 在定位、测速及定时精度上则优于施加选择可用性之后的 GPS。由于 GLONASS 卫星与 GPS 卫星相比有更大的轨道倾角，所以其在 50° 以上的高纬度地区的可视性较好。图 8.3 为 GLONASS 全球卫星导航系统示意图。

图 8.3
GLONASS 全球卫星导航系统示意图

GLONASS 的标准配置为 24 颗卫星，卫星轨道由三个相互之间间隔相同（夹角 120°）、倾角 64.8° 的椭圆轨道组成，其中每个轨道上等间隔地分布 8 颗卫星，卫星离地面高度 19 100km，轨迹重复周期 8 天，轨道同步周期 17 天。

GLONASS 在农业中的应用较为广泛，主要包括以下几个方面。

- 监控农用运行。运用卫星定位技术可以跟踪设备在农场中的位置、何时进入农场、运货车辆沿哪条路线行驶、车辆发动机怠速时间、在到达哪一块田地时可以开启卸粮螺旋推运器，以及在何时与农场上的联合收割机相连接等信息。
- 控制油耗。通过卫星技术，可以在个人计算机或移动设备上观察到对农业车辆注入燃油的情况，包括车辆的油耗和机械设备在额外作业时需要注入燃油的用量。
- 田地电子地图。借助卫星导航定位系统绘制的田地电子地图，全面展现田地的有效种植面积，利用专用显示屏可清楚地观测到具体田地中作业机械的位置和运动轨迹。

3. Galileo

伽利略卫星导航系统（Galileo satellite navigation system，Galileo）是由欧盟研制和建立的全球卫星导航定位系统，是继 GPS、GLONASS 之后的第三个可供民用的定位系统。伽利略定位系统可以提供导航、定位、授时等基本服务，搜索与救援等特殊服务，以及应用于海上运输系统、飞机导航与着陆系统中。伽利略系统可以使用户通过多制式的地面接收机，观测并接收更多导航定位卫星发送的数据，能够为民用用户提供高精度的定位信息。图 8.4 为伽利略卫星导航系统示意图。

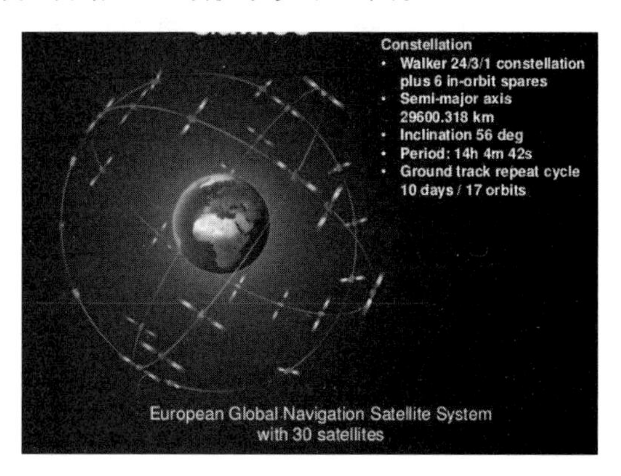

图 8.4
伽利略卫星导航系统示意图

伽利略系统由两个地面控制中心和30颗卫星组成，其中27颗为工作卫星，3颗为备用卫星。卫星轨道高度约24 000km，位于3个倾角为56°的轨道平面内。伽利略系统确定地面位置或近地空间位置要比GPS精确10倍，定位精度优于10m，时间信号精度达到100ns。伽利略系统不仅可以接收本系统信号，而且可以接收GPS、GLONASS的信号，并且具有导航与移动电话功能相结合、与其他导航系统相结合的优越性。

伽利略卫星导航系统在农业中的应用主要包括以下几个方面。

- 化学药品喷洒。通过伽利略系统可以为飞机提供精确定位，因此飞行员能在需要的地区准确地喷洒适量的除草剂、杀虫剂或化肥。这种应用所需的定位精度优于1m，精确到厘米级会更理想。
- 农作物产量监测。利用伽利略系统，农民能够辨认其土地是高产还是低产，从而进行有效的资源管理。
- 农作物面积和牲畜跟踪。而伽利略系统可以提供农作物的精确面积，获得的测量数据还能够与地理信息系统相结合，在农业领域发挥更大作用。

4. 北斗卫星导航系统

北斗卫星导航系统由我国自主建立，以先区域后全球的思想分为北斗一代和北斗二代两个阶段。北斗导航系统为有源双星系统，能够为中国和东南亚地区提供定位导航、实时通信授时等服务。与GPS只提供定位服务相比，北斗卫星导航系统同时具备定位与通信功能，不需要其他通信系统的支持（康思远 等，2019）。图8.5为北斗卫星导航系统示意图。

图8.5 北斗卫星导航系统示意图

北斗卫星定位系统工作的基本原理是测量出已知位置的卫星到用户接收机之间的距离，然后综合多颗卫星的数据就可知道接收机的具体位置。要达到这一目的，卫星的位置可以根据星载时钟所记录的时间在卫星星历中查出。而用户到卫星的距离则通过记录卫星信号传播到用户所经历的时间，再将其乘以光速得到（由于大气层电离层的干扰，这一距离并不是用户与卫星之间的真实距离，而是伪距（PR））：当北斗卫星行为系统的卫星正常工作时，会不断地用1和0二进制码元组成的伪随机码（简称伪码）发射导航电文。

北斗卫星导航系统在农业中的应用主要包括以下几个方面。

- 精准自动导航。精准自动导航应用主要是指农机自动导航控制，包括田间作业农机的自动导航驾驶与作业控制等。
- 精准作业。精准作业在播种、耕整地、施药、施肥等多个农业生产环节得到了广泛应用。
- 精准管理。精准管理应用包括面向生产企业的作业调度管理，面对主机企业的远程运维服务管理，面对主管部门的作业补贴管理三个管理方向，提供作业监测、作业统计、调度指挥、维修保养、精准补贴等多种农机管理服务应用（王应宽，2019）。

目前上述四种定位导航系统都已投入运行，全球卫星定位导航数目超过 100 颗，因此，能够兼容多系统、多频段的接收机的研制成为重要的发展方向。实现多系统组合定位的前提是各卫星定位导航系统之间存在兼容性和互操作性，而不同的卫星定位导航系统在坐标系统、体系结构、调制方式、时间系统等方面有所不同，这给系统兼容和互操作增加了难度。GNSS 中不同系统之间的兼容性和互操作性体现在时空基准和空间信号两个方面，因此要实现不同系统间的兼容性和互操作性就必须设定一个共同的框架，在空间上指明用户和卫星的位置，在时间上指明用户和卫星的时钟偏差的时间标度。为了实现上述要求通常采用共用时间频率和频谱重叠方法（张傲 等，2015）。

8.3 农业机械田间作业自主导航技术

农田作业机械导航是物联网农业智能装备技术的一个重要组成部分。随着大功率、高速大幅宽、复杂功能作业机械的不断发展，人工驾驶难度增加，作业质量难以保证，需要借助自动控制技术保证作业机械按设计路线高速行驶和良好的机组作业性能。自动导航技术可以保证实施起垄、播种、喷药等农田作业时衔接行距的精度，使拖拉机、联合收割机和其他农耕管理机具备自定位、自行走能力，实现无人驾驶。应用自动驾驶技术可以提高拖拉机或谷物联合收割机的操作性能，延长作业时间，可以实现夜间播种作业，极大地提高了机车的出勤率与时间利用率。农业车辆自动导航技术不仅能使农民从单调繁重的劳动中解放出来，同时，也是精细农业的基础平台（吴林 等，2019）。

农田作业机械导航主要有辅助导航和自动导航两种类型，根据导航系统工作原理，又可分为机器视觉导航、GPS 姿态传感器导航、北斗导航和多传感器融合导航等类型。

① 机器视觉导航　机器视觉是一种非接触边界跟踪传感器，通过实时识别田间的局部导向特征或田间的作物状态图像，如作物行列、田埂、行距等，利用这些特征信息引导机械进行田间作业。由于农田机械作业环境中景物复杂，加之机载计算机系统对大量图像数据处理运算速度问题，影响了机器视觉导航技术的发展（张洪菠，张强，2018）。随着信息技术的进步，采用基于高速 DSP 芯片的专用图像采集卡是解决这一问题的有效手段。

② GPS姿态传感器导航　GPS姿态传感器导航技术主要依靠GNSS定位系统、作业机械运动姿态传感器等，在作业过程中实时检测作业机械位置和姿态信息，通过信号融合技术实现GPS绝对定位和相对位置，以提高导航定位精度。针对拖拉机液压自动转向特点，利用现代智能控制技术，设计动静态控制性能良好的控制算法，能够提高系统的作业精度和鲁棒性，以满足实际农田作业需要。

③ 北斗导航　通过导航系统实现的农业机械自动化驾驶和作业，利用北斗天线的定位和控制箱实现对行驶、转向和其他功能的远程控制，并采用远程监控的方式辅助进行，不需要驾驶员现场操作农机。这一技术主要是通过北斗卫星的定位技术和安装在农业机械上的摄像头采集实时数据并以标准信号实时传输，保证远程监控的技术人员能及时了解现场作业情况，并在田间存在特殊问题时及时作出相应的控制和调整。

④ 多传感器融合导航　由于导航系统依赖GPS、姿态、机器视觉的等传感器作为获取作业机械位置、姿态信息的依据，受农田作业环境、传感器自身性能和随机误差以及其他不可预测因素的影响，仅仅利用单一传感器的导航系统往往会造成作业精度不高或系统工作不稳定。因此，基于信号融合处理方法，采集两种或多种传感器并进行融合处理，研究多传感器融合的农田作业机械导航系统是提高系统性能的有效方式(张健　等，2019)。

小　结

本章主要介绍了农业导航技术在农业物联网中的应用。主要介绍了卫星定位导航系统和农业机械田间作业自主导航技术。GNSS主要包括美国的全球定位系统（GPS）、俄罗斯的格洛纳斯卫星导航系统（GLONASS）、欧盟的伽利略卫星导航系统（Galileo）和中国的北斗卫星导航系统（BDS）。农业机械田间作业自主导航技术方面介绍了机器视觉导航、GPS姿态传感器导航、北半导航和多传感器融合导航等方法。

农业导航技术的发展趋势为：①提高农业导航精度，降低应用成本。提高GNSS的抗环境因素影响的能力以及降低应用成本，开发快速的图像处理算法，设计和选择具有抗干扰能力强的传感器以及有效地信息综合，合理组合各种自动导航技术，有利于解决目前自动导航系统中存在的问题。②多种技术的融合使用。GPS导航容易受到环境因素的影响，使得定位精度和可靠性降低；机器视觉导航应用中存在图像处理易受自然光线等外界条件的干扰、作物缺失易造成图像信息的丢失、图像实时性和稳定性差以及图像处理算法的速度比较慢等问题。因此，GPS导航、视觉导航、激光导航和多传感器融合技术将来必然会被广泛地应用于农业移动机器人导航系统。

参 考 文 献

康思远，陈卓，2019．北斗导航与精确农业的有机整合及应用分析[J]．农机使用与维修(11)：4-5．

马晓燕，2016．GNSS 导航技术在精准农业中的应用探讨[J]．农业工程技术(32)：16．

王应宽，2019．北斗导航融合精准农业助力新疆现代农业发展[J]．农业工程技术(36)：6-7．

吴林，施闯，姜斌，2019．基于北斗/GNSS 星基 PPP 增强技术的农机自动导航驾驶系统[J]．农机科技推广(10)：41-43．

杨卫中，吴才聪，2018．国际 GNSS 精准农业应用概况[J]．农业工程技术，38(18)：20-21．

张傲，鲍志雄，林国利，2015．GNSS 导航技术在精准农业中的应用[J]．科技创新与应用(13)：289．

张洪菠，张强，2018．北斗卫星定位系统在精准农业中的应用[J]．农业开发与装备(10)：30-32．

张健，李鹏昆，匡军，等，2019．基于 GNSS 的农业机械定位与姿态获取系统[J]．电子器件，42(6)：1481-1486．

传 输 篇

农业信息传输以网络为载体，高效、及时、稳定、安全地传输感知层获取的数据和处理层加工后的数据，在感知层和处理层之间起到承上启下的作用。农业信息传输是农业物联网的物理载体，更强调可靠性和安全性。本篇从农业无线传感网络和移动互联网两个方面阐释了网络传输的基本概念和技术，深入讨论了各种网络形式在农业物联网中的应用。

第9章 农业信息传输技术概述

农业信息传输技术主要指“信息采集终端—数据（信息）中心—信息服务终端”或者“信息采集终端与信息服务终端”之间的传输技术。光纤传输和无线移动通信技术是农业物联网领域未来一段时期内最重要的两种传输技术。光纤传输将以其高带宽和高可靠性成为未来信息高速公路的主干传输手段；移动通信则以其高度的灵活性、机动性成为信息社会人们普遍采用的通信形式，进而可以与光纤通信、卫星通信相结合。农业物联网中的信息传输技术主要包括农业无线传感网络、移动通信网络、互联网等。

9.1 农业信息传输技术基本概念

信息传输技术是智慧农业信息传输的必然路径。农业信息传输层是衔接农业物联网传感层和应用层的关键环节，其主要作用是利用现有的通信网络，实现底层传感器收集到的农业信息的传输。农业信息传输技术主要包括有线通信技术、无线通信技术。有线通信技术是指利用电缆或者光缆作为通信传导的技术。无线通信技术是指利用电磁波信号进行信息交换的技术。农业物联网信息传输技术应用最为广泛的是无线通信技术，其中无线传感器网络是一种无中心节点的全分布式系统，通过随机投放的方式，众多传感器节点被密集部署于监控区域。各传感器以无线通信方式，通过分层的网络通信协议和分布式算法，可自组织地快速构建网络系统 （贾文珅 等，2016）。目前，由于农业领域的特定环境要求，无线通信传输技术凭借其灵活和低成本的优势而被广泛应用在农业的各个领域，如大田灌溉、农业资源监测、水产养殖和农产品质量追溯等（卢雨柔，2020）。

9.2 农业信息传输技术分类

农业信息传输方式按照传输介质分类可以分为有线通信和无线通信（陶宇，2020）。

在过去相当长的一段时间内，有线通信以其稳定和技术简单占据农业生产的主要地位，数据传输的介质包括双绞线、同轴电缆、光纤或其他有线介质。无线通信数据传输的介质包括红外线、无线电微波或其他无线介质。随着技术的发展，无线通信的种种发展瓶颈被突破，以其灵活性和成本低廉在农业生产中逐步确立自己地位。近年来，无线组网通信发展迅速的原因，不仅是由于技术已经达到可驾驭和可实现的程度，更是因为人们对信息随时随地获取和交换的迫切需要。

有线传输适合于测量点位置固定、长期连续监测的场合。虽然有线传输速率明显高于无线传输速率，但是有线传输方式接入点形式单一，仅可以与固定终端设备及控制端服务器相连，控制过程单一呆板，如需要在现场进行数据查看则无法实现。有线传输扩展性较弱，如果原有布线所预留的端口不够用，增加新用户就会遇到重新布置线缆烦琐、施工周期长等麻烦。有线施工难度高，埋设电缆需挖坑铺管，布线时要穿线排，还有穿墙过壁及许多不明因素（如停电、停水）等的问题使施工难度大大增加。有线传输技术包括现场总线技术、基于嵌入式的通信技术、以太网络和光纤通信技术。

随着无线通信技术的不断发展，农业信息的传输过程中可以引入更大规模、更高需求、更加安全的无线信息传输方式，其带来的主要优势如下。

- 对于移动测量或远距离的野外测量，采用无线方式可以很好地实现并节省大量的费用。目前的无线网络可以把分布在数千米范围内不同位置的通信设备连在一起，实现相互通信和网络资源共享。
- 无线传输技术较不易受到地域和人为因素的影响。无线传输中广域网的远程传输主要依靠大型基站及卫星通信，抗干扰能力强。虽然在恶劣气候和极特殊地貌中传输能力可能降低，但属于极少数个例。
- 无线通信的接入方式灵活。在无线信号覆盖范围内，可以使用不同种类的通信设备进行无缝接入。例如，手持掌上计算机PDA、无线终端设备、车载终端设备、手机、无线上网笔记本计算机、远端服务器等。无线传输技术包括近距离无线传输技术、短距离无线传输技术和远距离无线传输技术。

9.3 农业信息传输技术体系框架

农业信息传输系统是一个复杂的系统，其中包括信息采集中短距离信息传输、信息采集后长距离信息传输和信息接收后信息传播部分，大多数传感网应用系统是孤立系统，与互联网没有关联和交互（李长志，2020）。要想真正达到物联网确定的最终目标，就必须实现和电信网的融合，打破这种孤立的形态，形成新一代物联网，如图9.1所示。传感器与互联网的融合已是不可避免的趋势，即传感器将逐步网络化，互联网的功能范围将从个人计算机等传统终端逐渐扩展到传感器节点中，传感器节点将真正成为电信网中的一个终端节点。电信网应能为物联网提供如下的管理能力：网络管理、业务管理、移动性管理、服务质量管理、安全性管理、位置服务、认证鉴权能力、计费能力等。

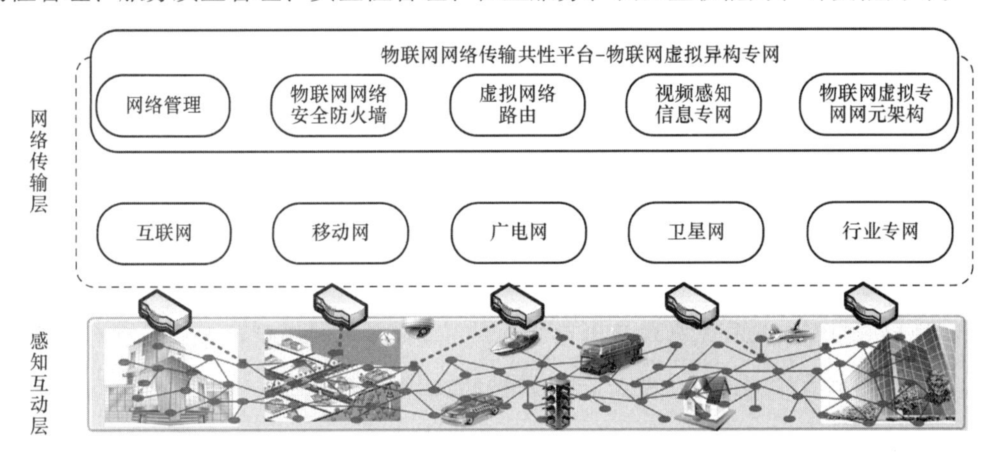

图 9.1 农业物联网传输技术体系架构

从实现上讲，信息采集中短距离信息传输部分主要是现场监控及通信模块，信息采集后长距离信息传输部分主要是指 GPRS/GSM 网络及有线网络组成的通信网，信息接收后信息传播部分主要是远程信息服务模块（图 9.2）。该系统将实现农业信息参数的自动信息采集节点、无线数据传输，可以使人们随时随地精确获取农业参数信息。例如，农田大气温度、大气湿度、土壤温度、土壤湿度（含水量）等。它将具有功耗低、成本低廉、鲁棒性（稳健性）好、扩展灵活等优点。

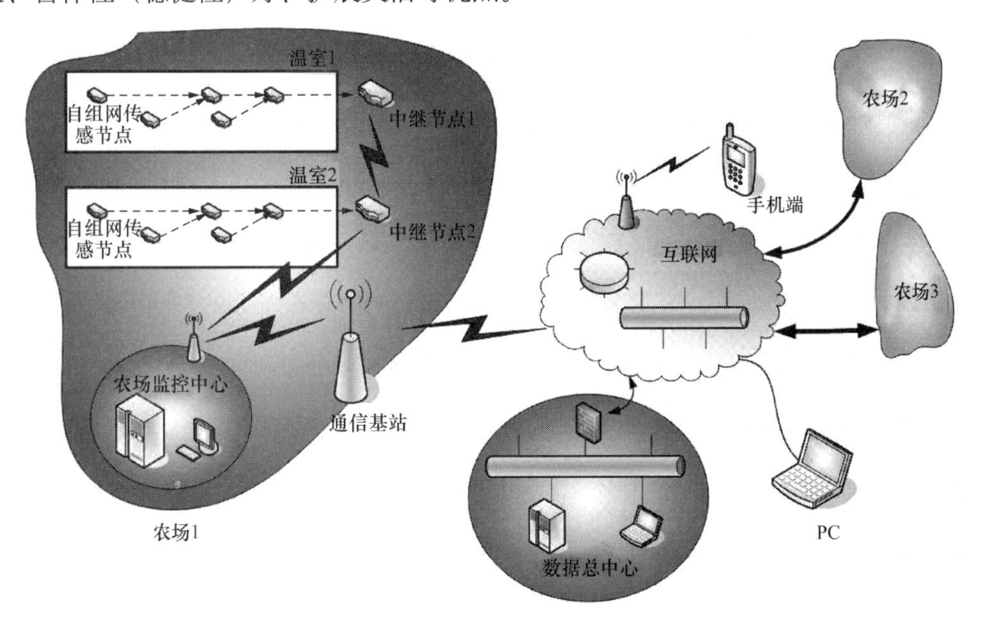

图 9.2 农业信息传输常见网络拓扑结构

小　结

农业信息传输技术主要指感知设备将采集到的农业信息从发送端传递到接收端，并完成接收的技术。传输技术主要包括有线通信技术、无线通信技术。有线通信技术是指利用电缆或者光缆作为通信传导的技术。无线通信技术是指利用电磁波信号进行信息交换的一种技术。物联网信息传输技术应用最为广泛的是无线通信技术，其中无线传感器网络是一种无中心节点的全分布式系统，通过随机投放的方式，众多传感器节点被密集部署于监控区域。有线传输技术部分包括现场总线技术，基于嵌入式技术的通信、以太网络和光纤通信技术。无线传输技术部分包括蓝牙技术、ZigBee 技术、WiFi 技术、蜂窝无线通信技术 GSM、5G、NB-IoT 技术、LoRa 技术。

参考文献

贾文珅，李孟楠，李雨，等，2016．物联网关键技术在设施农业中应用探讨[J]．食品安全质量检测学报，7(11)：4401-4407．
李长志，2020．关于物联网与电信网融合策略探讨[J]．中国新通信，22（9）：41．
卢雨柔，2016．现代通信技术在农业中的应用[J]．农家参谋（24）：228．
陶宇，2020．通信技术在农业生产中的应用[J]．乡村科技，11（30）：123-124．

第10章　农业信息传输技术

农业信息传输是以网络为载体，通过各种传感器采集信息，将大量农业传感器节点构成监控网络，以帮助农民及时发现问题，并且准确地确定发生问题的位置，从而大量使用各种自动化、智能化、远程控制生产设备，因此信息传输是农业物联网正常运行的根本保证。本章从农业信息传输技术的体系结构出发，阐述了农业信息领域中几种常用的有线和无线通信技术，并且根据传输特性对比分析多种现代农业信息传输网络的优缺点，最后通过举例说明信息传输技术在农业中的应用，提出了信息传输技术应用于现代农业的优势，以及对未来信息传输技术应用于现代农业关键问题的展望。

10.1　概述

农业信息传输按照传输介质分类可以分为有线通信和无线通信。有线通信，即指通过双绞线、同轴电缆、光纤等有形媒质传输信息的技术。常用的农业信息有线传输技术有以太网和现场总线。无线通信是利用电磁波信号在空间中直接传播而进行信息交换的通信技术，进行通信的两端之间无须有形的媒介连接，如RFID、NFC、IRdA、ZigBee、WiFi、LoRa、Bluetooth、NB-IoT、GPRS、4G、5G等。通信技术主要是强调信息从信源到目的地的传输过程所使用的技术，各通信技术之间的协同工作依据开放系统互联参考模型OSI。

信息传输网络就是由部署在监测区域内大量的廉价微型传感器节点组成，从而形成一个多跳的自组织的网络系统。其目的是协作地感知、采集和处理网络覆盖区域中感知对象的信息，并发送给观察者。这些传感器节点集成有传感器、数据处理单元、通信模块和能源单元，它们通过信息传输通道相连，自组织地构成网络系统。其目的是协作地感知、采集和处理网络覆盖区域中被监测对象的信息并发送给观察者。

10.2 有线传输技术

现场总线（Fieldbus）是近年来迅速发展起来的一种工业数据总线，它主要解决工业现场的智能化仪器仪表、控制器、执行机构等现场设备间的数字通信以及这些现场控制设备和高级控制系统之间的信息传递问题。由于现场总线具有简单、可靠、经济实用等一系列突出的优点，因而受到了许多标准团体和计算机厂商的高度重视（林波，2020）。

RS-485 总线采用平衡发送和差分接收的半双工工作方式：发送端将 TTL 信号经过 RS-485 芯片转换成差分信号输出，经过线缆传输之后在接收端经过 RS-485 芯片将差分信号还原成 TTL 电平信号。RS-485 总线传输速率与传输距离成反比。使用该标准的数字通信网络能在远距离条件下以及电子噪声大的环境下有效传输信号。基于上述 RS-485 总线技术的特点，农业固定装备的分布不规则性对 RS-485 的传输无影响，RS-485 总线可以用于农业中的数据传输及控制指令传输。

控制器局域网（controller area network，CAN）总线是目前国外大型农机设备普遍采用的一种标准总线，它是一种有效支持分布式控制或实时控制的串行通信网络。现代分布式测控网络多采用 RS-485 作为现场总线，但由于其传输距离、主从工作方式的局限性，不适合在远距离、恶劣的环境下工作。与 RS-485 相比，CAN 总线实时性强、可靠性高、抗干扰能力强。CAN 总线在我国目前已经成功地应用于农业温室控制系统、储粮水分控制系统、畜舍监视系统、温度及压力等非电量测量系统。

SDI-12 总线是美国水文和气象管理局所采用的数据记录仪和基于微处理器的传感器之间的串行数据接口标准。SDI-12 总线技术属于单线总线技术，即在一根数据线上进行双向半双工数据交换。SDI-12 总线至少可以同时连接 10 个传感器。SDI-12 设计的目标是解决电池供电低耗电、低成本、多个传感器并行连接的问题。目前，国内基于 SDI-12 协议的产品主要集中在环境气象、水文、土壤监测传感器及具有 SDI-12 接口的数据采集器等。

以太网是一种基带局域网准则，运用了载波监听多路访问及冲突检测技术，它遵循 IEEE 802.3 标准，提供三种不同的传输速率，分别是 10Mb/s、100Mb/s、10Gb/s。它能够用同轴缆、双绞线和光纤等来传输信息。其优点主要包括以下三点：具有很高的传输速率（目前已达到 1Gb/s），具备足够的带宽；遵循一致的信息传输准则，能够用于企业的公共网络平台或基础构架；数据存取采用交互式和开放式；已经应用多年，已为无数技术人员所接纳，成为真正的统一标准；支持不同的物理介质，可以组建不同的拓扑结构。

有线信息通信方式中，光纤通信是主要的通信方式。光纤通信技术可以以光波为介质传输信息。与无线通信技术一样，光纤通信技术也属于电磁波通信技术。然而，光波比无线电波具有更高的频率和更短的波长。因此，信息容量大的光通信技术在传输过程中具有很强的主动性、渗透性和创造性。在传输速度、距离和信息安全等方面具有不可替代的优势。

在农业环境监测中，由于监测区域广，项目大都存在无人值守或者值守人员不足的情况，特别是在突发恶劣的气候环境时很难保证相关数据及时地传递至监测中心。采用有线信息传输网络进行相关环境数据的监测预警，组网方式简单灵活，省时省力，且实时性强。低成本，低功耗，具有休眠、唤醒工作机制的传感节点，可以保证网络能长期稳定地工作在野外环境。例如，在温室环境中，不同的传感器节点和具有执行机构的装置可实时监测土壤含水量、养分、空气温湿度、光照、pH 和二氧化碳浓度等作物生长的环境信息，基于有线传输技术的温室环境监测框图如图 10.1 所示（弓海鹏，2015）。

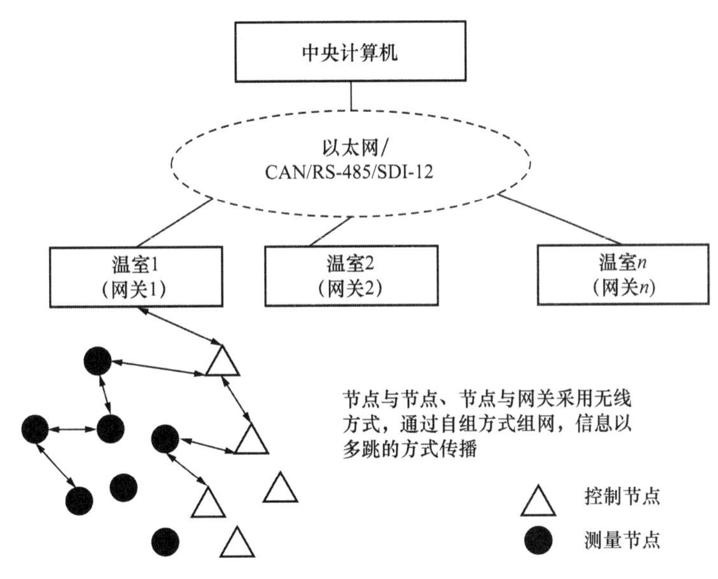

图 10.1 基于有线传输技术的温室环境监测框图

10.3　无线传输技术

10.3.1　近距离无线传输技术

近距离无线传输技术包括 RFID、近场通信和红外通信。RFID 具有读取距离远、识别速度快、数据存储量大及多目标识别等优点，目前除了用于农业物流识别、农产品溯源技术和畜禽养殖中的个体识别之外，也开始应用于湿度、光照、温度和振动等无线标签式传感器之中，为农田数据的传输提供了一种新的手段。

近场通信（near field communication，NFC）是一种短距高频的无线通信技术。NFC 的通信距离在 10cm 以内，运行频率为 13.56MHz，传输速度有 106Kb/s、212Kb/s 和 424Kb/s 三种。NFC 标签基于 ISO 14443 A、MIFARE 和 FeliCa 标准进行通信和数据交换，不需要进一步配置即可启动会话来共享数据，具有很好的舒适度和易用性。NFC 工作模式分为被动模式和主动模式，通信模式分为读写模式、卡仿真模式和点对点模式。除此之外，

NFC 兼容蓝牙和 WiFi。基于其技术特点及优势，NFC 在农业物联网领域中的应用不断被发掘，如应用于农产品入库、流转、运输等流通场景。RFID 标签与 NFC 阅读器的组合，能够很好地应对物流的需求，保证仓库管理各个环节数据输入的速度和准确性。

IrDA（Infrared Data Association，红外数据协会），成立于 1993 年，是个致力于建立无线传播连接的国际标准非营利性组织。红外数据传输，其传播介质是红外线，是一种波长在 750nm～1mm 之间的电磁波。为保证不同厂商的红外产品能获得最佳的通信效果，红外通信协议限定所用红外波长在 850～900nm。IrDA 红外通信无须申请使用权，是一种廉价、体积小、功耗低、安全且广泛采用的视距无线传输技术，允许设备之间轻松地点对点定向“通话”，其辐射角小，传输安全性高。

10.3.2 短距离无线传输技术

1．蓝牙

蓝牙是一种短距离无线通信规范，其标准为 IEEE 802.15，在 2.4GHz 频带工作，传输范围为 10～100m，在此范围内，采用蓝牙技术的多台设备，如手机、微机、激光打印机等能够无线互联，以约 1Mb/s 的速率相互传递数据，并能方便地接入互联网。农业信息传输能够通过蓝牙无线通道实现与采集模块的数据通信。几个蓝牙设备可以连接成一个微微网，其中只有一个主设备，其余的均为从设备，一个主设备最多只能同时支持 7 个从设备。微微网是蓝牙最基本的一种网络形式，最简单的微微网是一个主设备和一个从设备组成的点对点通信连接。随着蓝牙芯片价格和耗电量的不断降低，蓝牙已成为许多高端 PDA 和手机的必备功能，其主要应用包含以下三个方面。

- 语音/数据接入。主要是指将一台计算机通过安全的无线链路连接到通信设备上完成与广域网的联接。
- 外围设备互连。主要是指将各种设备通过蓝牙链路连接到主机上。
- 个人局域网。主要用于个人网络与信息的共享与交换。

采用蓝牙技术的设备使用方便，可自由移动。与无线局域网相比，蓝牙无线系统更小、更轻薄，成本及功耗更低，信号的抗干扰能力强（朱庚华 等，2020）。

2．WiFi

WiFi（wireless fidelity，无线高保真）是一种创建于 IEEE 802.11 标准的无线通信协议。与蓝牙一样，同属于短距离无线通信技术。WiFi 速率最高可达 11Mb/s。虽然在数据安全性方面比蓝牙技术差一些，但在电波的覆盖范围方面却略胜一筹，可达 100m 左右。

WiFi 是以太网的一种无线扩展，理论上只要用户位于一个接入点四周的一定区域内，就能以最高约 11Mb/s 的速度接入 Web。但实际上，如果有多个用户同时通过一个点接入，带宽被多个用户分享，WiFi 的连接速度一般将只有几百 Kb/s。WiFi 的信号不受墙壁阻隔，但在建筑物内的有效传输距离小于户外。

WiFi 技术最具诱惑力的方面在于 WiFi 与基于 XML 或 Java 的 Web 服务的融合，可以大幅度减少企业的 IT 成本。例如，许多企业选择在每一层楼或每一个部门配备 IEEE 802.11 的接入点，而不是采用电缆线把整幢建筑物连接起来。因此可以节省大量铺设电缆所需花费的资金。

目前最新的 WiFi6 正在建设之中，其规范已在 2019 年 9 月起动验证方案。在 2019 年年末，一些搭载 WiFi6 的路由器已基本开始商用。作为最新消息的无线通信互联网规范，WiFi6 设备在网络传输速率、功率操纵、多设备联接、延迟时间等方面都有极大的提高，成为家中、办公室以及农业监测场景中构建 WiFi 网络自然环境的优选（凌毓，2020）。

3．ZigBee

ZigBee 技术是基于 IEEE 802.15.4 标准的关于无线组网、安全和应用等方面的技术标准，被广泛应用在无线传感网络的组建中，其主要特点如下。

- 自动组网，网络容量大。ZigBee 网络可容纳多达 65 000 个节点，任意节点之间都可进行通信。网络有星型、簇树状和网状网络结构，节点加入、撤出或失效时网络具有自动修复功能。
- 工作频段灵活，数据传输速率低。在 868MHz、915MHz 和 2.4GHz 等三个无须申请的 ISM 频段，对应的数据传输率为 20～250Kb/s，满足低速率数据传输的应用要求。
- 模块功耗低。两节 5 号干电池可以支撑一个节点使用 180～730 天的时间，免去了充电或者频繁更换电池的麻烦。
- 成本低。由于协议简单，数据传输率低且工作于全球免费频段，仅需要先期的模块费用。

此外，ZigBee 还具有时延短、安全和可靠性好等特点。目前，基于 ZigBee 的无线传感器网络技术在现代农业的信息采集及远程监控领域有着广泛的应用（张晨，严碧波，2020）。图 10.2 所示是一种基于 ZigBee 技术的农业水文水利监测网络示意图。该网络包括水位计、雨量计、风速仪和闸位计等测量终端节点，根据实际需要可安装在河流、水库或农田等指定地点，以野外无人值守方式工作。ZigBee 中心节点可以通过 GPRS/CDMA 无线网络或 ADSL 将采集的数据送到水文水利监测管理中心（唐逍，2018）。

4．LoRa

LoRa（long range radio）是一种基于扩频技术超远距离低功耗局域网无线传输方案，其主要特点如下。

- 功耗低，传输距离远。该技术的最大特点就是在同样的功耗条件下传输距离比其他无线方法更远，实现了低功耗和远距离的统一，比传统的无线射频通信距离扩大 3～5 倍。传输距离在城镇可达 2～5km，郊区可达 15km。电池寿命长达 10 年。
- 工作频段覆盖广。传输速率从几百到几十 Kb/s，速率越低传输距离越长。ISM 频段包括 433MHz、868 MHz、915MHz 等。

- 组网灵活，采用 AES128 加密。一个 LoRa 网关可以连接上千个 LoRa 节点。

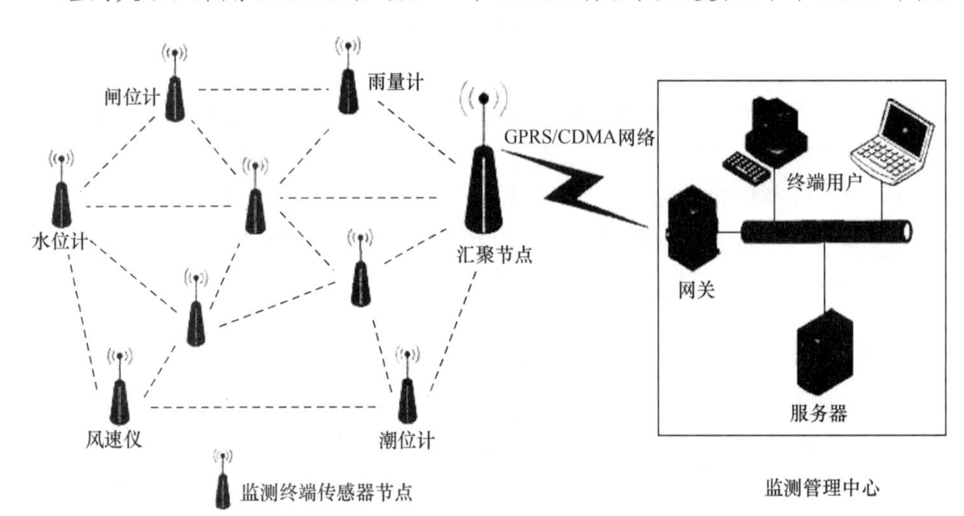

图 10.2 基于 ZigBee 技术的农业水文水利监测网络示意图

目前在全球已经有 100 多家网络运营商部署了 LoRa 网络，全球总部署 LoRa 节点超过 9000 万个。LoRa 整体网络结构分为终端、网关、网络服务、应用服务。终端节点可以同时发给多个基站，一般 LoRa 终端和网关之间可以通过 LoRa 无线技术进行数据传输，而网关和核心网或广域网之间的交互可以通过 TCP/IP 协议。为了保证数据的安全性、可靠性，LoRaWAN 采用了长度为 128bit 的对称加密算法 AES 进行完整性保护和数据加密（陈玉兵，2019）。基于 LoRa 的无线传输技术可实现对农田环境的信息采集，传输系统结合土壤湿度传感器、水流量传感器，对农田环境信息进行采集。再利用 LoRa 模块完成信息远距离传输（陈紫薇 等，2020）。

10.3.3 远距离无线传输技术

1. GPRS

GPRS（general packet radio service）是一种分组交换技术，能够通过蜂窝网络进行数据传输。用于移动互联网、彩信等数据通信。理论上，GPRS 的速度限制是 115Kb/s，但在大多数网络中大约是 35Kb/s。非正式地说，GPRS 也称为 2.5G。GPRS 覆盖面广、接入速度快（<2s），实时性强，非常适合用于间歇的、突发的、频繁的、小流量的数据传输。与传统 GSM 技术相比，GPRS 具有三个明显优势。

- 数据传输速度。GPRS 速度是 GSM 手机的 10 倍，满足用户的理想需求，还可以稳定地传送大容量的高质量音频与视频文件。
- 永远在线。由于建立新的连接几乎无须任何时间，因此随时都可与网络保持联系。
- 按数据流量计费。即根据传输的数据量来计费，而不是按上网时间计费。GPRS 远程数据采集的实现原理，以单个数据采集模块为例，描述了数据经数据采集模块采集后，通过 GPRS 无线网络和互联网进行传输，最终到达数据采集服务器的通信过程，如图 10.3 所示。

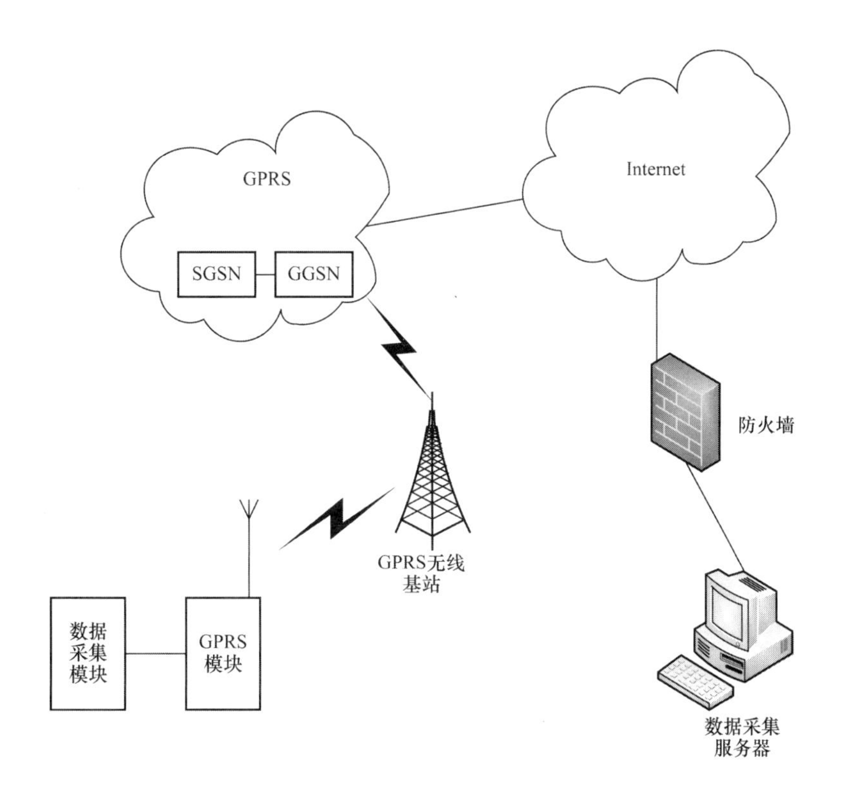

图 10.3
远程数据采集的实现原理

2．4G

4G 是第四代移动通信及其技术的简称，是一种可用于手机、无线计算机和其他移动设备的技术。4G 集 3G 与 WLAN 于一体，能够传输高质量视频图像，图像传输质量与高清晰度电视不相上下。4G 系统能够以 100Mb/s 的速度下载，比拨号上网快 2000 倍，上传的速度也能达到 20Mb/s，并能够满足几乎所有用户对于无线服务的要求。此外，4G 可以在 DSL 和有线电视调制解调器没有覆盖的地方部署，然后再扩展到整个地区。很明显，4G 有着不可比拟的优越性。4G 技术的无线宽带上网、视频通话等功能非常适合在田间或养殖场开展实时、交互式的农业信息技术服务，如大田病虫害辅助诊断、养殖场畜禽疾病辅助诊断等。带有 4G 模组的嵌入式终端，如摄像头、智能手机、PAD 等，可以高速无线上网，且体积小、易携带、续航能力强，极大地解决了农业信息化设备野外部署环境制约问题。

3．5G

5G 是第五代移动通信技术（5th generation mobile networks）。5G 下载速度高达 10Gb/s，并且可在高、中、低三个频段上运行。其中，低频段 5G 使用与当前 4G 手机类似的频率范围，即 600～700MHz，下载速度略高于 4G，为 30～250Mb/s。中频 5G 使用 2.5～3.7GHz 频率范围，速度为 100～900Mb/s。该波段是使用较为广泛的波段。高频段 5G 当前使用的频率范围为 25～39GHz，该频率范围接近毫米波段的底部。速度通常可以达到 Gb/s，其速度堪比现在的有线互联网。5G 的性能目标是高数据速率、减少延迟、节省能源、降低成本、提高系统容量和大规模设备连接。

5G 具备大带宽、低延迟的优势，因此非常适合在农机自动驾驶中应用。可通过 5G 技术实时回传农机作业的高清视频、设备运行情况等，再利用大数据、人工智能等技术分析相关信息，从而实现从农机初期保养、农作物生产以及收获等全流程化、全生命周期的智能化管理。

4．NB-IoT

NB-IoT 是一种适用于 M2M、物联网设备和应用的窄带无线电技术，属于低功耗广域网（LPWAN）的范畴，需要以相对较低的成本在更大范围内进行无线传输，并且电池寿命长、功耗小。NB-IoT 使用 LTELTE 授权频段，使其设备能够双向通信。NB-IoT 的优点是利用移动运营商已经建成的网络，从而确保建筑物内外的充分覆盖。NB-IoT 一个扇区能够支持 10 万个连接，支持低延时敏感度、低设备成本、低设备功耗和优化的网络架构。NB-IoT 终端模块的待机时间可长达 10 年。在同样的频段下，NB-IoT 比现有的网络增益 20dB，相当于提升了 100 倍覆盖区域的能力。

随着 NB-IoT 技术的发展，农业物联网也开始采用 NB-IoT 技术，由于其超低功耗、超强覆盖、超低成本、配置简单等优势，及时地解决了当前农业物联网的难点和痛点，为农业物联网提供了技术保证，促进了农业物联网的快速发展。当前，NB-IoT 技术在农业中的应用还处于探索阶段，主要聚焦在农业环境监测与动物生理监测领域。

10.3.4 农业信息传输技术对比分析

在农用无线传感器网络应用中使用的无线频段主要有 433MHz、780MHz、2.4GHz 三种。三种频段均属于微波频率范围，按照 1GHz 为分界，又可以把 433MHz、780MHz 划为 sub-1GHz 频段，而 2.4GHz 较之更高频。433MHz、780MHz、2.4GHz 频段的无线传感器网络在我国农业物联网中都有应用，它们之间的基本参数对比如表 10.1 所示。同时根据不同类型的信息传输技术，对其典型参数进行对比分析，如表 10.2 所示。

表 10.1 农用无线传感器网络典型参数对比

典型参数	2.4GHz	433MHz	780MHz
通信频率	该频段有蓝牙、WiFi 以及其他短距离无线技术，同时家用的微波炉也在该频段范围内，用户比较多，设备间的兼容性和共存性是需要面对的问题	该频段有对讲机、车载通信设备、业余通信设备等，受到环境干扰比较大，而且采用单频点工作，不能有效抵抗因遮挡而产生的多径效应，造成通信不可靠问题出现	780MHz 频段符合 IEEE 802.15.4c 中国频段规范要求，同时符合 RFID 800M/ 900M 频段要求，工作在 UHF 低频频段，绕射能力更强
通信能力	穿过细小缝隙传输的能力比低频信号好，更多通过建筑物表面反射信号实现绕障碍物传输	绕射能力比较强，传输距离比较远，但系统通信技术采用落后的窄带条幅技术，一般在 5～25kHz	绕射能力好，可绕过障碍物，传输距离更远，抗多径衰减效果好

续表

典型参数	2.4GHz	433MHz	780MHz
功耗	功耗偏高，在电池供电情况下，可持续工作时间短	功耗大，发射机和天线体积庞大，大量使用会给人员健康带来影响	同样的发射功率下，传输距离更远，即同样的传输距离下，耗费的能量更小，更环保、更节能
安全性	安全性高，采用 AES128 数据加密算法	系统安全保密性差，很容易被攻击，被破译	安全性高，采用 AES128 数据加密算法

表 10.2　几种典型农业信息传输技术参数对比

典型参数	ZigBee	LoRa	NB-IoT
组网方式	基于 ZigBee 网关	基于 LoRa 网关	基于现有蜂窝组网
网络部署方式	节点+网关	节点+网关	节点
传输距离	10～100m	城镇：2～5km 郊区：15km	10km 以上
单网接入节点容量	约 6 万个	约 6 万个	约 20 万个
成本	模块约 10 元	模块 30～40 元	模块 40～80 元
频段	2.4GHz	433MHz、868MHz、915MHz	License 频段 运营商频段
传输速度	20～250Kb/s	50Kb/s	低于 100Kb/s

10.4　信息传输技术应用于现代农业的优势

在进行农业信息采集时，大多需要长期、连续、稳定地进行监测，与传统的人工信息采集相比，现代信息传输技术具有以下五个显著的优势。

- 传感器节点的体积很小且整个网络只需要部署一次，因此，部署信息传感器网络对农业环境的人为影响很小，这一点在对外来生物活动非常敏感的环境中显得尤为重要。
- 信息传输网络节点数量大、分布密度高，每个节点可以检测到局部环境的详细信息并汇总到基站。因此，传感器网络具有数据采集量大、精度高的特点。
- 信息传输节点本身具有一定的计算能力和存储能力，可以根据物理环境的变化进行较为复杂的监控，传感器节点还具有无线通信能力，可以在节点间进行协同监控。
- 信息传输网络系统更适合于人不能或不宜到达的地域，节点的部署采用非人工、随机方式实施。传输系统可以通过一套合适的通信协议保证网络在无人干预的情况下自动组网、自动运行。在节点失效等问题出现的情况下，系统能自动调整，实现无人值守。

- 信息传输具有低功耗、节能、成本低、无线、自组织等特征，非常适合用于农业信息采集。

小　结

农业信息传输技术作为现代农业发展过程中必不可少的组成部分，对智慧农业的建设起着至关重要的作用。本章重点总结了农业信息传输技术的特点，并对其在农业中的应用进行简要分析，最后对常用的传输技术参数进行比较和分析。农业信息传输技术在农业中的应用优势主要突显在以下几个方面。

（1）传输速度快。现代信息传输技术网络延迟小、联网耗时短、反应速度较快、实时性能高，可保证农业信息的实时监测和传输。

（2）系统安全。信息传输网络的安全性包括保密性、完整性、可用性、真实性和抗抵赖性，安全的传输性能保障了农业信息可靠、完整的传输。

（3）低功耗。信息传输技术主要使用低耗电的温度、湿度等传感器，节点上的能源需求主要来自传输和处理器，可在农业环境中长期监测使用。

（4）抗干扰能力强。信息传输技术强大的抗干扰能力可不受农业中寒冷、炎热、干燥或潮湿等恶劣条件的影响，保障农业信息有效传输。

参考文献

陈玉兵，2019．基于物联网的农田环境监测及灌溉控制系统研制[D]．西安：西安邮电大学．

陈紫薇，姚俊光，孙道宗，等，2020．基于 LoRa 的无线传感网的农田节水灌溉系统[J]．现代计算机(2)：98-102．

弓海鹏，2015．基于物联网的农业大棚环境远程智能监控系统的设计与实现[D]．沈阳：东北大学．

林波，2020．现场总线控制系统（FCS）的应用技术探析[J]．石化技术，27(6)：356-357．

凌毓，2020．WiFi 6 技术解读及其对 5G 发展的影响分析[J]．信息通信(2)：268-269．

唐逍，2018．基于 WSN 的水产养殖环境监测系统设计[J]．计算机测量与控制，26(10)：9-13．

张晨，严碧波，2020．基于 ZigBee 网络的农业智能操控系统研究[J]．电子世界(12)：134-135．

朱庚华，王硕飞，张佳佳，等，2020．基于蓝牙和互联网技术的草坪智能灌溉系统的设计[J]．科技风(2)：5，10．

第11章　农业移动互联网

随着移动通信技术的发展，互联网与移动通信融合不断加快和深入。农业移动互联网是互联网技术与移动通信技术完美融合的结果。由于农村居民手机的普及率远超过计算机，因此农业移动互联网应用将是农业信息传输的重要模式，也是未来农业信息传输的发展方向。本章阐述了农业互联网的技术原理与关键技术，力图使读者对农业移动互联网有一个系统、全面、清晰的认识和了解。

11.1　概述

农业移动互联网目前并没有统一的定义，广义上讲是指移动终端（如手机、笔记本式计算机以及农业物联网系统专用设备等）通过移动通信网络访问互联网并使用农业互联网业务。狭义上讲，移动互联网专指通过手机等移动终端接入互联网及农业服务。农业互联网和农业移动通信作为传统农业迈向以信息化为标志的现代农业的两个重要标志，分别对应着对大量信息资源的快速、高效访问和随时随地的信息监控，二者深度完美融合，使传统农业真正进入信息化和数字化现代农业时代。

互联网（Internet，又称因特网）是国际计算机互联网络，它以TCP/IP（传输控制协议/网际协议）协议进行数据通信，把全世界不同国家、不同地区、不同部门和机构、不同类型的计算机及国家主干网、广域网、城域网、局域网通过网络互联设备连接在一起，实现信息交换和资源共享。移动通信是移动体之间、移动体和固定用户之间以及固定用户之间，能够建立许多信息传输通道的通信系统。移动通信包括信息的传输、收集、处理和存储等，使用的主要设备有无线收发信机、移动交换控制设备和移动终端设备。

随着移动通信与互联网加速深度融合，应用范围也越来越广泛，在促进传统农业经济结构调整，改变农业种植、养殖模式等方面发挥着越来越重要的作用，基于TCP/IP协议的互联网、基于移动通信协议的移动通信网被广泛应用到现代农业种植、养殖业的数据采集、远距离数据传输和控制，成为农业物联网数据传输的廉价、稳定、高速、有效的主要通道。

11.2 农业互联网

11.2.1 互联网发展及应用现状

互联网（Internet）起源于美国国防部高级研究计划署（ARPA）于1968年主持研制的用于支持军事研究的计算机实验网 ARPAnet，建网的初衷是帮助美国军方工作的研究人员通过计算机交换信息。1986年，美国科学基金会在政府的赞助下，用TCP/IP通信协议建立了NSFnet网络，并于1989年改名为Internet向公众开放，从此Internet便在全球范围内迅速普及开来，成为世界上最大的互联网。1994 年，由中国科学院主持，联合北京大学和清华大学共同建设了中关村地区教育科研示范网（NCFC），率先与Internet连通。

现中国已建成世界上最大的IPv6示范网络，试验网所用的中小容量IPv6路由器技术、真实IPv6源地址认证技术和下一代互联网过渡技术等处于国际先进水平。中国提出的有关域名国际化、IPv6源地址认证、IPv4-IPv6过渡技术等技术方案，获得互联网工程任务组（IETF）的认可，成为互联网国际标准、协议的组成部分。

11.2.2 互联网的组成

互联网主要由硬件系统和软件系统组成。硬件系统主要包括网络中的计算机设备、传输介质和通信连接设备。计算机网络中的软件主要包括网络操作系统、网络通信软件和网络应用软件。

1. 计算机网络的硬件

计算机网络硬件主要包括网络服务器、网络工作站、传输介质、网卡、集线器、路由器和其他网络连接设备。

① 网络服务器　网络中的服务器运行网络操作系统，负责对网络的管理，提供网络的服务功能和网络共享资源。对于小型网络，可以只有一台服务器，这台服务器同时负责多种功能；对于大型网络，可以有多台服务器，分别完成各种网络功能，如网络服务器、网络打印服务器、网络数据库服务器等。这些服务器协同工作，提供了强大的网络功能。

② 网络工作站　网络工作站即网络中个人使用的计算机和具有网络通信功能的数据采集节点。网络中的工作站和独立的计算机是有区别的，它们是网络的一部分，可以与网络中的其他工作站或服务器通信，因此，工作站除了安装和运行网络操作系统的客户机外，也要安装和运行相应的网络通信协议。

③ 传输介质　网络中使用的有线介质通常有同轴电缆、双绞线、光缆。

除了有线传输介质外，在网络中使用无线传输介质的情况也越来越普遍。微波、红外线都可作为无线传输介质来构成计算机网络。

④ 网卡　网卡又称网络接口卡，是将计算机连接到网络的硬件设备。局域网网卡的速度有 10Mb/s、100 Mb/s 和 1000 Mb/s，现在一般选用 100 Mb/s 网卡。

⑤ 集线器　集线器（hub）是局域网的一种连接设备，双绞线通过集线器将网络中的计算机连接在一起，完成网络的通信功能。集线器有 4 端口、8 端口、16 端口和 32 端口等不同规格。其中一个端口与网络连接，其他端口与网络中的计算机连接。当一台计算机从一个端口将信息发送到集线器后，集线器就将信息广播给其他端口，其他端口上的计算机根据信息所包含的接收地址来决定是否要接收这个信息，集线器完成了发送和接收的过程。从这个过程来看，集线器也是一种中继器，完成信息的转发。

⑥ 路由器　路由器主要用于广域网的接续。在广域网中从一个节点传输到另一个节点时要经过许多网络，可以经过许多不同的路径。路由器就在从一个网络传输到另一个网络时进行路径的选择，使得信息的传输能经过一条最佳的通道。对于计算机网络来说，路由器性能的好坏，对广域网上的传输性能有极大的影响。路由器是网络中进行网间连接的关键设备。路由器的基本功能是把数据（IP 包）传送到正确的网络，具体包括：IP 数据包的转发，包括数据包的寻径和传送；子网隔离，抑制广播风暴；维护路由表，并与其他路由器交换路由信息，这是 IP 包转发的基础；IP 数据包的差错处理及简单的壅塞控制；实现对 IP 数据包的过滤和记忆等功能。

2．计算机网络软件

构成计算机网络除了网络硬件外，还必须有网络软件，主要包括网络操作系统、网络通信协议和网络应用软件。

① 网络操作系统　网络操作系统是计算机网络的核心软件。网络操作系统首先应该具有一般操作系统的基本功能。除此以外，网络操作系统还应该具有网络通信功能、网络管理功能、网络服务功能。

- 网络通信功能。网络操作系统要负责网络服务器和网络工作站之间的通信，接收网络工作站的请求，按照网络工作站的请求提供网络服务，或者将工作站的请求转发到网络以外的节点，请求服务。网络通信功能的核心是执行网络通信协议。不同的网络操作系统可以有不同的通信协议，要根据需要进行选择和安装通信协议。
- 网络管理功能。网络操作系统要有共享资源管理、用户管理、安全管理等管理功能。用户管理是指操作系统要对每个用户进行登记，控制每个用户的访问权限等。安全管理在现代计算机网络中越来越重要，需要采取各种措施保证网络资源的安全，防止对网络的非法访问，保证用户的信息在通信过程中不受到非法篡改。
- 网络服务功能。网络的服务功能是要为网络用户提供各种各样的服务。传统的计算机网络主要提供共享资源的服务，包括硬件资源和软件资源。现代计算机网络的服务功能往往是和互联网服务功能联系在一起。用户通过网络传递电子邮件、下载文件和软件、浏览和查询网络信息、实现数据通信等。

② 网络通信协议　网络通信协议是通信双方在通信时遵循的规则和约定，是信息网

络中使用的通信语言。根据组网的不同需要，可以选择相应的网络协议。

TCP/IP 协议是 Internet 上进行通信的标准协议，若将计算机连接到 Internet 中，就必须使用 TCP/IP 协议。目前网络操作系统中都内置了网络协议软件，在使用过程中可以根据需求进行相应配置。

③ *网络应用软件* 随着网络使用的普及，网络应用软件发展也非常快。有的网络应用软件是用于提高网络本身的性能，改善网络的管理能力。在网络操作系统中往往就集成了许多这样的应用软件。更多的网络应用软件是为了给用户提供更多、更好的网络应用。这种网络应用软件往往也称为网络客户软件，因为这些软件都是安装和运行在网络客户机上，如浏览器、电子邮件客户软件、FTP 客户软件、BBS 客户软件以及为满足应用需求开发的数据通信软件等。

11.2.3 TCP/IP 体系结构与协议

TCP/IP 协议是网络中使用的基于软件的通信协议，包括传输控制协议（transmission control protocol，TCP）和网际协议（internet protocol，IP）。TCP/IP 是普遍使用的网络互连的标准协议，可使不同环境下不同节点之间进行彼此通信，是连入 Internet 的所有计算机在网络上进行各种信息交换和传输所必须采用的协议。

TCP/IP 协议并不只是 TCP 协议和 IP 协议两个协议，它们实质上是一个协议簇。与 OSI（open system interconnection）参考模型相比，TCP/IP 通信协议采用了四层分层体系结构，如表 11.1 所示。

表 11.1 TCP/IP 的体系结构

OSI 参考模型	TCP/IP 参考模型	TCP/IP 协议簇
应用层 表示层 会话层	应用层	Telnet、FTP、SMTP、 HTTP、SNMP
传输层	传输层	TCP、CDP
网络层	网络层	IP、ICMP、ARP
数据链路层 物理层	网络接口层	各种底层网络协议

① *应用层* 应用程序间沟通的层，Internet 有丰富的应用层协议，如远程登录协议（Telnet）、文件传送协议（FTP）、简单邮件传输协议（SMTP）等。各种 Internet 应用都是基于 Internet 的应用层协议。

② *传输层* 此层提供了节点间的数据传送服务，如传输控制协议（TCP）、用户数据报协议（UDP）等，TCP 和 UDP 给数据包加入传输数据并把它传输到下一层中，这一层负责传送数据，并且确定数据已被送达并接收。

③ *网络层* 负责提供基本的数据封包传送功能，让每一块数据包都能够到达目标主机（但不检查是否被正确接收），除了网际协议（IP）外，网络层中还有许多其他协议。

④ *网络接口层* 位于 TCP/IP 协议的最底层，Internet 的 TCP/IP 协议簇没有规定数据链路层和物理层协议，这两个层次的协议由各个网络（局域网）自行决定，以适应各种网络类型。它的功能主要是为通信提供了物理连接，屏蔽了物理传输介质的差异，在发送方将来自网络层的分组数据透明地转换成了在物理传输介质上传送的比特流；在接收方将来自物理传输介质的比特流透明地转换成分组数据。

1. Internet 网络层

网络层的主要功能是提供路由，即选择到达目标主机的最佳路径，并沿该路径传送数据包。除此之外，网络层还要能够消除网络拥挤，具有流量控制和拥挤控制的能力。网络层的功能包括：建立和拆除网络连接、路径选择和中继、网络连接多路复用、分段和组块、服务选择和传输和流量控制。网络层中有四个重要的协议：互联网协议 IP、互联网控制报文协议 ICMP、地址转换协议 ARP 和反向地址转换协议 RARP。

网络层的功能主要由网际协议 IP 提供。除了提供端到端的分组发送功能外，IP 还提供了很多扩充功能。例如，为了克服数据链路层对帧大小的限制，网络层提供了数据分块和重组功能，这使得很大的 IP 数据报能以较小的分组在网上传输。

为了使信息能够在 Internet 上正确地传送到目的地，连接到 Internet 上的每一台计算机必须拥有一个唯一的地址，这个地址用一组数字表示，称为“IP 地址”。网络上不同的设备一定有不同的 IP 地址，但同一设备也可以同时拥有几个 IP 地址。例如，某一路由器如果同时接通几个网络，它就需要有所接各个网络的 IP 地址。IPv4 规定：Internet 中使用 32 位二进制数作为 IP 地址。在实际使用时，用四个十进制数表示 IP 地址，每个十进制数对应于 IP 地址中的 8 位二进制数的数值，十进制数之间用“.”隔开，每个数字不大于 255。

尽管 32 位二进制数可以对应于将近 40 亿个 IP 地址，但是 IP 地址的分类，使得 IP 地址不能得到充分利用。IPv4 协议面临着一些难以解决的问题。例如，地址空间耗尽。同时 IP 应用的扩展对 IP 也提出了新的要求。例如，Internet 上多媒体信息传播、移动用户的网络接入等，都为 IP 的研究开辟了新的空间。Internet 工程特别任务组（IETF）新开发出来的 IPv6 协议，规定用 128 位二进制数表示 IP 地址格式。IPv6 协议不但解决了 IPv4 存在的问题，而且还给 IP 带来了一些新特性，使得 IP 协议在地址管理、移动性、安全及多媒体支持方面都有巨大的灵活性。

1）全新的地址管理方案

IPv6 改变了地址的分配方式，从用户拥有变成了 ISP 拥有。全局网络号由 Internet 地址分配机构（IANA）分配给 ISP，用户的全局网络地址是 ISP 地址空间的子集。每当用户改变 ISP 时，全局网络地址必须更新为新 ISP 提供的地址。这样 ISP 能有效地控制路由信息，避免路由爆炸现象的出现。

2）报文的安全传送

IPv6 继承了 IPv4 的技术，定义了验证报文头（authentication head，AH）和安全报文头（encrypted security payload，ESP），不但有效解决了安全问题，而且使安全方案成为IPv6的有机组成部分。

3）移动性主机

现有 Internet 的连接范围和对象有了极大的扩展，特别是移动性主机所占比例逐步增加，给IP协议提出了新的要求。IPv6对移动IP提供支持，一般是通过本地代理和远地代理的相互作用实现的。移动主机到达新的子网后，寻找远地代理，并通过远地代理向本地代理进行位置更新。本地代理解析移动主机的地址，把其他主机发给移动主机的报文通过本地代理和远地代理间的隧道传送给移动主机。

4）对流的支持

在多媒体应用日益广泛的今天，Internet提供对多媒体的支持将有重大意义。多媒体传播的一般特点是带宽要求高、持续时间长。为此引入流的概念简化 Internet 对多媒体的处理。流是特定源和目的地间的报文序列，源要求中间路由器对这些报文进行特殊处理。一般来说，路由器收到流中报文后，根据流标识符查找路由器中保存的流上下文，对流中的报文进行同样的处理，加快了报文处理速度。

2．Internet 传输层

传输层的作用是在通信子网提供的服务基础上，为源主机和目标主机之间提供可靠、透明和价格合理的数据传输。传输层包含两个重要协议：传输控制协议（transmission control protocol，TCP）和用户数据报服务（user datagram protocol，UDP）。

TCP 是 TCP/IP 体系中面向连接的、可靠的数据流服务。TCP 负责将数据从发送方正确地传送到接受方，是数据传输和通信可靠的传输层协议，在网络中提供全双工的和可靠的服务。

UDP 是 Internet 支持的无连接的传输协议，是不可靠的协议，没有差错控制和流量控制，UDP数据报可能丢失、重复或者乱序，也不进行分片，适用于无须应答一次只传送少量数据的情况。

3．Internet 应用层

TCP/IP 的应用层解决 TCP/IP 应用所存在的共性问题，包括与应用相关的支撑协议和应用协议两大部分。TCP/IP 应用层的支撑协议包括域名服务系统（DNS）、简单网络管理协议（SNMP）等；典型应用包括 Web 浏览、电子邮件、文件传输访问、远程登录等，与应用相关的协议包括超文本传输协议（HTTP）、简单邮件传输协议（SMTP）、文件传输协议（FTP）、简单文件传输协议（TFTP）和远程登录（Telnet）等。Internet 所提供的服务多达上万种，常见的基本服务有 WWW 服务、电子邮件（E-mail）服务、信息的检索（查询）、FTP 服务（文件传输服务）、Telnet 服务（远程登录服务）、电子公告牌（BBS）等。基于 TCP、UDP 协议的数据传输技术也被广泛应用到现代农业种植、养殖业的数据采集、传输和控制，成为农业物联网数据传输的廉价、稳定、高速、有效的主要通道。

11.3 农业互联网面临的挑战和对策建议

尽管近年来我国农业互联网的发展取得了巨大的进步，但仍然存在基础设施落后、相关从业人员专业素养不高等问题，这些都严重阻碍了我国农业互联网的发展（沈剑波，王应宽，2019）。

1. 农业互联网发展面临挑战

基层农业互联网相关设备建设不完善。中国互联网信息中心（CNNIC）于 2020 年 4 月 28 日在北京发布了中国互联网发展的第 45 次统计报告。根据该报告书，截至 2020 年 4 月，中国的网络用户数达到了 9 亿 400 万人。其中，中国农村网络用户占 28.2%，规模为 2.55 亿，较 2019 年增加 1.0%。本报告指出，农村地区的非网民不上网的主要原因并非网民对互联网没有需求，而是缺乏互联网知识，缺乏对其功能的认识。其中 5.3% 的人因为“无法上网”而不上网，而其中 9.5%的人则认为“没有计算机或其他互联网设施”。由此可见，由于不完善的信息化设备，在我国的农村地区还不能普及使用互联网，造成了农户无法参与到“互联网+农业”当中去。在农村地区宽带入村，但没有入户入到田间地头，仍然存在覆盖死角、宽带使用资费太高、宽带接入困难等问题。数据流量不适合农村的实际情况，超出了农民的心理承受，阻断了农民主动获取种植服务、经营服务和培训服务的信息渠道，加大了城乡间的数字鸿沟，降低了农民主动获取利用互联网信息的积极性，降低了农村农业各类信息服务平台的使用率和服务功效。现有基础设施、资费标准难以承担移动互联网云计算、大数据、物联网为代表的新信息技术在农村的应用（苏航，2019）。

相关从业人员的素质不达标。人员素质是农业信息化发展的核心，直接决定了农业信息化的发展水平和效果。当前，我国服务于农业信息化的人才极其缺乏，管理人才和信息技术方面的人才队伍和农村信息员队伍的数量和服务能力还难以满足基层信息服务的需要，不能及时对获取的农业互联网信息进行收集、整理、分析，且难以为农民提供及时、准确、有价值的农业信息。而且，农民作为农业互联网建设的主力军和农业信息服务的最大需求者，其文化素质普遍不高。农民对于农业互联网认知度较低，难以实现利用信息技术提高农业生产效率和获得较高的市场竞争水平。农民培训机制的不完善，也使得人才培养问题成为农业互联网发展的瓶颈问题（王振，2011）。

2. 农业互联网发展的对策建议

完善基础设施，夯实发展基础。互联网与农业融合发展的基本目标是实现农业的创新发展，增加农业生产者的经济收入，建立农业品牌，实现农业的产业化与市场化发展。基础设施建设所具有的“乘数效应”是融合发展稳定的基础，要实现融合发展的目标，要根据农业生产的特点配套融合发展所需要的基础设施条件，因地制宜地根据农业生产的不同阶段完善基础设施配套（黄菲菲，2019）。

强化农业互联网发展的人才支撑。我国农业人口众多，但农业人口受教育程度偏低，且随着城市化进程速度的加快，进行农业生产的人口年龄结构趋于老年化，而推动互联网与农业融合发展的主力军是新型的农业科技人才与高素质农民。人才是农村经济发展的内生动力，只有通过人才培养与人才引进才能使农村、农业经济发展获得长足的动力。因此，不仅要提高现有农业从业人口的素质，也要创造有利于农业人才发挥优势的外部条件。在进行农村生产性基础设施建设的同时，还应注重人文环境培养。建立良好的农村生产生活秩序，提供良好的生活环境，在医疗、卫生、教育、人文方面改善农村居民的生活环境，改变农村的生产生活面貌，使得农村居民与城市居民能获得同样条件的生活便利，让人才安心留乡（李谨 等，2020）。

加强政府宏观调控。互联网与农业融合发展的过程中政府主导性较强，政府各部门对促进互联网与农业融合发展的不同方面、不同层次、不同要素的统筹，关系着融合发展的速度与融合发展的效率。随着农业互联网技术日新月异的发展，在融合过程中出现的新现象、新问题都要求在做好顶层设计的同时也要加强不同政府部门之间工作的配合，并且对政府服务人员的工作能力也提出了更高的要求（宿佳佳，汪剑南，2020）。

3．大力发展农业移动互联网

农业移动互联网是农业互联网技术与农业移动通信技术深度融合的产物（何宝宏，2009），随着三网融合推进，农业移动互联网技术已广泛应用到农业领域的各个方面，也成为了农业物联网远程数据传输的廉价、稳定、高速、有效的载体，在促进传统农业经济结构调整、改变农业种植、养殖模式等方面发挥着越来越重要的作用。

农业移动互联网在农业领域的广泛应用也存在许多的问题，主要表现在终端、基础设施及无线宽带技术还不够完善，现在农民主要通过手机实现各种操作，操作界面小、操作不方便，同时移动通信的基础设施不完善和无线宽带技术普及程度不高，这些严重制约了农业移动互联在农业领域的应用；移动通信服务提供商、农业移动通信内容提供商、移动互联终端提供商之间不协调；农业信息资源缺乏，农民缺乏将移动互联技术应用于指导农业生产的有效途径。

随着农业移动互联网技术的不断成熟及推广应用，农业移动互联网的发展主要涉及以下两点。

- 开发简洁、高效、易操作，适合农业种植、养殖特点的移动终端及软件。农业移动互联网业务的基础是重用现有互联网上丰富的业务和内容，但是，现有的手机终端平台封闭性强并且标准化程度低。同时，手机天然存在计算能力不强、带宽有限、显示屏幕较小等弱点。因此，移动互联网发展的瓶颈在于适合开发农业特点的移动终端。
- 满足农业生产需求的移动互联网环境。农业移动互联网业务架构包括三大关键基础设施平台：网络平台、应用平台和终端平台，适合农业生产需求的农业移动互联网平台应具有良好的应用开放性，关键在于通过移动终端平台整合产业链。

小　结

随着移动通信技术的发展，智能移动式农业机械、可移动农业电商平台、物联网云管控平台移动端等应用屡见不鲜。由于可集成的移动通信模组性价比越来越高，因此农业移动互联网应用成为农业信息传输的重要模式，也是未来农业信息传输的发展方向。本章阐述了农业移动互联网的体系架构与实现机制，以及农业互联网面临的挑战和对等建议。

参 考 文 献

何宝宏，2009. 移动互联网是第三代互联网[J]. 中兴通讯技术，15（14）：35-38.

黄菲菲，2019. 互联网与农业融合发展研究[D]. 济南：中共山东省委党校.

李瑾，马晨，赵春江，等，2020. “互联网+”现代农业的战略路径与对策建议[J]. 中国工程科学，22（4）：50-57.

沈剑波，王应宽，2019. 中国农业信息化水平评价指标体系研究[J]. 农业工程学报，35（24）：162-172.

苏航，2019. 我国政府推进“互联网+农业”发展研究[D]. 大连：大连海事大学.

宿佳佳，汪剑南，2020. 农村互联网金融业态发展存在的问题与对策[J]. 商业经济研究（6）：164-167.

王振，2011. 不同区域农业信息化推进模式研究[D]. 北京：中国农业科学院.

处理篇

农业信息处理，是农业物联网的具体应用和特征体现，是实现农业生产经营信息化、智能化、标准化的关键，也是农业物联网的末端环节。农业信息处理利用模式识别、智能推理、优化决策、复杂计算、机器视觉等各种智能计算技术，对感知层识别生成的海量数据进行分析和处理，使得物体赋予思想，具备一定的智能性，为农业生产、经营、管理、服务提供科学决策的主要依据和手段。本篇阐述了农业信息处理的基本概念、关键技术和体系框架，并探讨了农业信息处理技术的发展趋势。重点探讨了农业预测预警、农业视觉信息处理与智能监控、农业诊断推理与智能决策等农业领域应用最为普遍的信息处理关键技术，并给出了它们在水质监控、精细投喂饲料配方、农业病虫害诊治等农业场景中的具体应用案例。

第12章　农业信息处理技术概述

农业信息处理是研究模式识别、智能推理、复杂计算、机器视觉等技术在农业中精准作业、预测预警、智能控制、管理决策等领域应用的技术。农业信息处理技术是信息处理技术在农业领域的应用分支，是利用现代信息技术改造传统农业的重要途径。农业信息处理技术按其智能化程度的高低，可分为基础农业信息技术和智能化农业信息技术两大类，涉及数据库存储技术、数据搜索技术、云计算技术、边缘计算技术、人工智能技术、大数据技术、区块链技术、多源异构信息融合与处理技术、农业预测预警、农业智能控制和智能决策、农业诊断推理、农业视觉信息处理等相关技术。本章主要阐述了农业信息处理的基本概念、关键技术和体系框架，并探讨农业信息处理技术的发展趋势，以期对农业信息处理的理论体系、关键技术及发展趋势有一个全面、系统、客观的介绍。

12.1　农业信息处理基本概念

农业信息技术的内涵随着信息科学技术的发展、农业科学技术的发展和农业产业的发展而不断更新，广义上可以定义为基于计算机技术、网络与通信技术、电子信息技术等现代农业信息技术研究开发的，应用于农业生产、经营、管理和服务等领域的新技术、新产品（赵春江，2018）。

信息技术在农业领域中的应用始于20世纪70年代末，经过多年发展，逐渐应用于农业生产各环节（毛宇飞，李烨，2016）。农业信息技术利用计算机、网络系统收集、处理并传递来自各地的农业技术信息，通过建立农业数据库系统，使各种农业技术、市场信息、病虫害情况与预报、天气状况与预报等数据能够得到充分利用。在数据系统支持下，开展农业作业自动控制、预测预警、管理与决策等方面的研究应用。随着现代农业自动化和信息化的发展，农业物联网技术得到广泛应用，推动了传统农业向现代农业的转变，有助于现代农业朝着高产、高效、优质、生态、安全的目标发展（朱丹 等，2020）。

农业信息处理技术按其智能化的程度，可分为低智能化的基础农业信息处理技术和高智能化的农业信息处理技术。

① *基础农业信息处理技术* 主要指涉农数据库的建立及与计算机网络、遥感、GIS、GPS、多媒体技术等的结合，其主要功能是提供动态信息以帮助决策，智能化程度低，主要包括数据存储、数据搜索、数据加密等技术。

② *智能农业信息处理技术* 主要是运用信息技术、云计算技术、边缘计算技术、人工智能技术、大数据技术、多源信息融合与处理技术汇集农业领域专家的知识、经验和技术，以农业系统模拟模型、农业经济模型、农业专家系统及农业综合模型为基础和核心所形成的农业生产管理决策支持系统，其主要功能是进行农业生产过程的预测预警、智能控制、诊断推理等，智能化程度高。

12.2 农业信息处理关键技术

农业信息处理技术主要涉及基础农业信息处理技术，如数据存储技术、数据搜索技术等，以及智能农业信息处理技术，如预测预警、诊断推理、智能控制等。

12.2.1 数据存储技术

农业物联网实现农业生产过程的自动监控和管理，会产生海量监测数据。如果不能及时对数据进行存储和组织，提供便捷的查询、统计和分析利用，就会造成极大的浪费。数据库技术解决了计算机信息处理过程中大量数据有效组织和存储的问题，是实现数据共享、保障数据安全以及高效地检索数据的重要工具。

1. 数据库存储技术

数据库（data base）是按照数据结构来组织、存储和管理数据的仓库，是计算机数据处理与信息管理系统的一个核心技术。它研究如何组织和存储数据，如何高效地获取和处理数据。通过研究数据库的结构、存储、设计、管理，实现对数据库中的数据进行处理、分析和理解。

数据库系统一般由数据库、数据库管理系统（data base management system，DBMS）、应用系统、数据库管理员和用户构成。其中，DBMS是数据库系统的基础和核心，包括用户对数据库的各种操作请求。目前，已经有许多高性能的数据库产品，如Oracle、Sybase、Infomix、SQL Server、MySQL和FoxPro等。农业数据库是一种有组织地动态存储、管理、重复利用、分析预测一系列有密切联系的农业方面的数据集合（数据库）的计算机系统。农业数据库建设是农业信息技术工作的基础、核心和重要组成部分。农业信息量大、涉及面广而且数据来源分散，目前国际上最普遍、最实用的方法是将各种农业信息加工成数据库，并建立农业数据库系统，为农业生产管理和农业科研等工作提供信息支持。

2．分布式云存储技术

随着物联网在农业中的广泛应用，农业大数据已呈现出海量、分散、并发等特点，集成式数据库已经无法满足数据处理的需求，而将数据分散存储在许多网络节点上的急切需求，使实现分布式云数据存储和管理成为必然。

分布式数据库系统（distributed database system，DDBS）是以数据的分布存储为基础，由相应的管理系统、通信网络实现对各类数据的管理、访问的系统。从逻辑上分析，DDBS 是统一的整体；而从物理层面分析，数据库中的数据存储于不同的物理节点之上，是传统技术和网络时代结合的产物。图 12.1 为典型的分布式数据库系统。

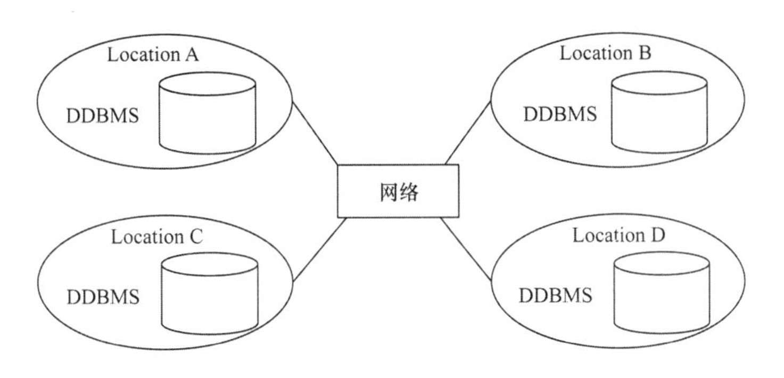

图 12.1 典型的分布式数据库系统

分布式数据库是物理上分散在计算机网络各节点，但在逻辑上属于同一系统的数据集合。它具有局部自治与全局共享性、数据的冗余性、独立性、透明性等特点。分布式数据库管理系统（DDBMS）支持分布式数据库的建立、使用与维护，负责实现局部数据管理、数据通信、分布式数据管理以及数据字典管理等功能。

分布式数据存储是数据库技术与网络技术相结合的产物，在数据库领域已形成一个分支。随着农业物联网的广泛应用，使用分布式数据库系统对这些农业数据进行处理、分析、挖掘，可以更加迅速、准确、智能地对农业生产进行管理和控制，提供更好的数据服务。

3．农业数据库建设

目前，全世界建立了四个大型的农业信息数据库，即联合国粮农组织的农业数据库（AGRIS）、国际食物信息数据库（IFIS）、美国农业部农业联机存取数据库（AGRICO2LA）、国际农业与生物科学中心数据库（ABI）。我国除引进了以上世界大型数据库外，自己建立了 100 多个数据库，主要包括各种农作物、果树、蔬菜、园艺植物、畜禽动物、水产动植物的品种分类、生态适宜性、植物营养状况、农艺形状、抗性、品质、长势、作物营养需求、农业病虫害、主产区、产量等数据。具有代表性的有中国农业文摘数据库、全国农业经济统计资料数据库、农产品集贸市场价格行情数据库等。这些数据库的运行和服务都取得了社会效益和经济效益，为农业生产提供了大量的农业信息资源和科学技术支撑，推动了农业生产的发展。

12.2.2 数据搜索技术

随着网络的飞速发展，互联网上的农业信息网站数量达到了一定的规模，生成了海量的农业信息。那么如何从互联网得到我们需要的信息呢?

1．搜索引擎分类

搜索引擎是当前人们检索信息最普遍的软件工具，它能够从互联网上自动搜集信息，对原始文档进行一系列的整理和处理，为用户提供查询服务。按照原理和工作方式，搜索引擎可分为全文搜索引擎、目录搜索引擎和元搜索引擎。

（1）全文搜索引擎是搜索引擎的主流，是指从互联网提取各个网站的网页信息，建立索引数据库，并能检索与用户查询条件相匹配的记录，按一定的排列顺序将查询结果返回给用户，如 Google、百度等。

（2）目录搜索引擎虽然有搜索功能，但严格意义上不能称为真正的搜索引擎，只是按目录分类的网站链接列表。用户可以通过关键词检索，也可以直接依靠分类目录找到需要的信息。缺点是依靠人工维护，提供的信息量少，信息更新不及时。

（3）元搜索引擎不具有自己的网页数据库，接受用户查询请求后，由元搜索引擎负责转换处理后提交给多个预先选定的独立搜索引擎，并将从各独立搜索引擎返回的所有查询结果集中起来处理后再返回给用户。著名的元搜索引擎有 InfoSpace、Dogpile、Vivisimo 等。

2．全文搜索引擎

目前，农业领域现有网站涉及农、林、牧、渔、水利、气象、农垦、乡镇企业以及其他农业部门。在这些海量的信息中，如何搜索一个准确的信息是大家非常关注的问题。因此，针对中文农业网页，中国农业科学院研发了农业搜索引擎，实现农业信息的精确搜索，解决农业信息的获得困难问题，其界面如图 12.2 所示。

图 12.2 中文农业搜索引擎——农搜

全文搜索引擎主要包括如下步骤：第一步是对 Web 信息的获取，即得到网页信息；第二步是对网页内容进行分析、加工和处理；第三步是将查询与加工后的信息内容进行相关度计算，从而为用户提供信息服务。其关键技术主要包括网络爬虫、中文分词、文本索引、结果排序等。搜索引擎系统结构如图 12.3 所示。

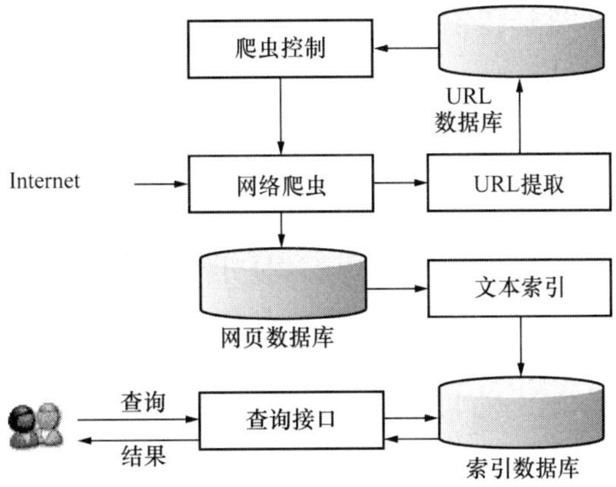

图 12.3
搜索引擎系统结构

12.2.3　云计算技术

云计算（cloud computing）是借助于网络实现的一种计算模式，是物联网发展的基础。随着物联网应用终端数量的增长，会产生非常庞大的数据流，这时就需要一个非常强大的信息处理中心。传统的信息处理中心是难以满足这种计算需求的，而云计算作为一种虚拟化、分布式和并行计算的解决方案，可以为物联网提供高效的计算能力、海量的存储能力，为泛在连接的物联网提供网络引擎和支撑。通过将各种互联的计算、存储、数据、应用等资源进行有效整合来实现多层次的虚拟化与抽象，用户只需要连接上网络即可方便使用云计算强大的计算和存储能力。

1．云计算的定义

云计算是分布式计算、并行计算和网格计算的发展，或者说是这些科学概念的商业实现。按照 IBM 的云计算定义，云计算一词用来同时描述一个系统平台或者一种类型的应用程序。一个云计算的平台按需进行动态的部署、配置、重新配置以及取消服务等。在云计算平台中的服务器可以是物理的服务器或者虚拟的服务器。高级的计算云通常包含一些其他的计算资源，如存储区域网络、网络设备、防火墙以及安全设备等。在应用方面，云计算是一种可以通过互联网进行访问的可扩展的应用程序，任何一个用户都可以通过合适的互联网接入设备以及一个标准的浏览器访问一个云计算应用程序。

云计算具有以下特点：云计算为用户提供按需分配的计算、服务和应用服务能力；方便用户，大大降低了软硬件的购置成本，易于动态扩展，高可靠性和高安全性。

2．云计算的服务层次

根据云计算所提供的服务类型，将其划分为三个层次：应用层、平台层和基础设施层。相应地，各自对应着一个子服务集合：软件即服务（software as a service，SaaS）、平台即服务（platform as a service，PaaS）和基础设施即服务（infrastructure as a service，IaaS）。

① SaaS　把软件作为一种服务来提供。应用软件统一部署在自己的服务器上，通过浏览器向客户提供软件服务。SaaS 吸收了网格与并行计算的优点，打破了传统软件本地

安装模式，由服务提供商维护和管理软件。目前 Google Apps 和 Zoho Office 等都属于这类服务。

② PaaS　把开发环境作为一种服务来提供。这是一种分布式平台服务，厂商提供开发环境、服务器平台、硬件资源等服务给客户，用户在其平台基础上定制开发自己的应用程序并通过其服务器和互联网传递给其他客户。PaaS 能够给企业或个人提供研发的中间件平台，提供应用程序开发、数据库、应用服务器、试验、托管及应用服务。

③ IaaS　企业将由多台服务器组成的“云端”基础设施，作为计量服务提供给客户。内存、I/O 设备、存储和计算能力被整合成一个虚拟的资源池，为整个业界提供所需要的存储资源和虚拟化服务器等服务。IaaS 的优点是大大降低了用户在硬件上的开销。Amazon EC2、阿里云等均是该类的代表产品。

3．云计算的核心技术

云计算系统运用了很多技术，其中以编程模型、数据存储技术、虚拟化技术、平台管理技术最为关键。

① *编程模型*　Map Reduce 是 Google 开发的 Java、Python、C++编程模型，它是一种简化的分布式编程模型和高效的任务调度模型，用于大规模数据集的并行运算。Map Reduce 模式的思想是将要执行的问题分解成 Map（映射）和 Reduce（化简）的方式，先通过 Map 程序将数据分片后，调度给大量计算机处理，达到分布式运算的效果，再通过 Reduce 程序将结果汇总输出。

② *海量数据分布存储与数据管理技术*　云计算需要对分散的、海量的数据进行处理、分析。因此，数据管理技术必须能够高效地管理大量的数据。云计算的特点是对海量的数据存储、读取后进行大量的分析，数据的读操作频率远大于数据的更新频率，云中的数据管理是一种读优化的数据管理。因此，云系统的数据管理往往采用数据库领域中列存储的数据管理模式，将表按列划分后存储。

③ *虚拟化技术*　通过虚拟化技术可实现软件应用与底层硬件相隔离，它包括将单个资源划分成多个虚拟资源的裂分模式，也包括将多个资源整合成一个虚拟资源的聚合模式。此外，虚拟化简化了应用编写的工作，使得开发人员可以仅关注于业务逻辑，而不需要考虑底层资源的供给与调度。虚拟化技术根据对象可分成存储虚拟化、计算虚拟化、网络虚拟化等。

④ *平台管理技术*　云计算资源规模庞大，服务器数量众多并分布在不同的地点，同时运行着数百种应用，如何有效地管理这些服务器，保证为整个系统提供不间断的服务是巨大的挑战，云计算系统的平台管理技术能够使大量的服务器协同工作，方便进行业务部署和开通，快速发现和恢复系统故障，通过自动化、智能化的手段实现大规模系统的可靠运营。

12.2.4　边缘计算技术

随着物联网技术和云技术的快速发展，衍生出了物云融合技术，即物联网负责数据的采集和传输，云资源承载数据的存储，云计算进行数据的处理，依托“物云融合”，通过物联网感知技术，将动植物、环境、空间等信息进行全面的感知和互联（叶惠卿，2019）。“物云融合”系统设备接入简单，系统搭建快速，但是云计算采用数据集中式服务，同时存在云服务器和终端设备间的物理距离限制，并不能完全高效地处理网络边缘设备所产生的海量数据，无法满足大数据处理的实时性、安全性和低能耗等需求。因此在现有以云计算为核心的集中式大数据处理基础上，边缘计算应运而生。

1．边缘计算的定义

边缘计算是指在网络边缘执行计算的一种新型计算模型，边缘是指从数据源到云计算中心之间的任意资源，边缘计算中下行数据表示云服务，上行数据表示万物互联服务。如图 12.4 所示，边缘计算模型的终端设备和云计算中心的请求传输是双向的，云计算中心不仅可以从数据库收集数据，也可以从边缘设备收集数据，与此同时，边缘设备不仅可以向云计算中心请求内容和服务，也可以完成云计算中心下发的部分任务。边缘计算将原本云服务中心的局部或者全部计算工作迁移到更靠近数据源的附近执行，有效降低了网络带宽压力，缓解了云计算中心的计算负荷，同时也能够减小计算系统的延迟，保证任务处理的实时性和有效性。随着日益增长的任务需求，面向海量边缘数据，云计算与边缘计算二者相辅相成，协同解决现有的万物互联亟待解决的问题（施巍松 等，2017）。

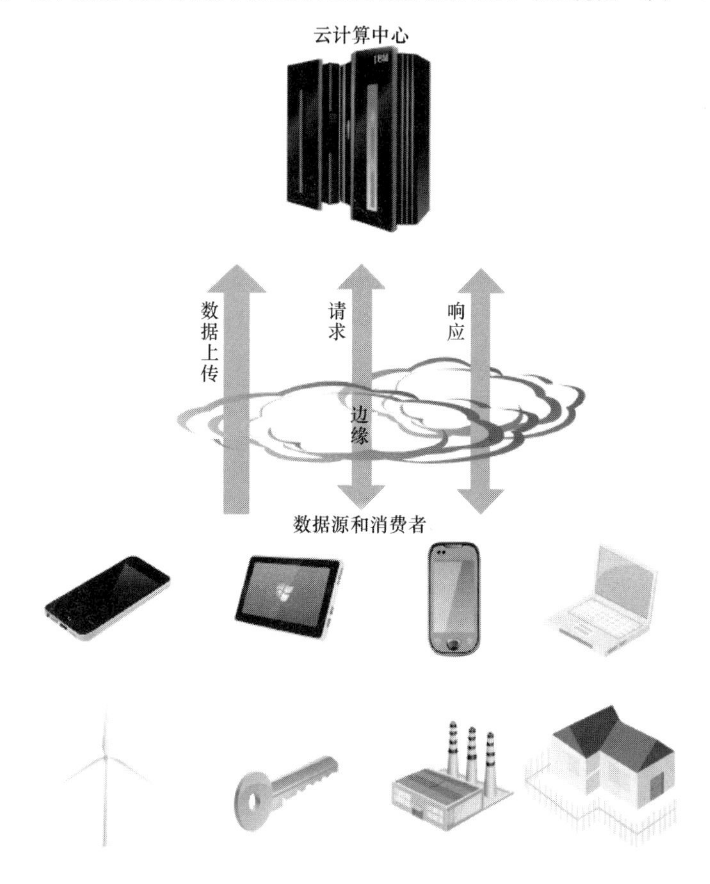

图 12.4
边缘计算模型

边缘计算有以下三点优势。

- 减轻了网络能耗和带宽压力：大量的临时数据可以不再上传云端，仅需要在边缘端即可处理。
- 减少了响应延迟：在靠近边缘端进行数据分析，无须通过请求云计算中心，保证了任务的实时性。
- 保护数据隐私：用户可以将数据存储在边缘端，无须将数据上传，保护了数据安全和隐私，减少了数据泄露风险（施巍松 等，2017）。

2．边缘计算的通用架构

边缘计算的通用架构一般可以分为终端层、边缘服务层及云计算层，如图 12.5 所示。下面将详细地介绍各层级的功能。

① *终端层* 终端层由多种物联网设备组成，如农业传感器节点。终端用户层是边缘计算架构中的感知层，用于数据的收集及上传，以事件源的形式作为应用服务的输入。

② *边缘服务层* 边缘服务器既是数据的处理中心，也是数据的存储中心，边缘服务器接收终端设备的数据并进行处理，并将处理结果返回终端层。边缘服务器在空闲时，将数据传输到云层，云层在不同边缘服务器之间进行数据同步。

③ *云计算层* 云计算层由海量计算和存储资源的服务器集群组成，负责复杂的数据处理和大规模的数据/服务存储。云计算层可以永久性存储终端层上报的数据，同时，对于边缘层无法处理的分析任务和综合全局信息的处理任务仍可以在云计算中心完成。此外，云计算层可以为边缘服务器层提供完整的服务/应用集合，满足终端用户的需求。

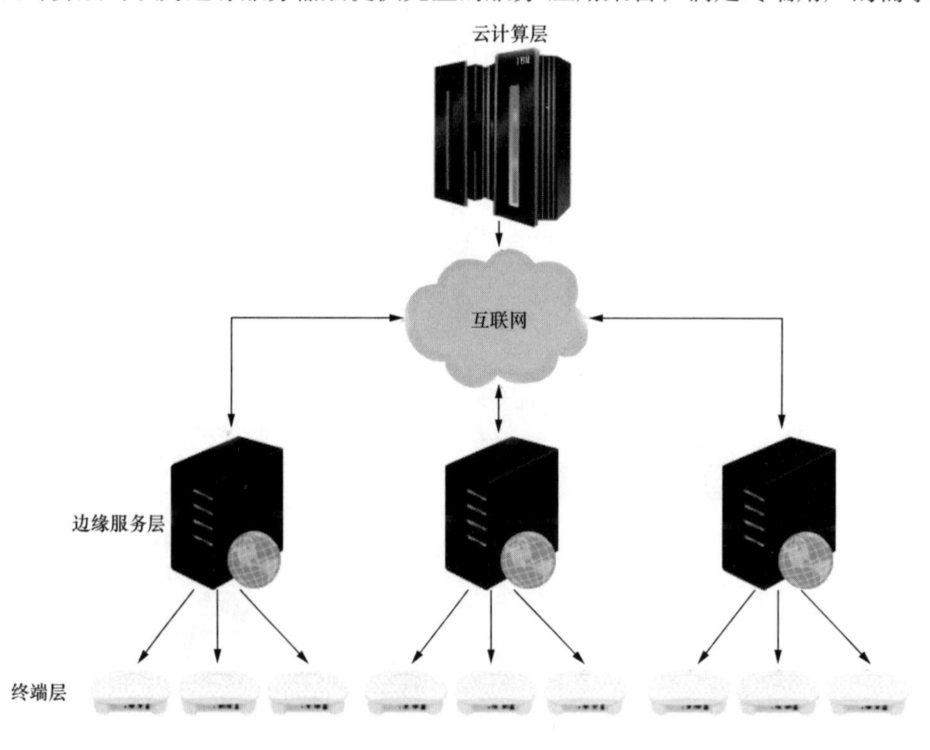

图 12.5 边缘计算的通用架构

3．支持边缘计算的核心技术

边缘计算的快速发展得益于技术的进步与升级换代，推动边缘计算发展的核心技术为网络、隔离、体系结构、边缘操作系统、算法执行框架、数据处理平台以及安全和隐私等技术（施巍松 等，2019）。

1）网络

边缘计算将数据处理计算推至靠近数据源的位置，甚至将整个计算部署于从数据源到云计算中心的传输路径上的节点，这将导致大量的冗余，同时也对边缘计算设备提出了较高的要求。这样的计算部署要求现有网络结构首先要寻找服务，以完成计算路径的建立。命名数据网络是一种将数据和服务进行命名和寻址，以 P2P 和中心化方式相结合进行自组织的一种数据网络。将命名数据网络引入边缘计算中，通过其建立计算服务的命名并关联数据的流动，从而可以很好地解决计算链路中服务发现的问题。软件定义网络是一种控制面和数据面分离的可编程网络，以及简单网络管理。将软件定义网络引入边缘计算中，可以较为快速地进行路由器、交换器的配置，减少网络抖动性，以支持快速的流量迁移，可以很好地支持计算服务和数据的迁移。同时，结合命名数据网络和软件定义网络，可以较好地对网络及其上的服务进行组织，并进行管理，从而可以初步实现计算链路的建立和管理问题。

2）隔离技术

隔离技术是支撑边缘计算稳健发展的重要研究技术，边缘设备需要通过有效的隔离技术来保证服务的可靠性和服务质量。隔离技术需要考虑两方面：一是计算资源的隔离，即应用程序间不能相互干扰；二是数据的隔离，即不同应用程序应具有不同的访问权限。在云计算场景下，由于某一应用程序的崩溃可能带来整个系统的不稳定，造成严重的后果，而在边缘计算下，这一情况变得更加复杂。因此，边缘计算可以借鉴云计算隔离技术发展的经验，研究适用于边缘计算场景下的隔离技术，提高边缘计算系统的可用性和应用程序的抗干扰性。

3）体系结构

边缘计算未来的体系结构应该是通用处理器和异构计算硬件并存的模式。异构硬件牺牲了部分通用计算能力，使用专用加速单元减小了某一类或多类负载的执行时间，并且显著提高了性能功耗比。边缘计算平台通常针对某一类特定的计算场景设计，处理的负载类型较为固定。针对边缘计算的计算系统结构设计是一个新兴的领域，有很多挑战亟待解决。例如，如何高效地管理边缘计算异构硬件、如何对这类系统结构进行公平及全面的评测等。

4）边缘计算操作系统

边缘计算操作系统向下需要管理异构的计算资源，向上需要处理大量的异构数据以及多用的应用负载，其需要负责将复杂的计算任务在边缘计算节点上部署、调度及迁移，从而保证计算任务的可靠性以及资源的最大化利用。与传统的物联网设备实时操作系统不同，边缘计算操作系统更倾向于对数据、计算任务和计算资源的管理框架。

5）算法执行框架

随着大数据技术和人工智能技术的快速发展，边缘设备需要执行越来越多的智能算法，其中机器学习及深度学习占很大比重。因此，为了让边缘端更好地执行智能任务，面向边缘计算场景设备高效的算法执行框架是实现边缘智能的必要条件。

边缘计算和云计算对于算法的执行框架需求不同，其中在云计算算法执行框架中，输入的数据规模较大，执行模型训练任务时更关注于训练速度、收敛率及可扩展性。边缘计算受计算和存储资源的限制，输入的是实时的小规模数据，更关注算法执行框架预测时的速度、内存占用量和能效。谷歌发布的用于移动设备和嵌入式设备的轻量级解决方案 TensorFlow Lite，通过优化移动应用程序的内核、预先激活和量化内核等方法来减少执行预测任务时的延迟和内存占有量。

6）数据处理平台

边缘计算场景下，边缘设备时刻产生海量数据，数据的来源和类型具有多样化的特征，这些数据大多具有时空属性．构建一个针对边缘数据进行管理、分析和共享的平台十分重要。

7）安全和隐私

尽管边缘计算可以避免数据上传至云端，降低了用户数据泄露的风险，但由于边缘计算设备通常处于传输路径或用户测，因此边缘计算具有更高潜在的可能被攻击者入侵的风险。与此同时，边缘计算节点的分布式和异构型也决定了其难以进行统一的管理，从而导致一系列新的安全问题和隐私泄露等问题。在边缘计算的环境下，仍然可以采用传统安全方案来进行防护，如基于密码学的方案、访问控制策略等，同时为了适应边缘计算环境，一般是对传统安全方案进行一定程度的修改。近些年也有一些新兴的安全技术（如硬件协助的可信执行环境）可以使用到边缘计算中，以增强边缘计算的安全性。此外，使用机器学习来增强系统的安全防护也是一个较好的方案。

12.2.5 人工智能技术

人工智能是指用计算机模拟或实现的智能，亦称人造智能或机器智能。作为计算机科学的一个重要分支，人工智能着眼于探索智能的实质，模拟智能行为，最终制造出能与人类智能相似的方式做出反应的智能机器（陶阳明，2020）。经过多年发展和信息环境的重大变化，人工智能已步入一个崭新时代（赵春江，2018）。目前，农业人工智能的应用主要通过采用人工智能算法、模型以及农机智能装备等实现农业信息的智能采集、加工和处理，并最终用于指导农业生产、提升农业生产效率及保障农产品质量，增强农业抗风险能力，保障国家粮食安全和生态安全，实现农业可持续发展，促进从传统农业向现代农业的跨越（张国锋，肖宛昂，2020）。

人工智能技术在 21 世纪初就开始在农业相关领域进行探索。人工智能在农业中的应用从技术上分类，主要包括农业专家系统、农业预测预警、农业智能控制、农业计算机视觉及农业装备机器人等。从应用上分类，人工智能主要在精准化种植、精准化养殖、设施农业生产等方面应用较为广泛。

（1）在精准化种植方面，应用人工智能技术可根据土壤条件和作物长势对作物投入情况进行自动优化调节，合理确定农作物生产目标，实现作物生长状况系统化诊断，并依据诊断结果优化种植配方，实现科学化管理。因此，人工智能技术应用于精准化种植中，可使生产成本进一步降低，作物产量得到提高。

（2）在精准化养殖方式中，应用人工智能技术可形成专业化养殖生产流水线，实现对畜禽的精确化饲喂和疾病的自动化诊断，并将畜禽所产废物进行自动化分类回收。在水产养殖业中，基于现有的人工智能技术已建成专业的养殖监控管理系统，可对水质状况进行实时监测，在手机和计算机等信息终端实时显示监测数据，出现异常时，系统将进行预警并自动调控相关设备，使水质恢复正常。

（3）设施农业生产方式目前主要应用于温室种植类作物。人工智能技术在该类作物培育中的应用主要体现在基于智能化设备控制温室中各种作物的生长条件，如空气湿度、二氧化碳浓度、光照强度等环境因素，应用的智能设备种类有很多，如计算机终端、掌上设备终端等。

除了上述应用，人工智能在农业智能采摘机器人、智能果实分拣、病虫害检测等智能识别系统，以及农产品品质鉴定、等级分级分类等方面均有应用。目前，人工智能技术与农业的深度融合发展形成了初具规模的新型和大型农业人工智能服务平台，为农业不同产业领域提供全产业链的人工智能服务。

12.2.6　大数据技术

大数据早在 1980 年就被提出，对于大数据的概念一直没有一个统一的定义，根据维基百科的说法，“大数据”是在一定时间内使用传统软件工具无法捕获、管理和处理的数据的集合（陈颖博，2020）。简而言之，大数据技术就是随着数据量急剧膨胀而产生的对海量数据使用和提取有效信息的一种方法。大数据具有 4V 特性，即 Volume（数据体量大）、Varity（数据类型繁多）、Velocity（数据产生的速度快）和 Value（数据价值密度低）。

1．大数据技术处理流程

大数据技术是指相关技术具有大数据的收集、存储、分析和应用功能，是数据处理和分析的技术。大数据技术的处理过程包括以下方面。

（1）数据采集与预处理：主要是使用 ETL 工具对数据进行处理，把数据从分布式异构特性的数据源进行提取，提取到集群临时中间层中，以完成对数据进行清理、转换、集成的整个过程，然后把数据进行加载操作，把处理好的数据加载到数据仓库中。

（2）数据存储和管理：对数据进行存储时，主要使用分布式文件系统，以及一些数据库对除了关系型的庞大数据进行存储和管理的工作。

（3）数据分析和处理：在数据处理中主要利用分布式并行架构进行编程模型和计算的操作，然后根据所学的机器学习，以及学习的数据挖掘算法，实现庞大数据的处理和分析操作。

（4）数据安全和隐私保护：在这个层面是必须考虑的层面，利用相关技术对一些私密数据进行保护，同时也保护个人隐私安全（丁慧娟，2019）。

2．大数据在农业中的应用

农业中的大数据主要包括土壤信息、气象信息、水资源等环境信息，生物资源和物种资源等农业生物信息，农资信息、农业生产信息、农产品物流信息、农产品储藏信息、农产品加工数据、农产品市场流通信息以及农产品质量安全信息等。大数据在农业中的应用主要体现在以下几个方面。

（1）水产养殖。水产养殖过程中面临养殖对象特殊、环境复杂等问题，精准地实现养殖过程的精准检测、监测及控制极为困难。通过将大数据技术与人工智能相结合，对水产养殖产生的大量数据加以处理和分析，并将有用的结果以直观的形式呈现给生产者与决策者，可以解决水产养殖业中养殖环境预测与预警、病害诊治与预警、异常行为检测与分析、市场分析与挖掘、质量控制与追溯和水产养殖大数据平台构建等实际问题。

（2）农作物生长环境。农业生长环境是决定农作物总产量的主要因素，也是生产过程中不容忽视的因素。基于农业大数据构建农作物生长综合管理系统，可对农作物生长环境进行综合分析，并根据结果制定不同农作物的生长策略，推动精准耕种，促进农业生产逐渐向智能化转变，从根本上杜绝因不良耕种环境以及人为判断因素对农作物的生产带来的直接影响。

（3）农产品质量追溯。农业大数据贯穿于农产品的形成、产销和消费的整个过程，随着供应链的增长，为了对农产品质量进行全程追溯，利用大数据技术和农业物联网技术实时捕捉信息流，从农田到客户全过程进行农产品跟踪，减少疾病和污染发生，提高仓库存储和零售商店的操作质量。农产品可追溯大数据系统通过农业信息化基础设施获取到农产品的产地信息、定期检测农产品质量和客户评价等，实时监控农产品生产和销售过程，实现农产品质量可控和农产品可追溯，完善供应链的各个环节。

12.2.7　区块链技术

1．区块链技术定义

区块链技术最早起源于自中本聪2008年提出的比特币（Bitcoin）。它是一种分布式网络交易记账系统，集P2P网络、非对称加密和数字签名、哈希算法、工作量证明机制等技术，能够完整、安全地记录大规模网络交易。主要通过创建区块来实现，不易篡改、可追溯、难伪造等特性是区块链技术的显著优势。

区块链可以从狭义和广义两个角度定义。从狭义角度讲，区块链是一种按照时间顺序将数据区块以链条的方式组合而成的数据结构，并以密码学方式保证不可篡改和不可伪造的分布式账本。从广义角度讲，区块链是一种去中心化、去信任的基础构架与分布式计算范式，亦可称为区块链技术。区块链技术可以实现全球数据信息的分布式记录（可以由系统参与者集体记录，而非由一个中心化的机构集中记录）与分布式存储（可以存储在所有参与记录数据的节点中，而非集中存储于中心化的机构节点中），具有高安全性和高可靠性。区块链技术使得每个人都有权记录、翻看公开账本，所有人共同监督保证其正确性，记录的内容只能增加不能删除并将永久保存（马昂 等，2017）。

2、区块链的基本架构

区块链基本架构如图 12.6 所示，其模型可以概述为一个层次模型，由数据层、网络层、共识层、激励层、合约层和应用层六层组成。根据不同的场景可以灵活地选择其中的元素来构建系统，而其中数据层、网络层、共识层是区块链的必要元素。在区块链基本架构中不同的层次对应的功能不同。

① *数据层*　该层是区块链底层链式数据结构的一个抽象，封装了底层数据区块以及相关的数据加密和时间戳等技术，是整个模型最底层的数据结构。

② *网络层*　该层属于区块链的中间层，包括分布式组网机制、数据传播机制和数据验证机制等。

③ *共识层*　该层是系统达成共识的关键，主要对系统网络节点的各种共识算法进行封装，目前主流的共识算法有工作量证明、权益证明和股份授权证明机制。

④ *激励层*　将经济因素集成到区块链体系中，主要包括经济激励的发行机制和分配机制等。

⑤ *合约层*　主要封装各类脚本、算法和智能合约，是区块链可编程特性的基础。

⑥ *应用层*　封装了区块链的各种应用场景和案例。

区块链的技术特点包含分布式结构、信任机制、公开透明、时序不可篡改，这些特点能够为商业网络、行业业务以及传统的云环境带来一些全新的解决方案，为这些领域带来更高的运作效率和更低的运行成本。

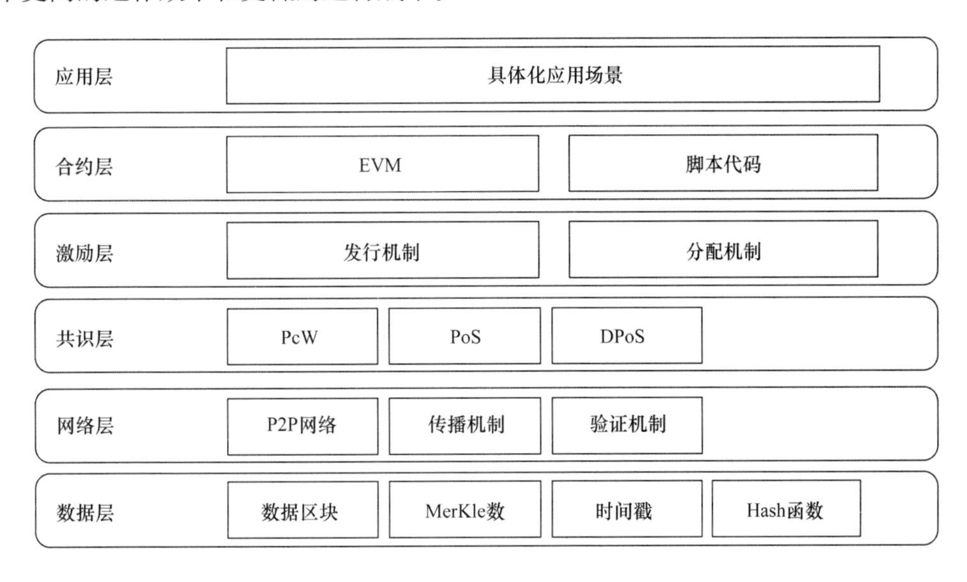

图 12.6
区块链基本架构

3．区块链在农业中的应用

目前区块链在农业中的应用还处于初级阶段，但涉及内容非常广泛。区块链可打造农产品供应链，优化供应链条，贯通供应和消费安全渠道，建立从田间生产到家庭餐桌的溯源监控体系，让农产品更健康、更安全。另外，在农业金融、保险、信贷、农产品交易、品牌认知和知识产权保护方面，区块链也可大有作为。区块链在农业中的应用可分为以下几个方面。

（1）区块链+农业大数据：农业大数据具有来源多样、结构复杂和数据周期长等特点，而区块链由区块链条式组合构成分布式网络数据库，通过区块链特有的不可篡改、全历史、强背书的存储性质，可以改善农业大数据复杂多样、周期长的特性。

（2）区块链+农业物联网：物联网设备的标识不统一、数据格式多样、协议复杂等限制了物联网的高效快速发展。区块链将成为万物互联智能设备的总账本，除了真实记录物联网采集的数据外，也可真实记录设备的身份标识、停转工况、设备迁移、设备维护等数据，为智能设备的互联互通、自我管理提供安全可靠的保障。

（3）区块链+农业金融：区块链在金融领域发展最广泛，但农业金融具有一定的特殊性。在农业金融领域区块链技术可以保证信息更透明、篡改难度更高，增加了诚信，降低了成本。另外，应用去中心化功能申请贷款时，将不再依赖银行、诚信公司等中介机构提供信用证明，贷款机构通过调取区块链的相应数据信息即可开展业务，能大大提高工作效率。

（4）区块链+农业保险：我国是农业经济大国，也是农业灾害多发的国家，每年灾害的发生都会对农业经营者造成巨大的经济损失。但目前农业保险存在着对灾害监测不准、灾情数据掌握不全甚至不真、灾损评估方缺失等问题。如何确保数据真实可靠、可追溯、难篡改，建立农业保险制度至关重要。将区块链应用于农业保险，利用区块链特点保证相关数据真实性，同时简化交易流程，大大提高赔付效率，实现农业保险定损、认证、理赔的客观公正。

（5）区块链+质量溯源：将区块链技术应用到农产品质量溯源中，利用区块链可以全程记录农产品的生产、运输、加工和储藏等过程，确保数据的真实性、难以篡改性、不可伪造性、真实透明性，从而保证质量溯源的可靠性，增加生产者、消费者、监管部门的信任度，拓展市场空间（孙忠富 等，2019）。

12.2.8 多源异构信息融合与处理技术

农业作业复杂多样，每种传感器都有其优势和局限性，应用范围有限，单个传感器往往无法得到全面的作业信息。因此，利用多个传感器共同工作，得到描述同一特征的互补信息，再利用一定的方法进行综合处理分析，取得该特征较为准确的描述信息，可以为农业作业提供较准确的信息和决策依据，从而提高农业作业的准确性。

1．多源信息融合定义

多源信息融合（multi-source information fusion）又称为多传感信息融合，是 20 世纪

70 年代提出来的，是指组合和合并多个来源的信息或数据，以便形成一个统一结果的技术，其过程是用技术工具和数据方法来综合处理不同来源的信息，通过对信息的优化组合，得到高品质的有效信息。简而言之，即信息融合是为综合信息系统的用户提供多个数据源的统一视图的过程。多源信息融合的目的主要有两个方面：一方面，针对多源信息的冗余性，消除输入信息中的噪声和异常值；另一方面，针对多源信息的互补性，获取与实际应用相关的有价信息，最大限度地获取所观察对象的完整信息描述（杨晓梅 等，2019）。

2．数据融合处理的分类

多源数据融合处理根据融合对象的不同，可划分为三个级别：数据级融合、特征级融合和决策级融合，三级融合在层次上是递进的关系（苏军平，2018）。

1）数据级融合

数据级融合是最低层次的融合，也是特征级融合和决策级融合的基础。数据级融合通过对传感器的观测原始数据进行融合处理，在融合完成后进行特征提取和判断决策。数据级融合的优势在于可以利用所有传感器信息，较少的信息损失，精度最高。但数据融合也存在一些局限：①数据级融合要求融合数据来自同类传感器，不支持异类数据；②对多个传感器原始数据进行融合处理，处理代价高，时间长，实时性差；③多个传感器数据受噪声干扰，会导致传感器信息不确定、不完全和不稳定，直接在最底层进行融合，会降低系统性能，因此要求在融合时系统有较高的纠错处理能力。

2）特征级融合

特征级融合属于中间层次的融合，不直接利用原始数据，而是先由每个传感器抽象出自己的特征向量，融合中心完成的是特征向量的融合处理。与数据级融合相比，特征级融合实现了数据压缩，降低对通信带宽的要求和数据融合难度，有利于系统实时处理，但由于损失了一部分有用信息，使得融合性能有所降低。

3）决策级融合

决策级融合是数据融合中高层次的融合，先由每个传感器独立做出决策，然后在融合中心完成的是决策的融合处理。决策级融合是直接针对具体决策目标的，融合结果直接影响决策水平。决策融合损失量最大，因而相对来说精度最低，但其具有通信量小、系统稳定性好、抗干扰能力强、对传感器依赖小、不要求是同质传感器等优点。常见算法有 Bayes 推断、专家系统、D-S 证据推理、模糊集理论等。

多源信息融合用不同层次来表示对信息处理的不同级别，不同级别的输入信息和输出结果都有所不同。每个层次都会涉及很多具体的方法与技术，但是由于技术和方法各有利弊，未来对高效的局部传感器处理策略和融合规则的需求会逐渐提高。

3．多源异构信息融合方法

多源异构数据是不同质信息，或同质但不同态信息，异构信息间具有很强的互补性和实用价值，但异构信息融合较同构信息融合更具挑战性，目前异构信息融合尚无统一的数学工作和方法，同时，由于异构数据的特点和特殊性，在数据级融合上存在本质的困难。因此，目前异构数据融合一般仅限于在特征层和决策层进行研究。建立多源异构信息的统一描述方法，重点是多源异构信息特征空间的描述、特征提取与异构特征的同化，并在此基础上建立新的实现多源异构信息融合的方法，特别是基于生物多模异构信息融合机制的多源异构信息融合方法，从而达到非结构化信息互补集成的目的。多源异构信息融合方法重点研究的关键科学问题如下。

（1）基于随机集理论的多源异构信息的统一描述方法研究。因为异类信息的异质特性，常用的数学工具很难对其进行统一描述，按不确定性集合（事件）之间的相互关系来描述是一种可行的途径。

（2）基于容差关系广义粗集理论的多源异构信息特征选择及特征空间同化算法研究。在解决统一描述的基础上要解决的关键问题是多源异构信息的相容性问题，即按某种相容的度量来定义事件之间的差异，而容差关系广义粗集理论则是一种有效的工具。

（3）基于 D-S 证据理论的多源异构信息的融合算法研究。这是完成多源异构信息融合问题的重要一步，关键是建立时间配准和空间配准和各种条件下的 D-S 证据合成算法。

（4）按照生物异构信息融合的复杂机制，利用概率原则对信息进行重组，对不确定信息则使用条件概率进行表示，形成类 Bayes 规则，以此提供最后的融合结果。

12.2.9 农业预测预警技术

依据农业物联网采集的海量数据和作物资料，根据农业预测预警技术，对农业研究对象未来发展的可能性进行推测和估计，对生态环境可能出现不利于农作物或养殖对象正常生长的极端情景进行提前警示，实现农业预测预警，是农业信息处理、智能处理的重要应用，农业预测预警是调节控制生态环境的前提和基础。

预测是指以历史上调查和统计的准确的各种信息和资料为依据，从事物呈现现象的规律出发，运用科学的方法和手段，对研究事物未来发展的可能性进行推测和估计，对事物未来发展变化做出科学的分析。

农业预测是以土壤、环境、气象资料、作物或动物生长、农业生产条件、化肥农药、饲料、航拍或卫星影像等实际农业资料为依据，经济理论为基础，数学模型为手段，对研究对象未来发展的可能性进行推测和估计，是精确施肥、灌溉、播种、除草、灭虫等农事操作及农业生产编制计划、监督计划执行情况的科学决策的重要依据，也是改善农业经营管理的有效手段。常用农业预测方法主要包括定性预测方法、传统预测方法和人工智能预测方法。定性预测方法是在掌握历史数据较少，又不够准确，无法用数据描述和进行定量分析时采用。这种方法需要预测的人熟悉业务知识，具有丰富的实践经验，拥有综合分析能力，他们能根据已经掌握的历史材料和数据，对事物未来的发展做出分析和判断，再通过各方面意见的综合，作为预测的依据；传统的预测方法主要包括回归预测方法、自适应过滤法、灰色预测法、模糊预测法等；人工智能的预测方法主要包括神经网络和支持向量回归法。这些方法各有特点，在农业温室环境预测、水质预测等领域得到了广泛的研究和应用。

农业预警是预测发展的高级阶段，是在预测基础上进一步给出的定性说明，使预测的内容更加丰富和广泛。农业预警是指对农业的未来状态进行测度，预报不正确状态的时空范围和危害程度以及提出防范措施。农业预警需要建立预警指标体系，并对指标体系进行预警分析。从预警的途径划分可以归纳为两大类：定性方法和定量方法。定性分析方法是环境预警分析的基础性方法，尤其是在预警所需资料缺乏，或者影响因素复杂，或主要影响因素难以定量分析时，定性分析方法具有很大的优点，常用于对环境影响、环境发展的大趋势与方向之类的问题进行预测和报警。

12.2.10　农业视觉信息处理与智能监控技术

农业视觉信息是农业物联网中众多信息的一种，是利用相机等图像采集设备获取的农业场景图像。农业视觉处理与智能监控是指通过各类传感器和无线传输设备，对农业场景信息进行实时采集，并利用图像处理、人工智能及信息论技术对采集的农业场景图像进行处理分析，从而实现对农业场景中的目标进行识别和理解，并利用控制论、系统论有针对性的做出反应，降低人工投入，通过精细化分析和控制进一步提高农业生产管理。

近些年来，伴随着人工智能的蓬勃发展，农业视觉处理与智能监控领域的相关研究也取得了很大进步。目前，可以将农业视觉处理与智能监控算法大致分为两大类：基于手工特征提取的传统农业视觉信息处理和基于深度学习的农业视觉信息处理。基于手工特征提取的方法通过对采集的农业视觉信息进行增强，得到易于后续图像处理的图像；通过对增强后的图像进行分割，实现目标与背景的分离，得到目标图像；通过对目标图像进行特征提取，得到关于目标的颜色、形状、纹理等特征；通过构造恰当的分类器，利用得到的特征向量，实现目标的分类。基于深度学习的农业视觉信息处理可以自动提取图像的抽象特征，通过层与层之间的传递，可以将底层特征组合形成高层的抽象特征，避免了传统方法中人工提取特征的复杂性和盲目性（Sun M et al.，2020）。农业视觉处理与智能监控系统则通过构建相应的图像采集子系统、图像处理子系统、图像分析子系统、反馈子系统等实现农业视觉信息的综合利用。

12.2.11　农业诊断推理与智能决策技术

农业诊断是指农业专家根据诊断对象所表现出的特征信息，采用一定的诊断方法对其进行识别，以判定客体是否处于健康状态，找出相应原因并通过智能决策技术提出改变状态或预防发生的办法，从而对客体状态做出合乎客观实际结论的过程。

农业诊断对象是由生活在大自然环境中的植物（或者动物）构成的生态系统，主要包括畜禽、水产品、农作物、果树等农业生产物。植物（动物）直接或间接受到周围环境的影响，另外还受自然环境、人为因素的影响。因此，在诊断中要重视环境对植物体（动物体）本身的影响，避免割断联系的、静态的认识和分析方法上的缺陷。

在农业诊断领域，专家借助诊断模型把自己的领域知识准确地传达给开发人员，而开发人员通过诊断模型可以选择合理的知识表示和推理模型，为构造合理的农业诊断专家系统提供重要的理论基础。所以，将现实世界的农业诊断问题进行识别和定义，通过对诊断问题、诊断知识和诊断求解方式进行抽象与提炼，建立农业诊断模型，是构造合理的诊断专家系统的重要基础。农业诊断在畜禽和水产品养殖环境诊断、农业病虫害诊断、水产品精细投喂等方面有广泛的应用。

为解决农业诊断领域的信息化和智能化问题，建立了农业诊断问题的概念化定义、数字化表示和函数化描述的知识表示方法，构建基于“症状—疾病—病因”因果网络诊断推理模型，为农业诊断系统的构建和开发奠定基础。

农业智能决策是智能决策支持系统在农业领域的具体应用，技术的核心思想是按需实施、定位调控，即“处方农作”，其目标是建立精确农业智能决策技术体系，为农业生产者、管理人员、科技人员提供智能化、精确化和形象直观化的农业信息服务。它综合了人工智能、商务智能、决策支持系统、农业知识管理系统、农业专家系统以及农业管理信息系统中的知识、数据、业务流程等内容。通过模型库、方法库、专家库等进行分析、推理，帮助解决复杂决策问题的农业辅助决策支持系统。用户利用农业智能决策模型可得到基于农田地块的地力信息，进行农田肥力分析以及品种、灌溉、饲料配方、作物产量等方面的专家智能决策，获得对生产进行精细管理的实施方案。农业智能决策在提高广大农民和基层农业技术人员的科学技术水平，指导农民科学种田，实现优质、高产、高效，发展可持续农业方面越来越显示其巨大作用，具有重要的实用价值。

12.3 农业信息处理技术体系框架

现代农业对农业信息资源的综合开发利用需求日益迫切，单项信息技术往往不能满足需求。随着数据库、系统模拟、人工智能、管理信息系统、决策支持系统、计算机网络及遥感、地理信息系统和全球定位系统等单项技术在农业领域的应用日趋成熟，各种信息技术的组合与集成，越来越受到人们的关注（钱石磊，2017）。

农业信息处理技术在农业物联网中的应用主要分为三个层次，即数据层、支撑层和应用服务层，如图 12.7 所示。

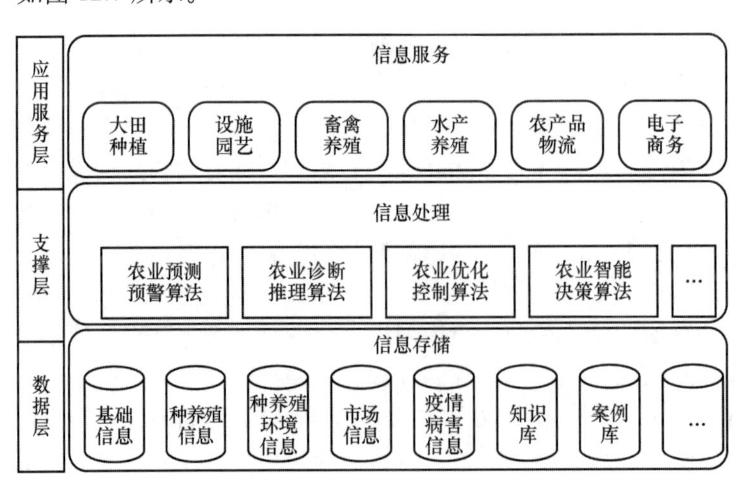

图 12.7 农业信息处理技术体系框架

1．数据管理

数据层实现数据的管理。数据包括基础信息、种养殖信息、种养殖环境信息、模型库、知识库等。由于数据库贮存着农业生产要素的大量信息，这为农业物联网系统的查询、检索、分析和决策咨询等奠定了基础。为了实施农业生产的监测、诊断、评估、预测和规划等功能，必须根据信息农业的需要研制与开发农业专业模型，并建立模型库，而且还要实现图形数据库、属性数据库和专业模型库的链接，并对所需确定和解决的农业生产与管理问题做出科学合理的决策与实施。

2．农业应用支撑

农业应用支撑是组织实施信息农业的技术核心体系，一般包括：①农业预测预警系统，实现对农作物生长面、长势及灾害发生的检测，农业灾害监测、预报、分析与评估；②农作物长势监测与估产信息系统，包括小麦、水稻等主要粮食作物和果树、棉花等主要经济作物的长势监测和农业作物产量预测等；③动植物生长发育的模拟系统，动植物生长环境的模拟等；④农产品营销网络系统，包括各类农产品的市场信息及其不同区域间的平衡预测；⑤农业智能决策等系统。

3．农业信息应用

农业信息处理技术广泛地应用于大田种植、设施园艺、畜禽养殖和水产养殖等农业领域，涵盖了农业产业链的产前、产中、产后的各个方面，为用户提供农业作业的优化精准、自动控制、预测预警、管理与决策、电子商务等服务。

12.4　农业信息处理技术发展趋势

随着信息技术的飞速发展，农业技术的不断普及，农业知识的不断更新，研究智能化农业信息处理技术在农业中的应用将具有更远深的探索意义。农业信息处理技术的发展趋势有以下几个特点。

（1）微型化、智能化、移动化、多样化。农业物联网传感器的种类和数量将快速增长，向微型智能化发展，感知将更加全面、透彻。移动互联正在成为新一代信息产业革命的突破口，农业物联网的使用将更加便捷。

（2）新材料、新结构、新原理、新工艺。随着相关技术的不断发展和产业链日趋成熟，更多的新结构、新材料、新原理、新工艺应用于农业物联网领域。嵌入式、模块化、集成化的实时传感器与大数据、云计算深度融合，技术集成更加优化，实现计算处理能力和信息存储资源的分布式共享，微功耗、低成本、高可靠性等参数指标进一步提升，为海量的物联网信息利用提供支撑。农业物联网的软件系统升级，根据环境变化和系统运行的需求及时调整自身行为，提供环境感知的智能柔性服务，从行业应用向个人、家庭应用拓展，进一步提高自适应能力。

（3）创新性、适应性、产业化、标准化。数字补偿、多功能复合等技术的集中应用，使农业物联网的参数指标更加严格，制造工艺更加精细，产品内在质量和外观表现更加出色。目前，世界各国普遍重视新产品和自主知识产权的开发，增强核心竞争力。重视传感器的可靠性设计、控制与管理，重视市场竞争、个性化特色和产业化应用，快速响应市场。瞄准全球农业物联网技术和市场的发展潮流与战略前沿，重视上下游接口联接的统一性、完整性、协调性和标准化。

小　结

本章介绍了农业信息处理的基本概念、地位与作用，并从基础农业信息处理和智能化农业信息处理的角度对农业信息处理进行了阐述。农业信息处理技术将现代信息技术的成果引入农业科研、生产、经营、管理系统中，通过利用现代信息技术对传统农业进行改造，加速农业的发展和农业产业的升级。农业信息处理技术是信息技术在农业领域的应用分支，是利用现代高新技术改造传统农业的重要途径。

农业信息处理技术主要涉及农业技术与计算机技术的结合，随着农业物联网应用的普及，海量数据的存储、搜索和数据分析计算是农业信息处理技术急需解决的关键技术。农业信息处理的研究促进模式识别、智能推理、复杂计算、机器视觉等技术在农业精准作业、智能控制、预测预警、管理决策等领域的应用。

农业信息处理技术的发展趋势具有集成化、专业化和智能化的特点，将农业信息处理技术应用在物联网系统中，是实现农业生产智能化的关键。

参 考 文 献

陈颖博，2020. 大数据在智慧农业中的应用研究[J]. 湖北农业科学，59(1)：17-22.

丁慧娟，2019. 基于Hadoop的农产品市场交易的大数据分析[D]. 贵阳：贵州财经大学.

马昂，潘晓，吴雷，等，2017. 区块链技术基础及应用研究综述[J]. 信息安全研究，3(11)：968-980.

毛宇飞，李烨，2016. 互联网与人力资本：现代农业经济增长的新引擎——基于我国省际面板数据的实证研究[J]. 农村经济(6)：113-118.

钱石磊，2017. 分布式流数据处理平台基准评测与性能优化[D]. 上海：上海交通大学.

施巍松，孙辉，曹杰，等，2017. 边缘计算：万物互联时代新型计算模型[J]. 计算机研究与发展，54(5)：907-924.

施巍松，张星洲，王一帆，等，2019. 边缘计算：现状与展望[J]. 计算机研究与发展，56(1)：69-89.

苏军平，2018. 多传感器信息融合关键技术研究[D]. 西安：西安电子科技大学.

孙忠富，李永利，郑飞翔，等，2019. 区块链在智慧农业中的应用展望[J]. 大数据，5(2)：116-124.

陶阳明，2020．经典人工智能算法综述[J]．软件导刊，19(3)：276-280．

杨晓梅，张菊玲，赵忠华，2019．多源信息融合技术及其应用研究[J]．无线互联科技，16(18)：133-134．

叶惠卿，2019．基于边缘计算的农业物联网系统的研究[J]．无线互联科技，16(10)：30-32．

张国锋，肖宛昂，2020．大力推进人工智能在农业生产中的应用[J]．中国国情国力(4)：6-8．

赵春江，2018．人工智能引领农业迈入崭新时代[J]．中国农村科技(1)：29-31．

朱丹，陈学东，张学俭，等，2020．基于物联网的设施农业温室远程监控系统研究[J]．中国农机化学报，41(5)：176-181．

SUN M, YANG X, XIE Y, 2020. Deep learning in aquaculture: a review[J]. Journal of Computers(Taiwan), 31(1): 294-319.

第 13 章　农业预测预警技术

农业预测预警技术在农业领域中具有广泛的应用，它是在利用传感器等信息采集设备获取农业数据的基础上，借助于数学和信息学模型，推测和预估研究对象的变化情况，并在一定程度上揭示了农业环境、作物生长变化等的内在规律。除此之外，它还可以利用预测结果对非常态进行预警，并提出预防措施。本章主要论述农业预测预警的方法、基本原则和基本步骤，并对常用及深入研究的方法进行介绍。

13.1　概述

预测是指以历史上调查和统计的各种信息和资料为依据，从事物呈现现象的规律出发，运用科学的方法和手段，对事物未来发展的可能性进行推测和估计，对事物的未来发展变化做出科学的分析；从而由过去和现在去推测未来，由已知去推测未知，进而揭示客观事实或事物未来发展的趋势和规律的一门科学。随着农业物联网与计算机技术的发展和推广，获取的大量农业数据将为农业预测方法的研究提供支撑。

农业预测是以土壤、环境、气象资料、作物或动物生长、农业生产条件、化肥农药、饲料、航拍或卫星影像等实际农业资料为依据，以经济理论为基础，以数学模型为手段，对研究对象未来发展的可能性进行推测和估计；是精确施肥、灌溉、播种、除草、灭虫等农事操作及农业生产计划编制、监督执行情况科学决策的重要依据，也是改善农业经营管理的有效手段。因此，农业预测是以农业物联网为基础，支持农业生产、销售活动各环节的重要技术手段之一。计算机技术的发展也加快了农业预测应用的发展速度，比如气象预测、病虫害预测、环境预测以及农产品预测等领域（滕扬，2020）。

农业预测的精度直接影响决策的正误和处理方案的质量，由此可见，如何对农业各个决策环节进行高精度的预测是现代精准农业研究的重要问题。预测方法多种多样，而任何一个预测方法都不可能包含预测目标的所有影响因子。鉴于在农业体系中预测目标的复杂性与多样性，选取什么样的预测方法、建立什么样的数学模型对于满足现代精准农业的预测要求具有重要意义。

预警是预测发展的高级阶段，是在预测基础上，结合预先的领域知识，进一步给出的判断性说明，以避免在不知情或准备不足的情况下发生危害，从而最大限度地降低危害所造成的损失，使预测的内容更加丰富而广泛。**所谓农业预警是指对农业的未来状态进行测度，预报不正确状态的时空范围和危害程度并提出防范措施，最大程度上避免或减少农业生产活动中所受到的损失，从而在提升农业活动收益的同时降低农业活动的风险。**农业预警就是要研究警情的排除，消除已经出现的警情，预防未来可能出现的警情。

农业预测预警是农业物联网的重要应用之一，也是核心技术手段之一。其目的是通过对获得的大量农业现场数据、农业生产数据、农业销售数据等进行数学和信息学处理，得到适用于不同时期（长期、中期、短期）农业研究对象的客观发展规律和趋势，根据人对农业的具体需求，通常是最大化农业生产价值，对未来某个时期进行状态估计和预测，对不正确的发展状态及时提醒相关参与者，并提供发生的时空范围、危害程度和处理方案，以期最大限度地提升农业活动收益和降低农业活动风险。

13.2　农业预测方法

13.2.1　农业预测的基本原则

农业领域中的预测方法通常遵循以下几个原则。

（1）惯性原则。任何事物的发展都与其过去的状态变化有着一定的联系。过去的变化不仅影响现在，还影响未来，这表明，任何事物的发展都带有一定的延续性，即惯性。惯性越大表明过去对未来的影响越大，反之亦然。惯性原则的存在，不仅为预测方法提供了思路，也为预测的可行性提供了一定的理论基础。

（2）类推原则。所谓预测的类推原则，即许多事物的发展规律有着相似之处，用一个事物的变化规律来类推另外一个事物的变化规律。应用这一原则可使我们的预测工作大大简化，在预测中常常采用经验曲线来进行预测，这就是以类推原则作为理论依据的。

（3）相关原则。相关原则是研究事物发展复杂性的一个必不可少的原则。任何事物的发展变化都不是孤立的，是与其他事物发展变化相互联系、相互影响的。相关性有多种表达形式，其中最为广泛的是因果关系。即任何事物的发展变化都是有原因的，其变化状况是原因的结果，而相关回归预测模型就是基于这一原则设计的。

（4）概率推断原则。各种因素的干扰，常常使事物各个方面的变化呈现出随机形式。随机变化的不确定性增加了预测的难度，随机方法的出现可以解决一些不确定性问题。这种依据概率进行推断的原则就是概率推断原则。

（5）质、量分析相结合原则。质、量分析相结合是指预测中要把量的分析法（定量预测法）与质的分析法（定性预测法）结合起来使用，才能取得良好的效果。

预测方法的选择和预测模型的建立是基于预测原则的。在实际预测过程中，通常需要根据预测对象的特点，选择相应的预测原则，进而构造预测模型。因此，对预测原则的掌握是预测模型建立的基础。

13.2.2 农业预测基本步骤及模型选择策略

预测技术是现代精准农业发展的重要技术和手段，预测模型的精度对于精准农业的发展具有重要意义。预测模型的精度又与数据源和数学模型息息相关，完备的数据源和适合的数学模型是提高农业预测精度的关键。对于预测模型的选择通常遵循以下几个要求：以定性分析为先导；以管理决策为根本目标；以科学方法论为理论指导；以数学模型为主要工具。为此，从系统论的观点出发，建立预测的数学模型最重要的是确定四个问题：明确研究对象，研究对象的属性，研究对象的活动和研究对象所处的环境。

在建立数学模型的过程中，如果研究对象的机理比较简单，一般用静态、线性，确定性模型等描述就能达到建模目的，基本上可以使用初等数学的方法求解和构造这类模型。在描述实际对象的某些特性随时间或空间而演变的过程时，需要分析它的变化规律，预测它的未来形态，此时需要建立对象的动态模型，通常要用到微分方程模型。研究系统运行的过程并对其中有典型意义的问题进行优化，从而找出共性相关的问题时，可以采用运筹学的方法建立数学模型，其目的是使决策者科学地确定其方针和行动，使之符合客观规律，获得最优解。在解决实际农业预测问题的过程当中，不同属性的问题可以采取不同的数学模型与之相对应，但不是数学模型越复杂就越好，而是以问题的解决以及便于理解和接受为重点来建立数学模型。

农业预测并非只是简单地指根据农业资料做出预计推测的行为，而应将其看作是一个科学的过程，尤其对农业领域的复杂问题应遵循一定的步骤来进行预测，从而使预测过程更为科学、合理。一般地说， 对于农业预测这一过程的实施一般需要经过以下五个基本步骤。

（1）明确对象，界定问题。在建模前应对农业领域实际问题的背景有一定的了解，对该问题进行深入的、全面的调查和研究，收集与该问题相关的数据和资料，对其内在规律有本质上的认识。只有在对所有的资料进行研究和分析之后，明确问题所在，也就是对系统进行可行性分析，才能了解究竟要建什么样的模型以及建模的目的是什么。

（2）归类处理，概念细化。农业领域现实问题错综复杂，要想用一个数学模型把现实问题的各个方面都体现出来是不可能的。只有抓住主要因素和必要因素，忽略次要因素，对所研究问题进行归类处理，尽量简化问题，突出主要矛盾，才能在相对简单的情况下厘清变量间的关系，建立相应的数学模型。

（3）建立决策分析模型。这是整个决策过程中十分重要的一环，在具体建立农业预测模型时，要利用具体农业领域应用背景知识，搞清楚变量的性质、变量与变量之间的关系、目标与约束之间的关系等。建立模型需要有两方面的能力：一方面是专业的学习能力，另一方面是良好的判断能力。除此之外，还要了解建模的基本要求。例如，结构要简洁，要注意分析模型的有效性等。

（4）模型求解和检验。模型求解就是分析人员借助模型获得解决问题有效方法的过程。模型求解的方法包括数值法和分析法，其中数值方法一般是通过某种模型逐步寻找并不断改进的过程来求解，分析方法则是按照数学公式一步到位求出具体的解。把由模型得到的结果同定性分析和实际掌握的情况相对照，可以评判模型本身的好坏，从而为修订模型提供意见。

（5）形成决策分析报告。决策报告必须建立在决策分析结果的基础之上，以使管理决策者了解和相信决策方案的依据所在。另外在报告中，应该讲清楚决策方案实施过程中需要注意的问题。

13.2.3　农业预测的基本方法

1．农业预测方法的分类

（1）按所涉及范围的不同，可分为宏观预测和微观预测。宏观是指以整个农业发展的总体作为考核对象，研究农业发展中各项指标之间的关系及其发展变化；微观是考核某个农业领域基本组成单元的生长发展前景，研究个别单元或个别微观农业中各项指标之间的关系和发展变化。

（2）按时间长短的不同，可分为长期农业预测、中期农业预测、短期农业预测和近期农业预测。长期常常是指 5 年以上的农业发展变化的预测；中期指 1 年到 5 年的农业发展预测，通常是制订农业生产计划的依据；短期是指 3 个月到 1 年之间的农业发展预测，常用于农业生产管理部门制订年、季度计划的依据；近期是指 3 个月以下的农业预测，如旬、月度预测等。

（3）按预测方法的性质不同，可分为定性预测和定量预测。定性是指预测者根据自己的经验和理论知识，通过调查、了解实际情况，对农业情况的发展变化做出判断和预测；定量是指运用统计模型和方法，在准确、实时调查资料和信息的基础上进行预测，如时间序列预测、因果关系预测等。

（4）按时态的不同，可分为静态预测和动态预测。静态预测是指没有时间变动的因素，对相同时期农业生产指标的因果关系进行的预测；动态预测是指考虑时间的变化，按照农业发展的历史和现状，对未来情况进行的预测。

下面将概述一些常用的预测方法以及预测技术中的评价指标。

2．基于回归分析的预测方法

回归预测法是根据各种观察指标之间的关系，通过对与预测对象相关事物的变化趋势进行分析，预测对象未来发展变化的预测方法。回归分析是指某随机变量与其他自变量之间的数量变动关系，这种变动关系就称为回归模型。

回归模型的类别包括：①按自变量个数的多少，分为一元和多元回归模型；②按变量是否是线性关系，分为线性回归模型和非线性回归模型；③按是否带有虚拟变量，分为普通回归模型和虚拟变量回归模型。普通回归模型的自变量都是数值类型，而虚拟变量回归模型的自变量既有数值类型，也有品质变量类型。

1）一元线性回归预测

一元线性回归预测是指，当两个变量对应的数据分布大体上呈直线趋势时，使用合适的参数估计方法找出两个变量之间特定的经验公式—— 一元线性回归模型，再根据自变量与因变量之间的关系，预测因变量的发展变化趋势。这种预测方法有很广泛的应用。采用一元线性回归模型进行预测，必须先选择合适的方法估计模型参数，模型创建之后，还要对模型及其参数进行统计检验。其实施步骤如下：创建回归模型、估计参数、检验、预测。常用的检验方法包括标准误差检验、确定可决系数、确定相关系数以及回归系数的显著性检验（t 检验）、F 检验和自相关性检验——德宾-沃森（D-W）统计量检验等。

2）多元线性回归预测

某一预测指标的变化往往要受诸多因素的影响。即使某个因素是起主导作用，其他因素的影响也不能忽略。事实上，大多数因变量的影响因素不是一个，而是多个。通常把包括两个或两个以上自变量的回归称为多元回归。多元回归可用最小二乘法估计模型参数，也要对模型及其参数进行统计检验。多元回归模型自变量可利用变量之间的相关矩阵解决。多元回归预测的步骤如下：参数估计；拟合优度及置信范围的确定；自相关检验和多重共线性检验等。

3）虚拟变量回归预测

在回归预测分析中，模型不仅受各种数值变量的影响，还要受文化、价值观、宗教信仰、政府政策等品质变量的影响，在建立模型时还应包括品质变量。由于品质变量形式无法直接引入，必须首先量化，就需要构造虚拟变量。虚拟变量是指当某种品质或属性出现时为 1，不出现时为 0。

4）非线性回归预测

当所预测的两个因素之间不存在线性关系时就要采用非线性回归预测。当然，许多非线性回归可以通过变量代换，转化为线性回归，从而用线性回归方法解决非线性的回归预测问题。对于不存在线性关系的两个因素，要选择适当的曲线，就是所谓的选配曲线问题。选配曲线有两个步骤：确定两个变量之间的函数类型，确定相关函数中的未知参数。选择合适的曲线类型并非易事——要有良好的专业知识和经验，也可以通过计算剩余均方差确定。

常用的曲线类型包括：

① 幂函数 $y=ax^b$。

② 指数函数 $y=a^x$（$a>0$ 且 $a\neq1$）。

③ 抛物线函数 $y=a+bx+cx^2$。

④ 对数函数 $y=a+b\lg x$。

⑤ S 型函数 $y=1/(a+be^{-x})$。

3．基于神经网络的预测方法

随着计算机硬件的升级以及深度学习的发展，人工神经网络成为近年来研究的热点领域，其应用领域包括建模、时间序列分析、模式识别和控制等。在数值预测方面，它不需要预先确定样本数据的数学模型，仅通过学习样本数据即可以进行精确的预测。目前，已经提出的神经网络模型有几十种，如误差反向传播神经网络、径向基神经网络、循环神经网络与长短时记忆网络等(LECUN Y et al., 2015)。循环神经网络(recurrent neural network，RNN）是一种利用输入数据序列化特征的神经网络，序列化输入是指依赖于它之前的元素序列，例如文本、语音、序列等。在农业中能够较容易地获取大量的序列化数据，比如大田中的温湿度、水产养殖环境中溶解氧浓度变化等，借助于循环神经网络对环境变化因子进行预测，可以为农作物和养殖对象提供并保证良好的生长环境。长短时记忆网络（long short-time memory networks，LSTM）是为了解决循环神经网络的梯度消失问题而提出的。接下来将对 RNN 和 LSTM 网络进行介绍。

1）循环神经网络

RNN 是一种特殊的神经网络结构，它是根据“人的认知是基于过往的经验和记忆”这一观点提出的。它不仅考虑前一时刻的输入,而且赋予了网络对前面的内容的一种“记忆”功能。具体的表现形式为网络会对前面的信息进行记忆并应用于当前输出的计算中，即隐藏层之间的节点不再是无连接而是有连接的，并且隐藏层的输入不仅包括输入层的输出，还包括上一时刻隐藏层的输出。

(1) RNN 模型结构前向传播。图 13.1 为 RNN 模型的基本结构，可以看到 RNN 层级结构主要由输入层、隐藏层和输出层组成，并且能够看到在隐藏层上有一个箭头表示数据的循环更新，该部分就是实现时间记忆功能的方法。隐藏层的结构如图 13.2 所示。

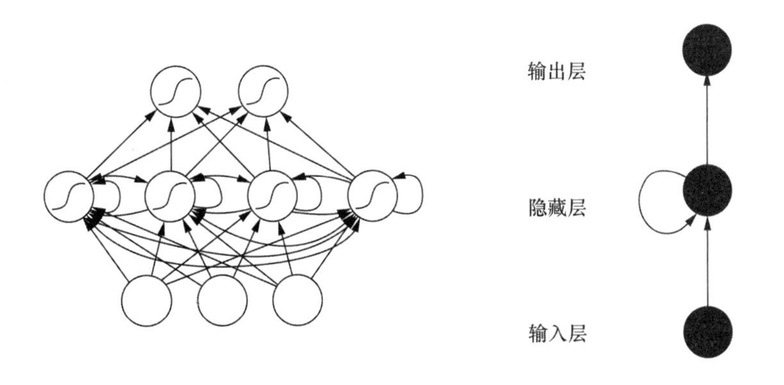

图 13.1
RNN 结构图

图 13.2 为隐藏层的层级展开图，t-1，t，t+1 表示时间序列。x 表示输入的样本。s_t 表示样本在时间 t 处的记忆，$s_t = f(Ws_{t-1} + Ux_t)$。其中，W 表示输入的权重，U 表示此刻输入的样本的权重，V 表示输出的样本权重。

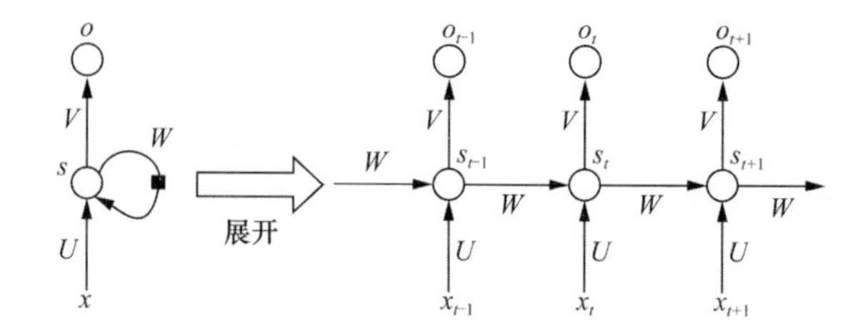

图 13.2
RNN 隐藏层层级展开图

在 t=1 时刻，一般初始化输入 s_0=0，随机初始化 W、U、V，根据式（13.1）进行计算：

$$\begin{cases} h_1 = Ux_1 + Ws_0 \\ s_1 = f(h_1) \\ o_1 = g(Vs_1) \end{cases} \tag{13.1}$$

式中，f 和 g 均为激活函数。f 可以是 tanh、relu、sigmoid 等激活函数，g 通常是 softmax 激活函数。随着时间向前推进，此时的状态 s_1 作为时刻 1 的记忆状态将参与下一时刻的预测活动，也就是

$$\begin{cases} h_2 = Ux_2 + Ws_1 \\ s_2 = f(h_2) \\ o_2 = g(Vs_2) \end{cases} \tag{13.2}$$

以此类推，得到最终的输出值为

$$\begin{cases} h_t = Ux_t + Ws_{t-1} \\ s_t = f(h_t) \\ o_t = g(Vs_t) \end{cases} \tag{13.3}$$

（2）RNN 的反向传播。前文介绍了 RNN 前向传播的方式，接下来介绍 RNN 的权重参数 U、W、V 的更新。对于每一个输出 o_t 均会产生一个误差 e_t，则总的误差可以表示为 $E=\sum_t e_t$。由于每一步的输出不仅仅依赖当前的网络，还需要依赖在此之前若干网络的状态，因此，在 RNN 的训练中常常使用 BPTT（back-propagation through time）算法进行训练。该算法本质上属于 BP 算法，只不过 RNN 处理时间序列数据，所以要基于时间反向传播，故叫作随时间反向传播。BPTT 的中心思想和 BP 算法相同，沿着需要优化参数的负梯度方向不断寻找更优的点直至收敛。与 BP 算法不同的是，其中 W 和 U 两个参数的寻优过程需要追溯之前的历史数据，而参数 V 相对简单，只需关注当前时间节点。

2）长短时记忆网络

LSTM 是 RNN 的一种变体，RNN 由于梯度消失的原因只能有短期记忆，LSTM 网络通过精妙的门控制将短期记忆与长期记忆结合起来，并且在一定程度上解决了梯度消失的问题。LSTM 的结构如图 13.3 所示。

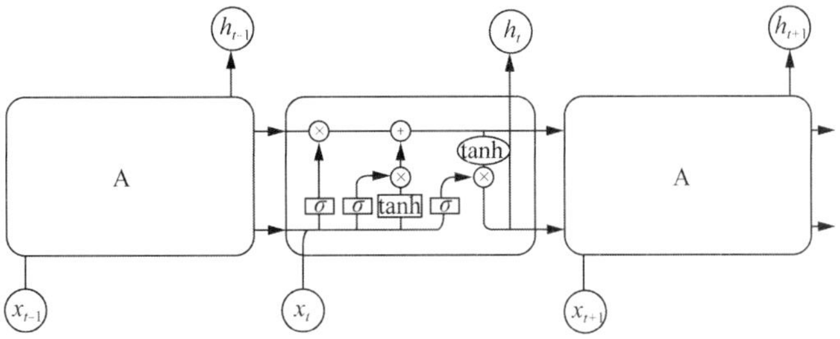

图 13.3
LSTM 算法结构图

在 RNN 中，$h_t = Ux_t + Ws_{t-1}$ 是简单的线性求和的过程，而 LSTM 可以通过“门”结构来去除或者增加“细胞状态”信息，实现了对重要内容的保留和对不重要内容的删除。通过 sigmoid 层输出一个 0 到 1 之间的概率值，描述每个部分有多少量可以通过，0 表示“不允许任务变量通过”，1 表示“允许所有变量通过”。LSTM 拥有三个门，分别是遗忘门、输入门、输出门，用来保护和控制信息。具体的，某个时间点 t 的计算式为

$$\begin{cases} f_t = \sigma(W_f \cdot [h_{t-1}, x_t] + b_f) \\ i_t = \sigma(W_i \cdot [h_{t-1}, x_t] + b_i) \\ \tilde{c}_t = \tanh(W_c \cdot [h_{t-1}, x_t] + b_c) \\ c_t = f_t * c_{t-1} + i_t * \tilde{c}_t \\ o_t = \sigma(W_o \cdot [h_{t-1}, x_t] + b_o) \\ h_t = o_t * \tanh(c_t) \end{cases} \tag{13.4}$$

式中，f_t 为遗忘门，i_t 为输入门，o_t 为输出门，c_t 为细胞状态，$\tilde{c}_t$ 为细胞状态候选值，h_t 为隐藏层状态值，W 和 b 为权重和偏置。

在 LSTM 保持和控制信息时，首先，遗忘门结合上一个隐藏层状态值 h_{t-1} 和当前输入 x_t，通过 sigmoid 函数决定要舍弃的旧信息；其次，输入门和 tanh 决定从上一时刻隐藏层激活值 h_{t-1} 和当前输入值 x_t 中保存哪些信息，并得到候选值 $\tilde{c}_t$；接下来，结合遗忘门和输入门进行信息的舍弃和保存，得到当前时刻的细胞状态 c_t；最后，输出门结合 tanh 决定 h_{t-1}、x_t、c_t 中的信息，提供该时刻的隐藏层状态 h_t。另外，从宏观角度看，LSTM 各个时间点的细胞状态之间有一条直线相连，直线上结合了输入门和遗忘门的信息，这暗示我们只要合理地设置输入门和遗忘门，就可以控制 LSTM 长期记忆某个时间点细胞状态的值。

4．预测性能评价指标

任何预测都必须以一定的标准来检验它的预测效果，即预测精度。我们可以用以下指标来评价组合预测方法的优劣。

① 误差平方和

$$SSE = \sum_{i=1}^{n} (\hat{y}_i - y_i)^2 \tag{13.5}$$

② 平均绝对误差

$$MAE=\frac{1}{n}\sum_{i=1}^{n}|\hat{y}_i-y_i| \tag{13.6}$$

③ 均方误差

$$MSE=\frac{1}{n}\sum_{i=1}^{n}(\hat{y}_i-y_i)^2 \tag{13.7}$$

④ 平均绝对百分比误差

$$MAPE=\frac{1}{n}\sum_{i=1}^{n}\left|\frac{\hat{y}_i-y_i}{y_i}\right|\times 100\% \tag{13.8}$$

⑤ 均方百分比误差

$$MSPE=\frac{1}{n}\sum_{i=1}^{n}\left(\frac{y_i-\hat{y}_i}{y_i}\right)^2\times 100\% \tag{13.9}$$

⑥ 相关系数 R^2

$$R^2=\frac{\left(\sum_{i=1}^{n}(y_i-\overline{y})(\hat{y}_i-\tilde{y})\right)^2}{\sum_{i=1}^{n}(y_i-\overline{y})^2\cdot\sum_{i=1}^{n}(\hat{y}_i-\tilde{y})^2} \tag{13.10}$$

13.3 农业预警方法

13.3.1 农业预警基本方法及逻辑过程

如何建立预警指标体系，并对指标体系进行预警分析，是目前研究较多的问题。总体上说预警方法可根据所研究的对象、途径、范围分为多种类型。从预警的途径划分一般可以归纳为两大类：定性分析方法和定量分析方法。定性分析方法是环境预警分析的基础性方法，定性分析必须以对环境预警的基本性质判断为依据。同时，由于定性分析方法是一种实用的预警方法，尤其是在预警所需资料缺乏，或者影响因素复杂，难以分清主次与因果，或主要影响因素难以定量分析时，定性分析方法具有很大的优点，特别是对于环境影响、环境发展的大趋势与方向之类的问题进行预测和报警。目前主要的定性分析方法有德尔菲法、主观概率法等。定量分析方法则是根据实际经验，预警系统只有建立在定量的基础上才具有较强的可操作性。总体来看，预警的定量分析方法可以分为统计方法和模型方法两大类，其中利用数学模型进行预警最为常见，也是预警研究的核心。

预警的基本逻辑过程包括确定警情（明确警义）、寻找警源、分析警兆、预报警度以及排除警情等一系列相互衔接的过程。这里明确警义是大前提，是农业预警研究的基础，而寻找警源，分析警兆则属于对警情的因素分析及定量分析，预报警度是预警目标所在，排除警情是目标实现的过程（熊巍，2015）。

以水产养殖水质预警为例，其具体的预警逻辑过程如图 13.4 所示。

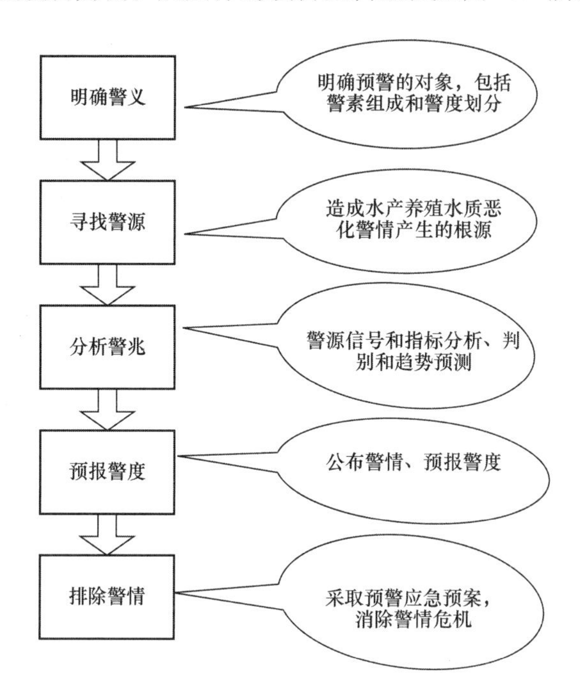

图 13.4
水产养殖水质预警的逻辑过程

（1）明确警义。明确警义，即确定警情，是预警的起点，警情是事物发展过程中出现的异常情况，在开始预警之前必先明确警情。警情可以从两个方面考察，一是警素，即构成警情的指标，比如河蟹养殖中，其用水由哪些指标来构成警情；二是警度，即警情的严重程度都有哪些，如集约化河蟹养殖的水质预警的警度可以分为无警、轻警、中警、重警等。

（2）寻找警源。即是寻找警情产生的根源。导致集约化河蟹养殖水质警情发生的原因主要有：水源水质出现问题，导致入水的盐度、pH 等参数不合格；水源的水处理设备出现问题，导致溶氧过低、pH、盐度不符合标准；外界环境发生重大变化，如气温突然升高、气压突然降低等现象导致水池水质发生变化；其他设备问题，如增氧设备发生问题、入水水泵发生问题等。

（3）分析警兆。警兆是处于萌芽状态的警情，是警情爆发之前的先兆，分析警兆是预警过程中的关键环节。从警源的产生到警情的爆发，其间必有警兆的出现。一般，不同的警情对应着不同的警兆。警兆可以是警源的扩散，也可以是警源扩散过程中其他相关的共生现象。一般来说，同一警情指标往往对应多个警兆指标，而同一警兆指标可能对应多个警情指标。

当警情指标发生异常变化之前，总有一定的先兆（即警兆），这种先兆与警源可以有直接关系，也可以有间接关系，可以有明显关系，也可以有隐形的未知黑色关系。警兆的确定可以从警源入手，也可以依经验分析，分析及其报警区间便可预报预测警情。如盐度出现逐步下降趋势、溶氧的变化规律曲线出现异常等，这些现象往往预示着警情的发生。

（4）预报警度。预报警度是预警的目的，比如在河蟹疾病预警中，首先根据在警情确定时所得出的预警警限，通过对各类指标的分析，确定每一时期的警级大小，然后根据过去的各种指标预测未来某一时刻的警级，并实时报告当前预警警度（状态预警）、未来预警警度（预测预警）和各因素变化趋势（趋势预警）等。

（5）排除警情。排除警情则是根据已经确定的警级大小，研究应对策略，并且针对每一种警情，都给出相应的对策建议，以消除警情。对于水质预警来说，就是按照“预防为主，综合防治，防重于治”的原则，通过分析当前水产养殖水质本身和各种因素的影响，确定警情的严重程度和水质的特征，向用户提供预警预案以及防治措施建议，并最终达到将警情消除的目的。

13.3.2 农业预警与预测的异同

1．预警与预测的共同性

预警与预测从根本上来说是一致的，都是根据历史资料、现实材料预测未来，为计划部门把握未来提供决策支持，以做到心中有数，早做安排。

2．预警与预测的区别

（1）预警与预测的对象不同，预警的对象即警情必须是反映系统运动态势的重大现象；而预测的对象比较广泛，只要是人们未知的现象都可作为预测对象。

（2）预警与预测的侧重点不同，预警强调超前性，而预测则强调预见性。

（3）预警与预测使用的资料不同，预警是用现在推断将来，其使用的资料必须是对已发生的系统现象的描述，即资料应反映实际情况；而预测所用的资料则可以通过人为估计和预计。

（4）预警与预测的结果不同，预警的结果是农业生产经营的态势即警情，一般针对每一种警情，都给出相应的对策性建议；而预测的结果可以是定量的，也可以是定性的，而且一般不给出对策。

（5）预警与预测的实质不同，一般预测就其实质而言是对系统平均趋势的“平滑”，而预警恰恰是为了揭示平均趋势的波动和异常。

（6）预警与预测的功能不同，预测是在对系统变量的自身变化规律和某一变量与另外一些变量之间的变化关系规律的研究基础上，利用数学方法或计量模型，对系统变量的变化趋势做出定量的估计。它除了利用各种统计检验方法对所预测的变量的统计可靠性做出优劣的评价外，基本上不从价值意义上评价这种变量变化趋势的好坏。预警除了具有预测的上述功能外，它还给出一个对预测值在价值意义上的好坏进行评价的区间，使决策者能够非常直观地对预测值进行价值的判断与选择。因此，可以说预警是更高层次的预测。

13.4　典型案例

本节通过农业生产中的河蟹养殖水质变化预测和河蟹养殖水质预警这两个典型案例介绍农业生产预测和预警的基本过程、模型建立方法、预测预警流程以及预测预警结果的实现。在河蟹养殖水质变化预测中使用了粒子群优化算法和最小支持向量回归机（PSO-LSSVR）的预测方法，在河蟹养殖水质预警过程中使用了基于粗糙集和支持向量机（RS-SVM）的水质预警模型。

13.4.1　基于 PSO-LSSVR 的河蟹养殖水质变化预测模型

养殖水体是河蟹的栖息场所，水质的好坏直接影响河蟹的质量和产量。根据已掌握的资料和在线监测数据对养殖水质参数进行精准预测，及时对水质在空间和时间上的变化规律及发展趋势进行估计和推测，提前对养殖水域环境质量异常变化做出合适的辨识，为河蟹养殖管理人员和水利管理部门在养殖水体规划、制定水质调节措施与防范突发水质恶化事件等方面提供科学的决策依据，也是集约化河蟹养殖亟须解决的重要问题。因此对集约化河蟹养殖水质预测和水质变化趋势的研究，具有重要的理论价值和现实意义。

1．预测模型的建立

1）基于 PSO 的 LSSVR 参数组合优化

研究发现惩罚因子 C 以及核函数的参数 σ 决定着 LSSVR 回归模型的性能。为了提高预测性能，获得最佳的 C 和 σ 参数组合是关键。关于 LSSVR 模型参数优化组合，目前尚无有效的方法，通过交叉验证试算或梯度下降法求解，耗时且人为影响较大。为此，采用 PSO 算法对 LSSVR 的参数进行自动优化选择，不仅克服人为选择的随机性，还可以通过粒子适应度函数的设置，实现参数组合自动选择的目的。选择能直接反映 LSSVR 模型性能的均方根误差（RMSE）的倒数作为 PSO 算法的适应度函数 Fitness()，其表达式如下所示：

$$\mathrm{Fitness}(C,\sigma^2,\varepsilon)=\frac{1}{\sqrt{\frac{1}{n}\sum_{i=1}^{n}(\hat{y}_i-y_i)^2}} \tag{13.11}$$

式中，y_i、$\hat{y}_i$ 分别为真实值和预测值。基于改进PSO的LSSVR参数组合优化算法步骤描述如下：

（1）粒子群(C, σ)初始化。设置粒子数规模 n、循环迭代最大次数 t_{max}、惯性权重 ω 的范围、粒子速度 v 的限定范围、学习因子 c_1 和 c_2 等参数，并随机产生一组粒子的初始速度和位置。

（2）用训练集来训练 LSSVR，用式（13.11）计算每一个粒子的适应度值 Fitness(C, σ)，然后根据粒子的适应度值更新个体极值 p_i 和全局极值 p_{gbesti}。

（3）更新每个粒子的速度和位置。

（4）检查算法终止条件，如迭代次数等于 t_{max} 或最优解不再发生变化，则算法结束，输出最优的参数组合。否则返回步骤（3）继续寻优。

2）PSO-LSSVR 水质预测模型

PSO-LSSVR 水质预测模型的基本思想就是充分利用 PSO-LSSVR 具有的强大的处理非线性多参数系统的能力，能够建立集约化河蟹养殖水域中水质变化与各个影响因素之间复杂的非线性关系，挖掘水质内部变化规律，从而实现利用历史影响因素的变化对未来水质变化做出精确预测。该模型不仅充分考虑各种影响因素随着时间不同赋予不同的权重，还利用改进的 PSO 对 LSSVR 的参数进行优化组合，有效提高了预测模型的精度以及泛化能力。其水质预测模型构建步骤如图 13.5 所示。

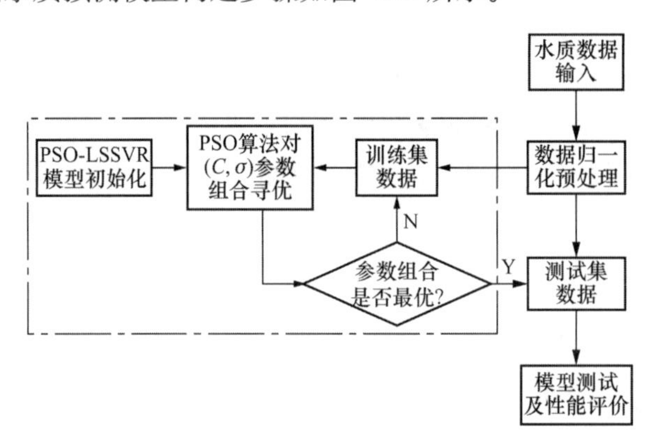

图 13.5 PSO-LSSVR 水质预测模型构建步骤

2．预测模型的实现

1）集约化河蟹养殖生态环境数据源

为了检验本章提出的河蟹养殖溶解氧预测模型的有效性，以中国农业大学-宜兴水产养殖物联网应用示范基地河蟹养殖某池塘生态环境数据作为样本数据，每个样本包括溶解氧（DO）、水温（WT）、酸碱度（pH）、降雨量（Rf）、太阳辐射（SR）、风速（WV）、湿度（Hd）等指标。采样周期为 2010 年 7 月 20 日至 7 月 28 日，每 30 分钟采样一次，共计 432 个样本，抽取前 7 天的 336 个样本为训练集，剩余的 96 个样本作为测试集，以对下一时刻的池塘溶解氧浓度进行定量预测。其监测的生态环境部分原始数据如表 13.1 所示。

表 13.1　养殖生态环境原始数据

时间	溶解氧/(mg/L)	水温/℃	pH	降雨量/mm	太阳辐射/(W/m²)	风速/(m/s)	湿度/(%RH)
0:01	6.6867	30.5886	7.08	696	0	1	88.26
0:31	6.4108	30.4528	6.97	696	0	0	89.15
⋮	⋮	⋮	⋮	⋮	⋮		
14:30	7.1496	30.1411	6.70	1071	1251.40	1	61.64
15:00	7.3592	30.2690	6.67	1071	1099.54	2	57.90
⋮	⋮	⋮	⋮	⋮	⋮		
23:00	4.0312	30.7242	6.65	734	0	2	84.30
23:30	3.8714	30.7182	6.66	734	0	3	83.94

2）数据预处理

集约化河蟹养殖溶解氧受外界多种因素影响，是一组随时间变化、具有不同量纲的数据序列。若直接用原始数据进行基于 PSO 的 LSSVR 参数组合优化训练，不仅影响算法的训练学习速度，还严重制约所建立的预测模型的准确度和鲁棒性，因此有必要在建立预测模型前通过式（13.12）对原始数据进行预处理，以减少因数据的量纲不同对预测模型的影响。

$$\overline{x}_k^d = \frac{x_k^d - \min(x_k^d|_{k=1}^l)}{\max(x_k^d|_{k=1}^l) - \min(x_k^d|_{k=1}^l)},\ d = 1,2,\cdots,m \tag{13.12}$$

式中，l 为样本总数，d 为样本向量的维数，x_k^d 和 $\overline{x}_k^d$ 分别为养殖生态环境的原始数据和归一化后的数据。

3）算法实现及性能分析

算法利用 Matlab7.14 语言编程实现，PSO 算法初始化为：种群规模为 n=50，c_1=c_2=1.49，最大迭代次数 $t_{\max}$=100，ω 的范围设置为[0.9, 0.35]，粒子速度 v 的限定范围为[0.3, 8]。将前半小时的溶解氧、水温、pH、湿度、风速、太阳辐射作为输入项，下一时刻的溶解氧预测值作为输出项，预测值与下一时刻的溶解氧实际值的均方误差作为粒子适应度函数。按照基于 PSO 的 LSSVR 参数组合优化算法对 PSO-LSSVR 进行训练，在训练次数 t = 80 时，获得 LSSVR 的最佳参数组合：σ=0.0075，C=78.36。将组合参数代入 PSO-LSSVR 模型中对溶解氧浓度进行预测，结果如图 13.6 所示。

从图 13.6 可看出，预测曲线基本与实测曲线相符，且用 PSO 算法 LSSVR 的参数组合进行寻优，克服了交叉验证试算确定 LSSVR 参数组合的人为主观因素的影响，具有更好的预测精度和泛化能力，其预测精度能够满足集约化河蟹养殖生产管理的需要。

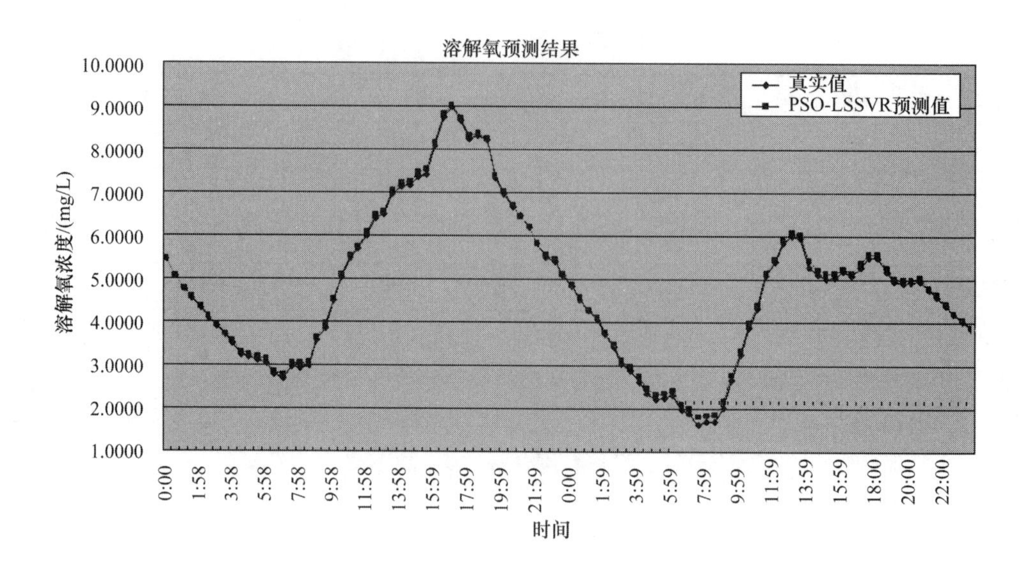

图 13.6
基于PSO-LSSVR的溶解氧预测值和真实值的比较

13.4.2 基于 RS-SVM 的集约化河蟹养殖水质预警模型

1．预警模型的建立

1）水质预警模型构建流程

在集约化河蟹养殖的水质预警过程中，寻找警源、分析警兆的工作由 RS-SVM 水质分类模块完成，分析警兆的结果即为水质预警模块的输出结果。因而本节中重点进行明确警义、预报警度的研究。首先分析水质预警指标体系的构建原则，为河蟹养殖水质预警指标体系的构建做好准备；接着对明确警义的研究，其中包含确定警素和警度划分两部分工作，即通过参考国家相关标准和河蟹养殖书籍并进行专家调查问卷，选取水质预警指标（确定警素）；根据养殖场专家的意见，划分警级（确定警度）；最后根据预警的需要设计水质预警的规则和水质预警的流程，完成了水质预警模型。

2）水质预警指标体系的构建

在集约化河蟹养殖水质预警模型的研究中，预警指标的选取和预警指标体系的构建显然是非常关键的。其选择与建立要遵循以下原则。

① 科学性原则　指标体系的建立一定要有科学的依据，指标的选取应该能够较客观和真实地反映影响河蟹生长的水质的优劣情况。

② 系统性原则　集约化河蟹养殖水质预警指标的选择要考虑影响河蟹生长的水质的各个方面，从整体上全面考虑各因素的相互影响。

③ 可操作性原则　指标体系并非越庞大越好，指标也并非越多越好，要充分考虑到指标的量化及数据取得的难易程度和可靠性，尽量利用获取方便的指标，注意选择主要指标。

④ 相对独立性原则　选取指标必须明确含义，各指标含义不重叠，以追求指标的独立性为原则，对具有相关性的指标进行合并。

⑤ 特殊性原则　由于河蟹养殖品种的不同，同一养殖品种生长阶段的不同，使河蟹

的水质指标也有所不同。因此，指标体系应该突出品种不同的特征，并且因生长阶段不同而不同。

集约化河蟹养殖中，水质因素是最为关键的养殖因素之一，并对养殖品种的正常生长、疾病发生都起着重要作用，甚至会影响河蟹的生存，因而其水质预警也不同于河流、地下水的水质预警。集约化河蟹养殖针对的是特定的蟹种，不同蟹种的水质指标不同，甚至同一蟹种不同生长阶段的水质指标也不相同，必须按照养殖产品的生长特性以及相应的水质标准来对水质指标做出评判。

目前，关于水产养殖的国家水质标准主要有《地表水环境质量标准》《海水水质标准》《渔业水质标准》《无公害食品海水养殖用水水质》等。《地表水环境质量标准》根据水域功能，将地表水分为五类，其中的第二类和第三类适用于渔业资源水域。《海水水质标准》将海水水质分为四类，其中的第一类和第二类适用于海洋渔业水域，共有 35 项监测项目。《海水水质标准》用的是单项指标法，所列指标单项超标，即判定为不合格。《渔业水质标准》规定了 33 项水质指标的标准值。《无公害食品海水养殖用水水质》适用于海水养殖用水，规定了 21 项水质指标的标准值，也是采用的单项判定法。这些标准值通常应用于水质的定期检测，并不完全适用于集约化河蟹养殖的生产实践。比如铜、锌、硒的测定，只需要定期对养殖用水进行取样测定即可，没有必要实时监测。而对于水温，虽然不在水质标准中出现，但是它的高低将影响水的物理特性、水中进行的生物化学过程和养殖品种的新陈代谢，所以温度必然成为集约化河蟹养殖水质监测的一项重要因素。因而必须针对集约化河蟹养殖的特点，有针对性地选取水质指标。

鉴于此，遵循客观性、多角度、可行性、有效性、科学性、定性与定量相结合的原则，参考关于养殖用水标准和现有研究成果，结合监测点的实际情况以及在江苏宜兴、广东湛江螃蟹养殖场走访养殖专家的调查问卷，根据河蟹养殖专家建议构建了河蟹养殖水质预警指标体系，其预警指标体系结构如图 13.7 所示。

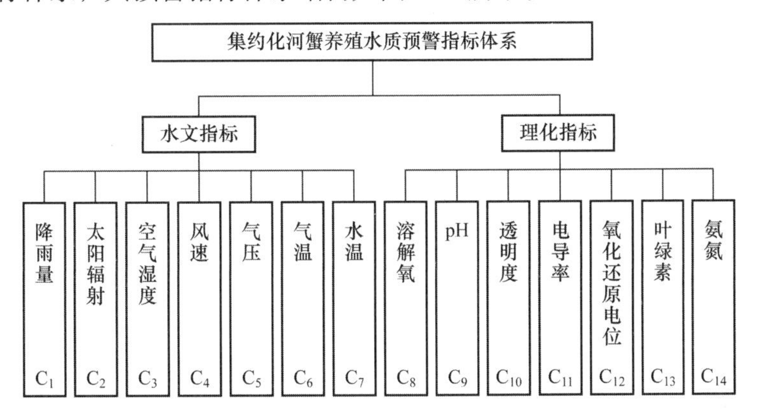

图 13.7 集约化河蟹养殖水质预警指标体系

3）警度的划分

根据江苏省宜兴市河蟹养殖水质的实际情况，并参考《渔业水质标准》《无公害食品海水养殖用水水质》以及河蟹养殖专家意见，运用粗糙集理论对水质预警指标进行属性约简，最终确定对河蟹生长起重要影响的溶解氧、pH、水温、氨氮等 4 项指标作为预警模型的水质指标。根据水质指标的上下限范围把警度划分为四级：无警、轻警、中警、重警，其水质预警警度划分如表 13.2 所示。

表 13.2　警度分级

警度分级	溶解氧/(mg/L)	pH	水温/℃	氨氮/(mg/L)	描述
无警	>5.0	7.5～8.5	25～28	<0.05	河蟹处于最适宜的生存环境，安全，无警情
轻警	4.0～5.0	6～7.5 或 8.5～9.0	23～25 或 28～30	0.05～0.10	河蟹能够生存，但是有些指标已经接近或达到河蟹的适宜指标上下限并持续一定时间
中警	3.0～4.0	6～7.5 或 8.5～9.0	<23 或 28～30	0.05～0.10	河蟹能够生存，但是有些指标已经接近或达到影响河蟹生存的上下限并持续一定时间，可能会引起河蟹的死亡
重警	<3.0	6～7.5 或 8.5～9.0	<23 或>30	0.05～0.10	水质指标超过河蟹的生存极限，需要立即采取措施，否则会造成河蟹的死亡

4）水质预警规则

由于溶解氧预测误差的存在以及水质传感器本身的质量问题，水质的实测数据和预测数据不可避免地会有波动（噪声），这样有可能使预警系统发生误报。为了提高预警的准确性，本节采用了粗糙集优化水质预警指标，并产生预警规则，以降低误报的次数。

规则被定义为 If…Then…语句的条件表达式，被用于推理和问题求解，是一种形式化的知识表示方法。水质预警规则在预警系统中定义如下：

If

$I_x \in Q_n$ and $t \in [t_a, t_b]$

Then

R_m

其中，I_x 代表某一项水质参数值；Q_n 代表某一水质指标区间；t 为水质参数位于该区间的时间；$[t_a, t_b]$为设定的某一时间长度；R_m 为设定的某一警情级别。

5）水质预警模型架构

运用粗糙集和支持向量机（SVM）融合算法构建水质预警模型的基本思路为：将粗糙集方法作为支持向量分类机的前置预处理系统，通过粗糙集对水质样本数据进行预处理，剔除决策表中冗余信息和冲突信息，从而简化支持向量机分类模型的结构，缩短支持向量机的训练时间，有效地提高支持向量机的分类性能，然后再利用最小条件属性集相应的训练集对支持向量机分类器进行优化训练，将优化后的 SVM 分类器建立水质预警模型。水质预警模型构建具体步骤如下。

（1）选取初始训练样本。从水质数据库中选取部分水质数据作为训练样本。

(2) 构建预警指标体系。从水质数据训练样本集中提取描述预警特征的参数，构建水质预警指标体系。

(3) 数据离散化及决策表的建立。在不失原始分类能力的前提下，采用适宜的离散化方法对水质特征进行离散化，用离散化后的条件属性和决策属性建立决策表。

(4) 粗糙集进行属性简约。在保持决策表决策属性和条件属性之间的依赖关系不发生变化的情况下，去除冗余条件属性和冲突属性，获得最小条件属性集。

(5) 数据归一化。将粗糙集处理得到的最小条件属性样本进行归一化处理，用来作为支持向量机分类器的训练样本集。

(6) 训练并优化 SVM 分类器。选择核函数，初始化 SVM 分类器相关参数，将粗糙集预处理的训练样本集输入到 SVM 分类器中，用 k 折交叉算法训练支持向量机，当达到总循环次数，或连续几次支持向量数不变，则 SVM 分类器训练结束。

(7) 预警识别。按照步骤 (3) ～ (5) 的数据处理方法对水质测试样本进行预处理，然后输入到优化后的 SVM 分类器中进行预警识别，最终得到预警结果。

基于 RS-SVM 的水质预警模型架构图如图 13.8 所示。

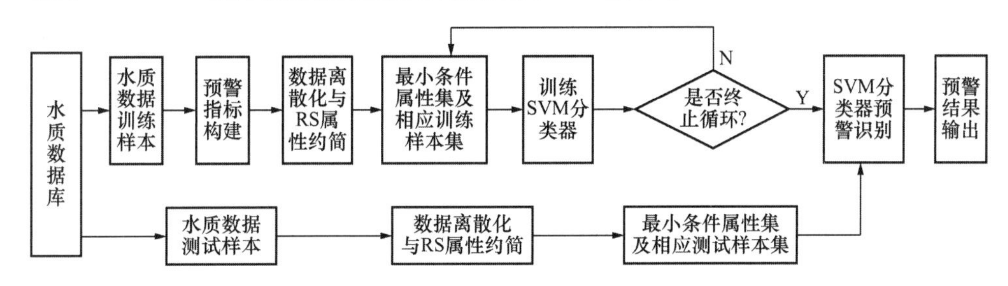

图 13.8 基于 RS-SVM 的水质预警模型架构图

2. 预警模型的实现

1) 研究样本

为了研究基于 SVM 的集约化河蟹养殖水质预警模型，本书采用江苏省水产养殖智能控制技术标准化示范区——宜兴市河蟹养殖池塘生态环境在线监测的数据作为样本数据，每个样本包括溶解氧、水温、pH、电导率、氧化还原电位、氨氮、叶绿素、透明度、气温、气压、降雨量、空气湿度、风速、太阳辐射等 14 项指标。采样周期为 2011 年 8 月 26 日至 8 月 31 日，每 30 分钟采样一次，共计 288 个样本，对河蟹养殖水质预警模型进行验证。

2) 基于粗糙集的预警指标约简

由于 14 个水质预警指标中部分指标之间存在共线性，可能存在冗余属性，影响预警模型的分类精度，因此，在保持知识系统分类能力不变的条件下，采用粗糙集属性约简算法，删除其中不相关或不重要的属性，找出对水质状况影响最敏感的几个预警指标。采用粗糙集进行属性约简，并取其中一组统计属性值相对较为简单的属性集，溶解氧、pH、水温、氨氮等 4 项指标组成的最小条件属性集。这 4 项指标也基本符合河蟹养殖过程中对河蟹正常生长有重要影响的预警指标。从最小条件属性集中随机抽取 169 个样本为训练集，剩余的 119 个样本作为测试集。

3）数据归一化预处理

为消除各指标的量纲不同，统一指标值的变换范围，采用式（13.13）和式（13.14）对样本指标进行归一化预处理。对于越大越优的指标归一化表达式为

$$x'_{it}=\frac{x_{it}-x_{i\min}}{x_{i\max}-x_{i\min}} \tag{13.13}$$

对于越小越优的指标归一化表达式为

$$x'_{it}=\frac{x_{i\max}-x_{it}}{x_{i\max}-x_{i\min}} \tag{13.14}$$

式中，$x_{i\min}$和$x_{i\max}$分别为第i个指标值的最小值和最大值，x_{it}为第i个指标的第t个指标值，x'_{it}为指标x_{it}归一化后的值。

4）算法实现及性能分析

对于基于径向基核函数的SVM分类器，其性能由参数（C,σ）决定，不同取值的C和σ就会得到不同分类性能的SVM分类器。为此，采用可避免过学习或欠学习的k折交叉验证法用来选择较优的(C,σ)参数组合。算法初始化为：$0\leqslant C\leqslant 200$，$0.1\leqslant\sigma\leqslant 10$，最大循环Time＝1000。通过优化计算获得SVM最佳参数组合，$C=115.0$，$\sigma=3.492$。将参数代入RS-SVM分类模型中进行河蟹养殖水质预警。其分类结果对比图如图13.9所示，对测试集判定情况如表13.3所示。

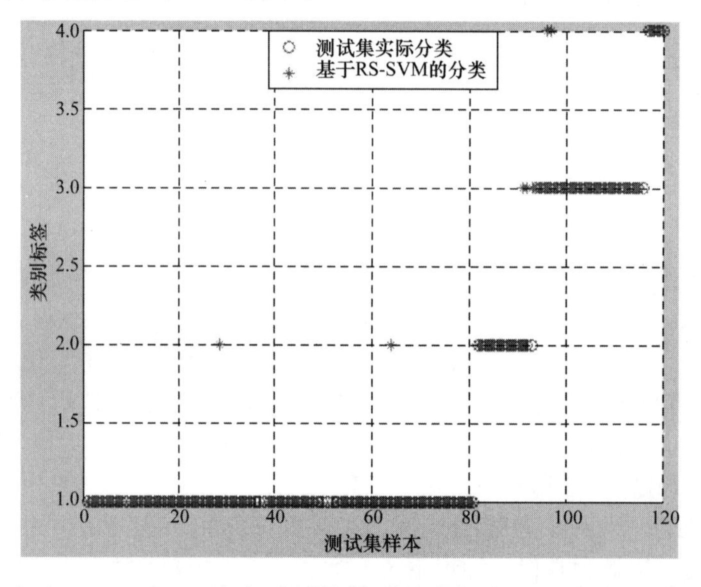

图13.9 实际测试集分类与基于RS-SVM的分类图

由图13.9和表13.3可知，该水质预警模型精度都在91%之上，对于不同的警度级别，误判样本个数也都小于等于4个，基本上能够满足集约化河蟹养殖的实际需要。随着水质监测样本的不断积累，预警模型得到充分训练，该模型预警精度会随着样本的增加进一步提高。

表 13.3　基于 RS-SVM 分类模型对测试集的判定情况

组别	RS-SVM 模型		
	实际个数	正确判定个数	判定正确率/%
无警	80	76	95.00
轻警	12	11	91.67
中警	23	22	95.65
重警	4	4	100

13.4.3　基于递归神经网络的水产养殖溶解氧长期预测

溶解氧是水质评价的一个重要参数。合适范围的溶解氧浓度能够保证水生动物的生长和发育，而低溶解氧含量将直接导致水产养殖风险，在实际养殖中应保证溶解氧含量始终保持高于氧气供应。溶解氧的准确预测对水产养殖的智能化管理和控制具有重要意义。而且，由于溶解氧含量易于连续测量，其为溶解氧预测提供了充足的数据。此外，水质参数的早期控制需要预测未来的变化，这是未来智能水产养殖的先决条件。因此，溶解氧的准确预测具有多方面的意义。但是，由于外部因素的干扰和自身变化的不规则性，它仍然是一个难题，尤其是在长期预测中。针对上述问题，本节介绍一种基于递归神经网络的水产养殖溶解氧预测模型。

1．预测模型的建立

本节中介绍的模型借助于注意力机制和 LSTM 网络，构建了溶解氧预测模型，该模型的网络结构如图 13.10 所示（Liu Y et al.，2019）。

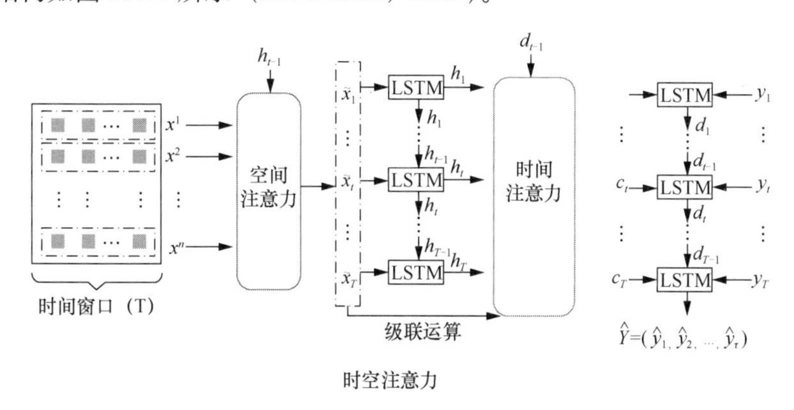

图 13.10　基于注意力的LSTM的实例

2．预测模型的实现

1）实验样本

数据采集频率为 10min，每次采集 10 个参数，共采集数据 5006 组。选取前 4000 组数据作为训练集，其余数据作为测试集。由于溶解氧传感器容易受到浑浊水质的影响，首先采用线性插值的方法对缺失数据进行处理。

2）模型参数设置

在训练过程中，模型采用反向传播方法来更新模型的参数，Adam 优化器用于最小化预测值与真实值之间的均方损失。训练神经网络的学习率为 0.001，批大小为 128。为了验证溶解氧预测方法的有效性，使用均方根误差（RMSE）、平均绝对百分比误差（MAPE）和平均绝对误差（MAE）来评价方法的性能。

3）模型结果及性能分析

图 13.11 是该网络模型在时间步长设置为 5 和 300 时，对于溶解氧的预测结果。

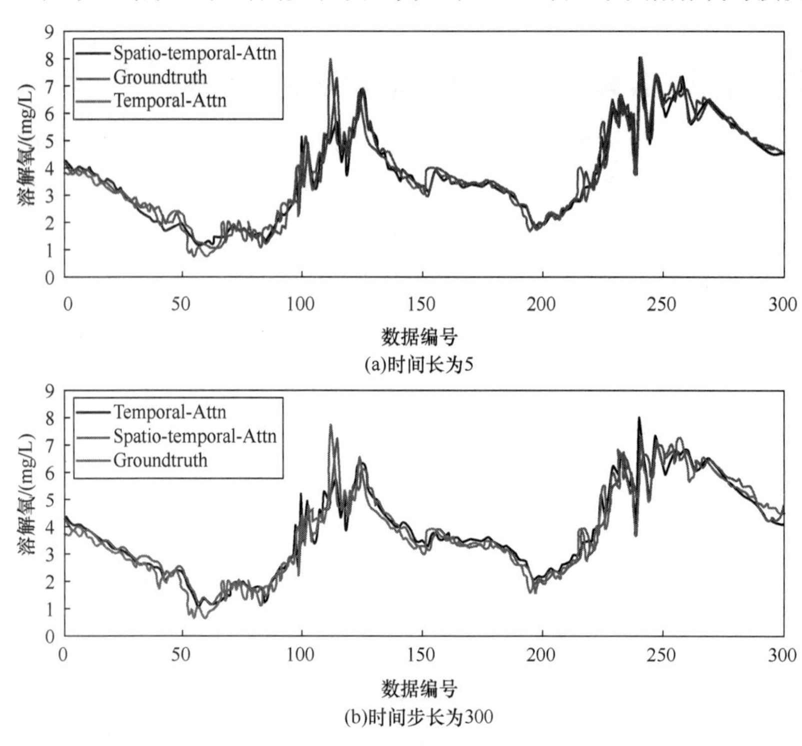

图 13.11 不同时间步长的溶解氧预测曲线

图 13.12 是该网络模型在时间步长设置为 5 和 300 时与其他 5 个基线模型和 4 个基于注意力机制的网络模型对溶解氧预测的结果对比。表 13.4 为 10 个模型的精度对比结果。

表 13.4 10 个模型的性能表现（时间步长为 300）

模型	均方根误差	平均绝对百分比误差	平均绝对误差
SVR-linear	1.0426	2.5407	0.7914
SVR-alof	1.2239	2.9400	0.8417
MLP	1.0283	2.4727	0.7872
LSTM	1.1899	2.7426	0.8081

续表

模型	均方根误差	平均绝对百分比误差	平均绝对误差
Eaccdet-decoder	0.5586	2.6869	0.4436
Input-Atto	0.4937	1.9654	0.3653
DARNN	0.2614	1.2793	0.1797
GeoMAN	0.3638	1.6072	0.2729
Tempoeal-Attn	0.2577	1.0699	0.1726
Gronadtrvo	0.2565	1.3046	0.1729

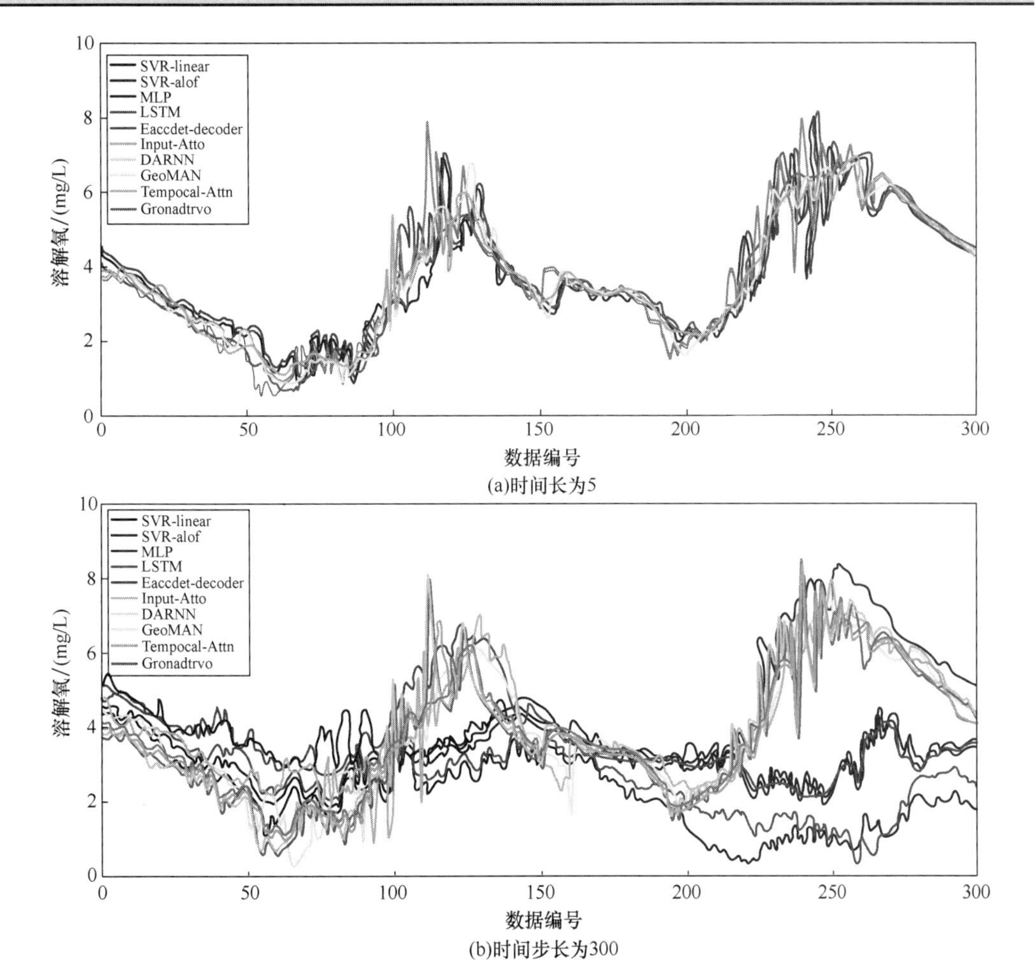

图 13.12 10 种不同时间步长模型的溶解氧预测曲线

对比图 13.11、图 13.12 和表 13.4 可以看出，在步长较短的情况下，无论是基线模型还是注意力机制网络的结果均较为稳定。但是，随着时间步长的增加，所有基线方法的性能都急剧下降。基于编解码器结构的方法下降速度较慢，说明编解码器结构能更有效地保持时间序列的长期依赖性，因此在溶解氧的长期预测方面均优于基线方法。此外，由于在基于注意力的神经网络模型中，只有 Input-Attn 不具有时间注意模块，因此其长期预测性能较其他具有时间注意模块的模型效果差。结果表明，借助于时间注意力机制能够更好地预测养殖环境中溶解氧的变化。

13.4.4 基于深度 LSTM 网络的海水养殖水质预测方法

笼养水质的准确预测是智能海水养殖的一个热点问题。由于海水养殖环境始终是开放的，水质参数的变化通常是非线性的、动态的、多变的、复杂的。溶解氧、温度、pH 等水质因素的较大变化可能直接导致水产养殖生物的死亡。即使是在最佳条件之外的微小波动也可能对生物体造成生理上的压力，如食物摄入量减少、能量消耗增加和对传染病的易感性。因此，如果能够预测水质变化趋势，就可以通过技术手段提前采取对策，防止水质环境严重失衡。然而，传统的预测方法存在精度低、泛化性差、时间复杂度高等问题。一些研究以 pH 和水温为预测对象，借助于 LSTM 网络对其进行短期的预测（Hu Z et al.，2019）。

1. 预测模型的建立

预测模型的建立主要包含三部分。首先，分别采用线性插值法和平滑法对传感器采集的数据进行填充和校正。采用移动平均滤波器对填充和校正后的数据做去噪处理。然后，综合分析 pH 和水温的影响因素。通过 Pearson 相关系数法得到水温、pH 等水质参数之间的相关关系，作为模型训练的输入参数。最后，在预处理数据和相关分析结果的基础上，建立基于深度 LSTM 学习网络的水质预测模型。图 13.13 展示了模型的流程图。

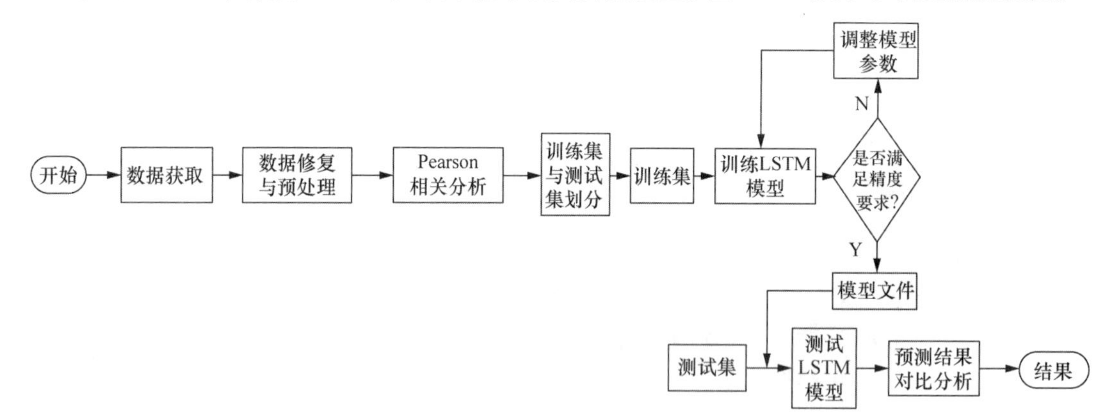

图 13.13 水质预测模型构建流程图

2. 预测模型的实现

1）训练样本及参数设置

将 610 组预处理后的数据按时间序列分别输入预测模型。在水温预测模型中，输入数据维数为 5，输出数据维数为 1，隐含层数为 15，时间步长设置为 20，学习率设置为 0.0005，训练次数设置为 10 000 次。

2）模型结果及性能分析

图 13.14 是借助于 LSTM 模型和 RNN 模型对水温和 pH 的预测结果。

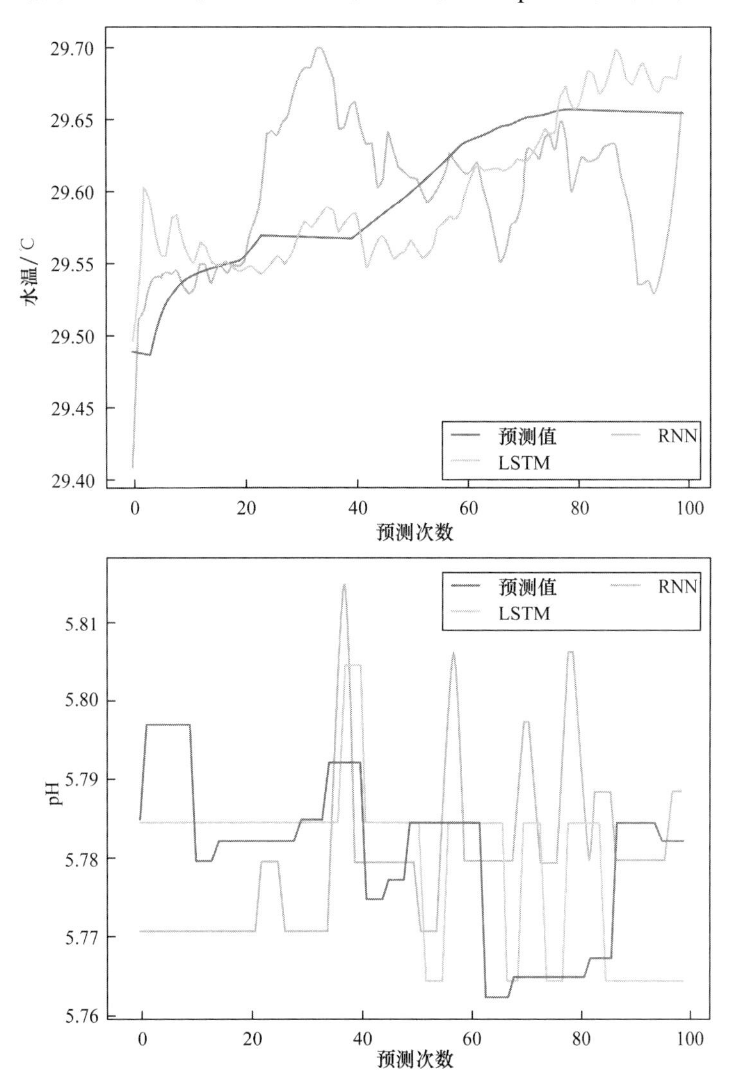

图 13.14
预测值和实际值的比较

从图 13.14 中可以看出基于 LSTM 模型的预测结果更接近真实数据，根据表 13.5 也可以看出 LSTM 在 pH 和水温预测中达到更高的精度。综合来看，对于农业中的序列数据，无论是回归方法还是深度学习方法，均能有效地进行预测。

表 13.5　LSTM 与 RNN 在 pH 和水温预测中的精度对比

训练次数	MAE				RMSE				MAPE			
	水温/℃		pH		水温/℃		pH		水温/℃		pH	
	LSTM	RNN	LSTM	RNN	LSTM	RNN	LSTM	RNN	LSTM	RNN	LSTM	RNN
500	0.0421	0.0439	0.0042	0.0325	0.0519	0.5340	0.6236	1.0875	0.085	0.078	0.0092	0.0102
1000	0.0312	0.0424	0.0035	0.0052	0.0457	0.1451	0.3108	0.3254	0.052	0.065	0.0068	0.0073

小　结

本章简单介绍了农业预测预警的基本概念，详细分析了农业预测模型的基本原则、预测模型选择原则、预测的基本步骤、预测的基本方法、预测性能评价指标等；同时也介绍了农业预警的基本方法、预警的逻辑过程，以及农业预测预警的异同点，为更好地实现农业领域预测预警提供了翔实的理论基础。除此之外，分别从传统模型和深度网络模型两个角度分析了水产养殖预测预警模型，详述了水产养殖水质预测预警的具体实现过程、实践验证。

参 考 文 献

滕扬，2020．计算机技术在农业预测中的应用[J]．山西农经，(13)：79-80．

熊巍，2015．中国柑橘产销预警系统构建及应用研究[D]．武汉：华中农业大学．

HU Z, ZHANG Y, ZHAO Y, et al., 2019. A water quality prediction method based on the deep LSTM network considering correlation in smart mariculture [J]. Sensors, 19: 1420.

LECUN Y, BENGIO Y, HINTON G, 2015. Deep learning [J]. Nature, 521(7553): 436-444.

LIU Y, ZHANG Q, SONG L, et al., 2019. Attention-based recurrent neural networks for accurate short-term and longterm dissolved oxygen prediction [J]. Computers and Electronics in Agriculture, 165.

第 14 章 农业视觉信息处理与智能监控技术

农业智能监控是农业信息处理技术的一个重要分支，是指通过传感器和摄像头实时监测农业生产环境信息及动植物信息，结合动植物生长模型，采用智能监控手段和方法对农业生产设施进行调控，保障动植物最佳生长环境，节约生产成本，降低生产能耗，实现农业生产过程的全面优化，确保农业生产高效、安全、健康、环保。其中，视觉信息处理技术是指利用图像处理技术对采集的农业场景图像进行处理，从而实现对农业场景中的目标进行识别和理解的过程。以视觉信息处理技术为基础的视频监控技术就是通过摄像头获取监控场景的视频信息，实现监控场景中目标的识别和理解。本章简要介绍了农业视觉信息处理的基本方法及农业智能监控技术的概念和基本功能，详细叙述了基于深度学习的智能视频监控技术，并以生猪图像目标检测为例对智能视频监控技术在农业中的应用进行了系统的阐述。

14.1 概述

视觉信息处理的基本方法包括图像增强、图像分割、特征提取和目标分类等。通过对采集的农业视觉信息进行增强，得到易于后续处理的图像；通过图像分割，实现目标与背景的分离，得到目标图像（刘翠芳，2019）；通过对目标进行特征提取，得到关于目标的颜色、形状、纹理等特征；通过构造恰当的分类器，利用得到的特征向量，实现目标的分类（陈永生 等，2018）。

图像处理与分析是实现实时视频监控的核心。图像处理的目的是得到清晰的目标物，而图像分析的目的则是对目标物的识别分类。自动视频监控的基本过程是，首先通过图像采集系统实时获得含有目标物的视频图像，然后利用图像分割方法将目标与背景分离，接着对目标进行表达和描述，对特征进行提取，最后利用模式识别技术实现目标物的检测。目前常用的一些目标物的检测方法有贝叶斯、K-近邻、人工神经网络、支持向量机、深度学习等。其中，支持向量机的理论基础是统计学习理论，因此用支持向量机目标识别分类也需要事先对其进行训练，训练好的支持向量机可以直接实现目标识别分类。深度学习的概念源自传统人工神经网络的研究。深度学习是通过组合低层的特征来表示高层特征，其中高层特征比较抽象。该方法摆脱了人工进行特征提取的很多限制，它可以通过网络模型自动提取特征。深度学习分为监督学习和无监督学习。比如卷积神经网络（CNN）就是一种使用监督学习的网络模型，而深度置信网络（DBN）是一种无监督学习的网络模型。

农业智能监控技术就是通过远程测控终端实现对农业生产基地的监测与控制的技术，通过与物联网、移动互联网、云计算等先进技术融合，借助个人计算机、智能手机等终端设备，实现对农业生产现场气象、土壤、水源环境的实时监测，并对大棚、温室、灌溉等农业设施实现远程自动化控制，结合视频采集、自动预警等强大功能对农作物生长状况及环境变化趋势进行系统的监控，保证作物的健康生长。

农业智能监控系统具有以下基本功能。

- 全方位监控。综合运用传感器、控制器、智能摄像头等物联网设备，对农业生产现场的气象、土壤等环境变化趋势、农作物生长情况、农业设施运行状态进行360°全方位监控，并根据设定条件，对各种异常情况进行自动预警与远程自动化控制。
- 精准智能。可完全自动化运行，不需要人工干预。最大程度避免人工操作的随意性，同时明显降低现场劳动力占用，帮助用户实现对农业设施的精准控制及生产流程的标准化管理。
- 实时监控。可以将生产现场采集到的传感数据及图像信息，通过手机网络实时传送到数据中心。一方面改变了传统的人工现场采集数据的方式；另一方面也全面实现农业信息的即时传输与实时共享，帮助生产管理人员随时随地通过手机查看监控数据。

随着视觉信息处理技术的快速发展，基于智能视频监控技术的数字化种养殖技术逐渐兴起，该技术不仅可以及时掌握动植物的生长或发育状态，同时也可以大大减少劳动力，降低种养殖成本。特别是基于深度学习的智能视频监控技术取得了很大的进展，这些进展已显示出精准监控的一个基本趋势，并有望大幅提高管理作业生产效率。

14.2 基于深度学习的智能视频监控技术

经过几十年的发展，视频监控已成长为一个新兴的 IT 产业。从技术角度看，视频监控技术经历了模拟方式、数字/网络/高清方式的发展，目前正进入智能视频监控的发展新阶段。随着视频的采集、处理、显示和传输技术的快速发展，视频监控不仅能“看得见”，而且还“看得清”。随着光纤网络、4G/5G、WiFi 的发展，以往的监控视频“看不远”的传输瓶颈问题也得到了进一步缓解 。所有这些，再加上计算机技术、芯片技术和人工智能理论的飞速发展，都为当今监控视频分析技术的智能化奠定了坚实的技术基础。监控视频处理技术可分为三个层次，如图 14.1 所示，从低到高分别为视频处理、视频分析和智能视频分析。

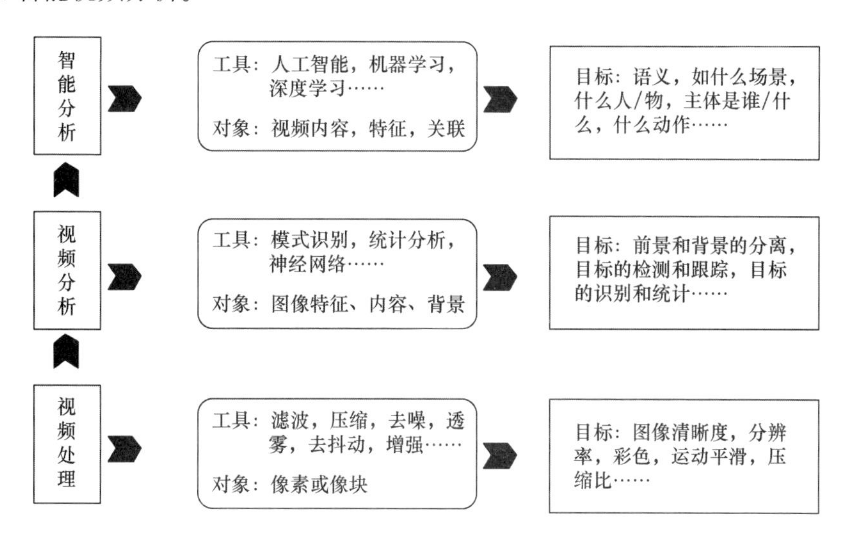

图 14.1 视频监控技术的三个层次

近年来，基于深度学习的一种高效能的视频分析算法，正在逐渐成为智能视频监控技术中的主流方法之一。深度学习采用多层神经网络的方法来比较、分析（视频）数据，得到有用的结论。它的强大的学习建模和分类比较能力，使其能够用于处理非常复杂多变的实际数据，特别是非结构类视频数据。在多种机器学习方法中，有监督学习的深度学习方法，如卷积神经网络（CNN），在视频分析中已表现出优越的性能。CNN 的多层网络结构可以有效地学习输入视频数据与相应输出结果之间的复杂映射，可以自主建立随时间和内容而变化的分析模型。在基本深度学习方法的基础上，多种改进和变形的深度学习算法正在不断涌现，包括多种无监督的学习方法（朱秀昌，2018）。

14.3　基于深度学习技术的生猪图像目标检测

智能视频监控的目的是在视频图像中准确捕捉个体目标，对个体目标的行为进行识别和分析，从而通过行为识别结合数据挖掘技术进行分析，了解和掌握种养殖个体的生长信息，进而分析是否存在病虫害影响。进行上述识别的前提就是在图像中能够对种养殖个体进行目标检测和捕捉，因此如何对图像中多目标进行识别和检测是智能视频监控技术的核心基础之一（温捷文 等，2018；Ren S et al.，2015）。在图像多目标检测技术方面，近年来出现了一些基于深度学习技术的图像多目标检测算法，其中 YOLO V3 就是目前比较优秀的视频图像多目标检测算法，在图像分类、目标检测中准确率较高，运行速度较快，符合视频监控中对图像分析的实时性要求。

本节以生猪图像目标检测为例，介绍智能视频监控技术在农业中的应用（苏恒强，郑笃强，2020）。YOLO V3 算法被应用到生猪图像目标检测方面，结合畜牧养殖实际情况，进行了类别选择、遮挡物处理和图像增强等设计，实现基于深度学习技术的生猪图像目标检测算法。YOLO V3 算法是在 YOLO 算法基础上在多尺度特征、预测分类器和特征提取等几个方面对算法进行了优化，从而提升了各类 AP 的平均值及小物体检测效果。

由于养殖环境因素，在养殖场监控图像数据中，会存在生猪种类颜色、障碍物遮挡、图像光照度不强等环境干扰，如图 14.2 所示。为此，结合深度学习技术和生猪养殖实际环境，采用以下几项措施来解决上述问题。

- 针对生猪种类不同颜色不同的问题，为了保证目标检测精度，将不同颜色的生猪划分为不同识别物体种类，如黑猪、白猪、花色猪等，归为不同的类。主要是因为物体颜色也是图像特征之一，如果将颜色明显不同的生猪个体归为一类，必然会提高图像特征提取难度。
- 针对存在遮挡问题，虽然 YOLO V3 这类目标检测算法已经在算法设计中进行了考虑，但是利用目标检测算法排除遮挡物，不一定能够完全排除遮挡物的影响，而生猪养殖环境，遮挡物比较单一，主要就是养殖场的一些设施。在此将这些常见的生猪养殖场遮挡物也作为不同识别物体种类，如养殖场房屋、围挡、隔墙、栅栏、人员等。
- 针对图像较暗、图像模糊等问题，在算法执行时进行数据预处理，改善图像质量。另外在进行深度学习目标检测算法训练时，对图像进行随机旋转、剪裁、水平翻转等图像操作，提高算法鲁棒性。

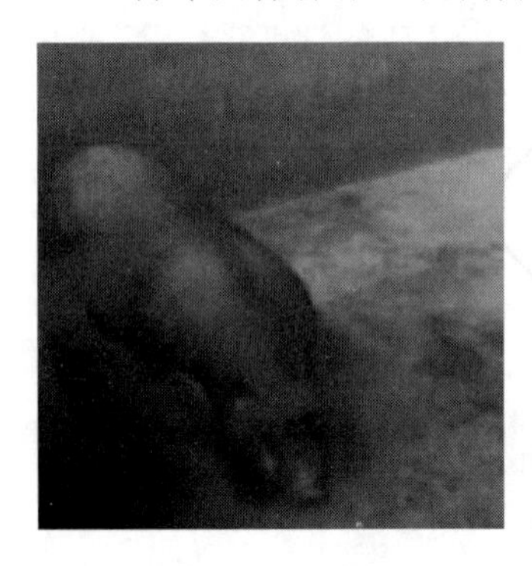

图 14.2 生猪样本图像示例

应用 YOLO V3 算法进行生猪个体目标检测分为训练和识别两个过程，分别如图 14.3（a）和（b）所示。即对采集图像数据进行训练得到网络模型权重文件，并以此对生猪个体测试图像进行测试，取得较好的检测效果。

在此使用生猪个体图像数据共 1447 张，其中部分图片通过养殖场拍照采集，部分图片来自于互联网收集，为了训练效果，所有图像尺寸均修改为 416×416 像素。在实验中训练样本为 1070 张图片，测试样本为 120 张图片，验证样本为 137 张图片。实验所使用计算平台配置如下：操作系统为 Ubuntu 18.04，CPU 是 Intel i7-6700，主频为 3.40GHz，内存为 32GB，显卡为 NVIDIA GeForce GTX1060，显存为 6GB，深度学习框架为 Darknet-53，GUDA 版本为 10.2。

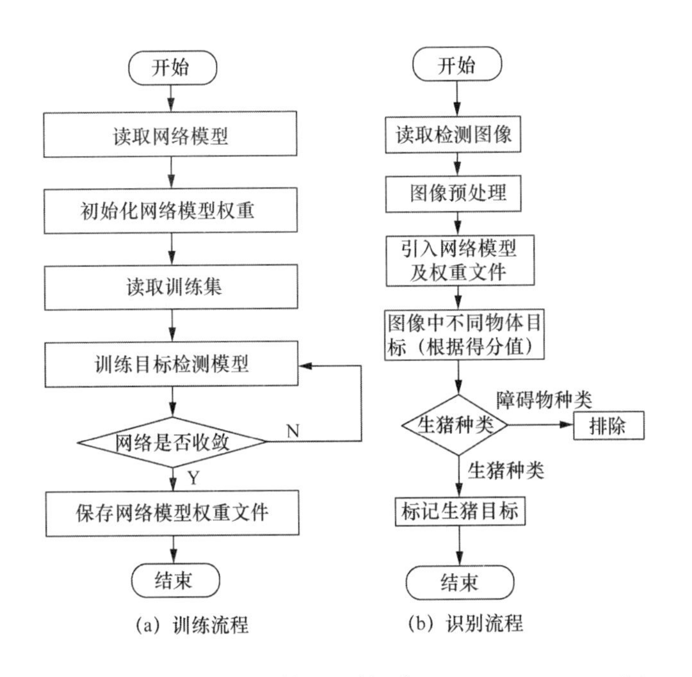

图 14.3 生猪个体目标检测算法

以平均损失值（average loss）、平均 AP 值（mean average precision，mAP）和检测速度作为算法性能的评价指标。平均损失值是体现损失函数评价模型的数值，一般来说，该值越低越好。AP 值（average precision，平均精确度），相当于是对准确率进行了平均。一般采用 mAP 和 PR 曲线作为衡量深度学习模型性能的一个标准。PR 曲线就是以准确率（precision）和召回率（recall）作为纵、横轴坐标的二维曲线，一般来说 PR 曲线右上凸代表该模型性能良好，目前针对 PASCAL VOC 等开源图像数据集，比较优秀的图像多目标检测算法的 mAP-50（IoU 阈值大于 0.5）在 50%～60%范围内。对于目标物的实时监控，其中一个重要性能就是检测速度。

检测结果如图 14.4 所示。可见，检测精度较好，目标数量也符合实际，上述结果除图 14.4（c）外，其他数量和实际数量一致。图 14.4（c）主要由于两侧生猪个体只有部分形体在图像中，这也对检测结果造成了影响。在对生猪个体图像数据集进行训练后得到了平均损失值（见图 14.5），从图中可以发现随着训练次数的增加，平均损失值呈快速下降趋势，在接近 10 000 次左右时，平均损失值已经达到 0.3 左右，训练结束时值为 0.2837，表明 YOLO V3 算法训练效果较好。一般来说，针对深度学习的目标检测算法，PR 曲线右上凸代表该模型性能较好，从结果上来看 YOLO V3 算法的生猪个体目标检测算法效果较好（见图 14.6）。

为了对比分析，在同等条件下利用 Fast R-CNN 和 SSD 等常用的深度学习目标检测算法，进行了同样的训练、验证和测试，得到测试结果，同时进行检测速度指标对比，具体结果如表 14.1 所示。YOLO V3 算法得到 mAP-50 值为 59.2%，在正常范围内。此外，又对 120 张测试图像生猪个体识别数量进行了漏检率和错误率的检验，在此漏检主要是指图像生猪个体实际数量大于算法检出数量，错误检测是指将其他非生猪个体识别成目标。对三种算法的漏检率和错误率进行了统计（该图像无论发生漏检多少目标个体，都算做一张漏检图像，错误检测也是如此），具体结果如表 14.2 所示。可见，YOLO V3 模型的漏检率和错误率都是较低的，符合畜牧养殖条件下视频监控和图像识别性能要求。

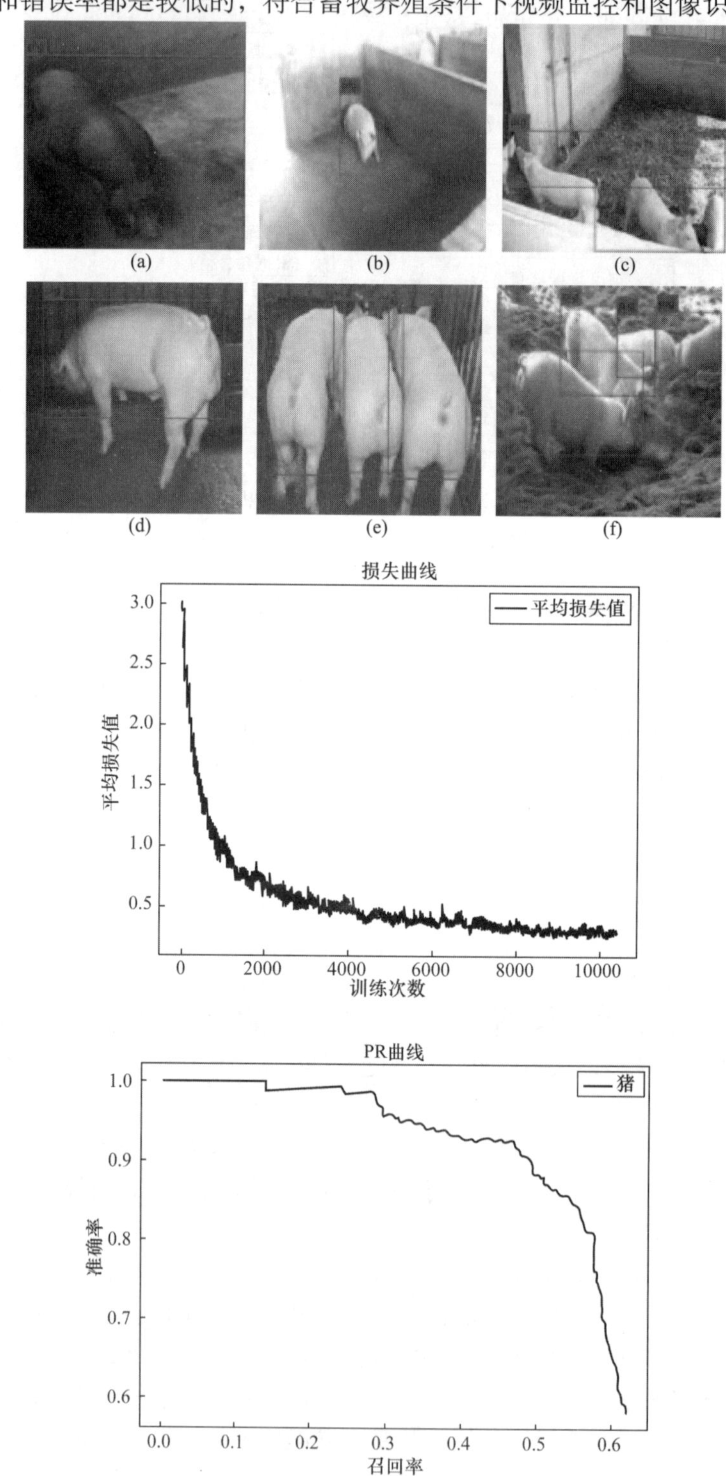

图 14.4 目标检测结果

图 14.5 平均损失值

图 14.6 PR 曲线

表 14.1　三种算法测试结果

检测算法	主干网络	mAP-50/%	检测速度(f.s^{-1})
YOLO V3	Darknet-53	59.2	41
Fast R-CNN	ResNet-50	53.8	9
SSD	VGG16	58.1	43

表 14.2　三种算法漏检率和错误率

算法	图像数量	漏检数量	漏检率/%	错检数量	错误率/%
YOLO V3	120	7	5.8	1	0.8
Fast R-CNN	120	11	9.2	2	1.6
SSD	120	8	6.7	1	0.8

小　结

本章首先对农业视觉信息处理的基本方法及农业智能监控技术的概念和基本功能进行了系统阐述。然后简要介绍了视频监控技术的发展历程和三个层次及基于深度学习的智能视频监控技术概况，最后作为应用实例介绍了基于深度学习技术的生猪图像目标检测。

将 YOLO V3 算法应用于生产条件下的生猪个体目标检测中，取得了较好的识别效果。相对于其他算法来说，YOLO V3 算法检测精度较高，速度较快，符合实时性的工程化要求，符合在畜牧养殖条件下视频监控和图像识别性能要求。同时 YOLO V3 算法实现比较简单，网络模型比其他算法较简洁，移植兼容性较强，适合视频监控设备的移植要求。以 YOLO V3 为核心的基于深度学习的生猪图像目标检测算法也可以应用到其他农业产业的智能视频监控中。

参 考 文 献

陈永生，喻玲娟，谢晓春，2018．基于全卷积神经网络的 SAR 图像目标分类[J]．雷达科学与技术(3)：242-248．

刘翠芳，2019．计算机图像处理技术应用分析[J]．数字技术与应用(10)：76-77．

苏恒强，郑笃强，2020．基于深度学习技术生猪图像目标检测算法的应用研究[J]．吉林农业大学学报(5)．

温捷文，战荫伟，凌伟林，等，2018．实时目标检测算法 YOLO 的批再规范化处理[J]．计算机应用研究，35(10)：3179-3185．

朱秀昌，2018．深度学习引领监控视频分析的智能化[J]．中国公共安全(5)：40-43．

REN S, HE K, GIRSHICK R, et al., 2015. Faster R-CNN: towards real-time object detection with region proposal net-works[J]. IEEE Transactions on Pattern Analysis and Machine Intelligence, 39(6): 1137-1149.

第15章　农业诊断推理与智能决策技术

农业诊断推理技术属于决策技术的范畴，是指农业专家针对诊断对象（如病虫害、农业机械设备故障）表现出的一组症状现象或者非正常工作状态现象，找出相应原因并提出办法，建立专家知识库、规则库、诊断结论及防治措施，形成智能决策。农业智能决策技术是以农业系统论为指导，以管理科学、运筹学、控制论和行为科学为基础，以计算机技术、仿真技术和信息技术为手段，以精准农业需求为出发点，以构建智能决策支持系统为目标，实现农业决策信息服务的智能化和精确化。本章针对农业病虫害诊断与智能决策，构建诊断推理模型，形成病虫害防治的智能决策支持系统。

15.1　概述

人工智能技术的快速发展，为诊断推理与智能决策技术提供了更加有效的方法及问题求解思路，并促使诊断推理与智能决策技术向着“智能化”“知识化”阶段迈进（龚洪浪，2018）。

按照不同的建模方法和处理手段的性质及特点，农业诊断推理可分为三大类，即基于解析模型的方法、基于信号处理的方法和基于知识的诊断推理方法。

农业智能决策支持系统（intelligent decision support system，IDSS）是在决策支持系统（DSS）的基础上集成人工智能中的专家系统（ES）而形成的。决策支持系统主要由人机交互系统、模型库系统、数据库系统组成。专家系统主要由知识库、推理机和动态数据库组成。智能决策支持系统是管理决策科学、运筹学、计算机科学与人工智能相结合的产物。农业智能决策支持系统把决策支持系统、专家系统和农业领域知识有机结合起来，达到定性的知识推理、定量的模型数值计算及数据库处理的高度集成，结构如图 15.1 所示。

本章重点分析农业病虫害的诊断推理方式，对具有不确定性的多疾病、多病因农业病虫害诊断问题求解进行了研究，建立诊断推理模型，形成智能决策。

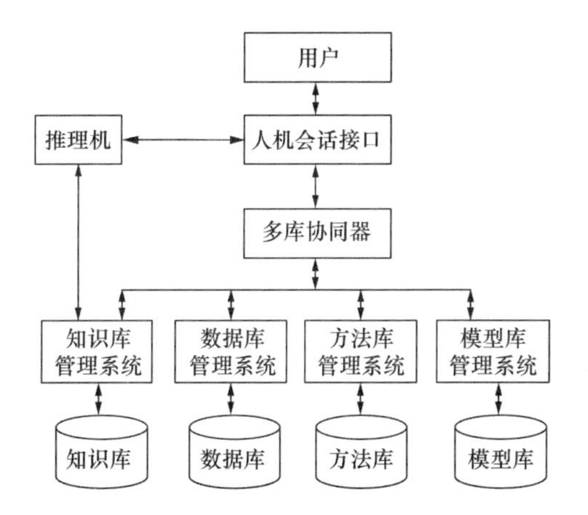

图 15.1 农业智能决策支持系统的结构

15.2 农业病虫害诊断推理模型

农业病虫害诊断的根本目的是通过对症状等诊断信息的综合分析，找出所患疾病及发病原因并给出治疗方法，以保证诊断对象及其生存环境处于健康状态。农业病虫害诊断的过程和内容大致可以表述如下。

首先，专家通过感观和农业检测设备，诸如传感器、摄像装置及显微镜，根据环境调查、病体检查、检验诊断等结果搜集诊断资料，然后，对诊断资料进行综合分析，通过情景回忆搜索是否有相似案例，或者通过经验知识进行诊断推理，判断得出病体所患的疾病，并根据进一步收集的诊断信息查明发病原因，最后，给出针对性的治疗方案（姚青等，2017），其过程如图 15.2 所示。

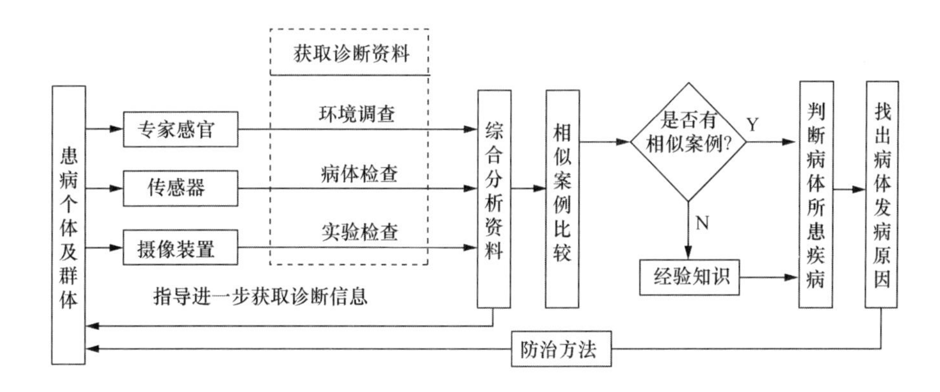

图 15.2 病虫害诊断过程

15.2.1 获取诊断资料

① 环境调查　专家通过到发病现场或者远程视频图像、传感器信息，了解周围环境、饲养管理、发病情况，获取疾病的历史和现状资料。饲养管理情况包括养殖的种类、规格、来源、密度等；调查环境因子包括有无污染源、生存环境情况；发病情况包括发病

时间、病体表现、死亡数量和急剧程度等。

② 病体检查　通过感官或者视频图像信息，检查病体表面症状信息，也可以采用传感器、显微镜等检测水体和病变部位，必要时对饲料做出检测。

③ 检验诊断　通过检验设备，对病体的血液、体液、病变组织进行化验检查，以此获得病原、病理、生理变化分析资料，从中还可以获得一些病因分析资料。

15.2.2　综合分析资料

这个阶段将环境调查、病体检查、检验诊断中所获取的诊断资料进行综合分析，这些诊断信息主要包括病体自身信息（病体的种类、年龄、性别、健康状况等）、体表症状信息（体表、内部以及病体的整体表现等）、检查到的微生物（指从环境或病体体表镜检的微生物）以及环境理化指标（诸如水体的溶氧度、酸碱度、氨氮值、水深和水温、水色等）。

15.2.3　诊断推理模型的构建

农业病虫害查询诊断系统中的推理行为主要由推理机实现。推理机是专家系统的核心部分，通过它对农业专业知识进行判断和推理，模拟人类专家的决策过程，解决需要人类专家处理的复杂问题。在诊断推理过程中，专家大脑中的诊断知识通常以两种形式用于疾病诊断。一种是案例知识，另一种是长期的诊断实践学习上升为逻辑语言表示的经验知识。在诊断初始，案例知识具有十分重要的作用，有经验的诊断专家不仅掌握了大量关于诊断对象的案例知识，而且能够灵活地加以应用。如果搜索不到相似案例，专家就会通过综合分析诊断信息，运用经验知识进行逻辑变换或推理来诊断识别疾病和病因。

在诊断推理阶段，农业专家需要借助诊断模型把自己的领域知识准确地传达给开发人员，而开发人员通过诊断模型可以选择合理的知识表示和推理模型，从而将现实世界的农业病虫害诊断问题进行识别和定义，通过对诊断问题、诊断知识和诊断求解方式进行抽象与提炼，建立农业病虫害诊断推理模型。

农业病虫害诊断推理模型是根据诊断对象所表现出的特征信息，采用一定的诊断方法对其进行识别，以判定客体是否处于健康状态，找出相应原因并提出改变状态或预防发生的办法，从而对客体状态做出合乎客观实际的结论。

15.2.4　基于 Android 手机客户端的农业病虫害诊断系统

伴随着我国 4G/5G 网络覆盖工程的实施和 Android 操作系统的普及，同时由于 Android 智能手机具有价格低廉、应用简单易操作、便于携带等优点，因而基于 Android 手机客户端的农业诊断系统平台可以允许用户对农业生产进行远程操作和管理（于辉辉等，2015）。

基于 Android 手机客户端的农业病虫害诊断系统主要包括知识库、规则库、推理机及人机交互界面，系统结构如图 15.3 所示。人机交互界面主要由专家界面和用户界面组成，实现专家和用户可视化操作；知识库和规则库独立开发，用于解决 Android 系统知识库资源有限的问题，便于数据和规则的更新；推理机的主要作用是进行病虫害的诊断。

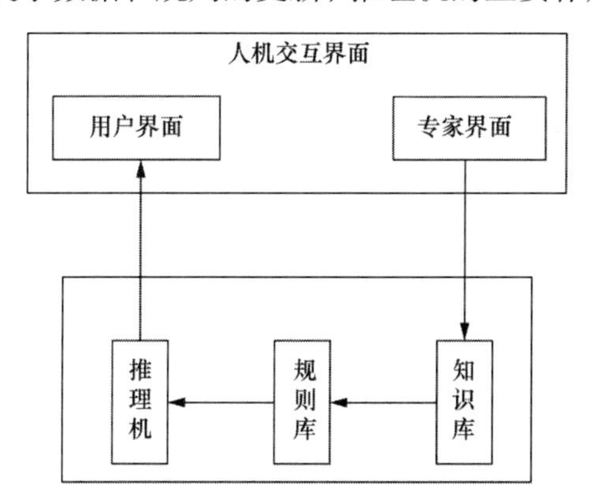

图 15.3
基于 Android 手机客户端的农业病虫害诊断系统结构

基于 Android 手机客户端的棉花病虫害诊断系统主要采用知识获取技术、知识库构建技术、规则库构建技术及推理机技术等进行设计，以实现农业病虫害的及时有效诊断。

① *知识库构建*　对病虫害诊断推理的依据就是知识库中的知识。在此主要通过咨询专家和查阅相关文献获取知识，其流程图如图 15.4 所示，然后进行归纳总结，形成农业病虫害知识表。

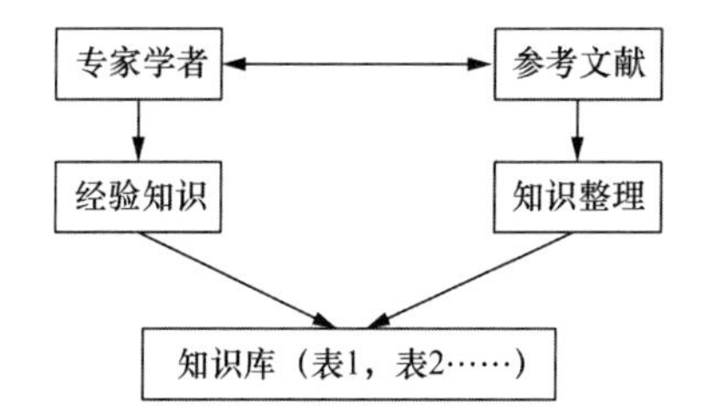

图 15.4
知识获取流程图

② *规则库构建*　为了清晰表示农业病虫害症状与病因之间的关系，参考农业病虫害知识表，采用产生式规则表示法构建农业病虫害规则库。图 15.5 以棉苗立枯病为例描述了将知识表转化为树状图的方法，即将从根节点到叶节点的所有路径转化为产生式规则的表达形式。

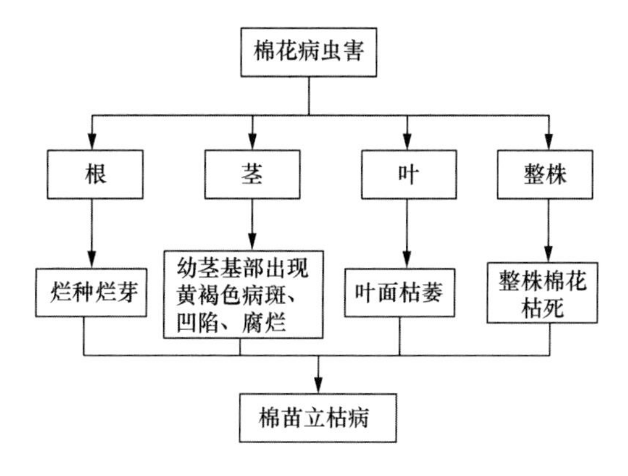

图 15.5
棉花病虫害树状图

③ *推理机实现*　作为系统的核心部件，推理机的好坏直接决定系统的效率和水平。

推理效果受知识应用的影响，包括准确选择知识、正确应用知识等，推理效率则由选择知识和使用知识的代价决定。在农业生产过程中，病虫害种类繁多，要实现对病虫害的诊断，系统的诊断推理主要通过用户信息的获取和知识表的查询来获得相关信息和数据，基于这些信息和数据，系统按数据库中存储的知识和规则进行判断和推理，从而为用户提供病虫害的防治方法（叶煜 等，2018）。农业病虫害推理过程如图 15.6 所示。

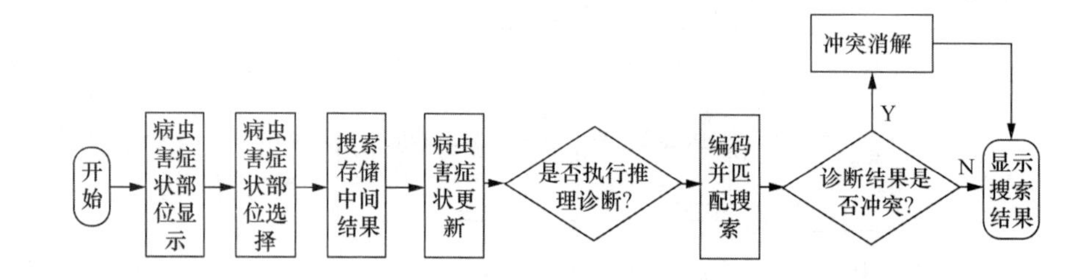

图 15.6 农业病虫害推理过程

15.3 农业病虫害智能决策支持系统

在此以蜜柚病虫害诊断防治智能决策支持系统为例介绍这个系统的构建方法。该系统包含蜜柚病虫害基础知识库和诊断防治数据库。在病虫害推理诊断过程中，根据知识工程的知识表达方式和蜜柚病虫害的表述方式，选择产生式规则知识表达方式作为病虫害诊断的推理方式，实现蜜柚病虫害的诊断和防治（李志然，2019）。

病虫害诊断防治系统模块主要包含蜜柚病虫害知识查询、病虫害诊断、病虫害防治三大内容。用户在使用远程图像与视频监控系统获取植物生长状态信息、发现病虫害症状后，可以通过手机和 PC 客户端登录系统进行病虫害知识的咨询和图片对比，通过病虫害诊断模块，确定病虫害的类别，然后根据知识库的信息获取相应的诊断防治方案。

专家系统是由人工智能和知识工程技术逐步发展、分化、成熟起来的技术，它的核心也是知识的智能处理和应用。一个专家系统建设的根本在于领域知识的获取整理和规则化，在于专家知识库的建立。因此，知识库的质量和水平在一定程度上决定着专家系统的实用性性能和水平。在蜜柚专家系统的建立过程中，对蜜柚知识的获取成为系统建设的关键和基础。蜜柚专家知识库的知识来源主要有以下四个方面：一是来自学术著作和蜜柚专业教材，二是来自科技期刊和研究文献，三是来自基层农业人员和科技工作者在长期的实践中总结整理的具有启发性和实用性的技术知识，四是来自实际需求的调研。在完成基础知识的收集整理后就是知识的表达环节。根据蜜柚知识的复杂性，确定以“产生式规则表示法+知识块”的模式作为蜜柚知识的表示方法，易于实现模糊知识和确定知识的有机结合。产生式规则是知识工程中知识表示的最基本的方式，比较适用于复杂化的推理、判断知识，产生式规则的特点是可以将具有因果关系的知识清晰表达出来，其基本形式为：条件—行为或前提—结论。

从广义上来讲，作为专家系统基础构件的数据库包含知识库，另外系统运行过程中产生的数据缓存等内容也是数据库的组织范围。狭义来说，数据库又独立于专家系统，平行于知识库、推理机和人机界面等系统构件。数据库可以方便地把数据间的组织和联系用表格的方式清晰表现出来，使每个数据库都有专属 ID 序号，使程序和数据相对独立，可以通过数据库系统或专家系统数据库窗口完成对数据的修改、追加和删除，不会影响系统的正常运行。在此数据库建设采用 Oracle 关系型数据库，在设计编程时采用模块化结构设计，建立蜜柚病虫害诊断防治智能决策支持系统数据库。

推理机是专家系统架构中的逻辑推理模块，它的主要功能是使专家系统能够按照或模拟领域专家的思维方式，运用一定的规则程序从知识库和数据库中寻求知识以达到解决问题的目的，是蜜柚病虫害诊断防治智能决策支持系统的核心组成部分。推理机的推理设计有很多应用模式，而基于规则系统的推理模式在农业专家系统中应用广泛，主要包含正向、反向和混合推理三种模式，不同推理模式在推理过程的实现中会具有不同的效果。在此蜜柚专家系统基于知识库中知识表达方式的特点，选用基于规则的正向推理模式。

蜜柚病虫害的主要病状位置有根部位置症状、枝干位置症状、叶片位置症状、花果位置症状和植株综合症状五大方面，在实际的病虫害发生时，可能某一位置是病虫害的主要发病位置，体现病虫害的典型特征，可以作为诊断的依据条件。具体来说，在病虫害诊断系统中，根据系统提供的五大位置进行特征描述，重点进行典型特征的描述，然后系统根据症状描述通过比较诊断、模糊诊断或精确诊断给出可能的病虫害名称，用户根据实际病虫害症状进行结果对比，确定病虫害的名称，获取相应的防治方法。病虫害诊断规则为：查询发病时期、发病部位、症状表现等条件，查询得出病害名称、症状特征以及防治详细资料等条件要求。如果经过判断后用户确认病虫害的名称，则可以直接在专家系统知识库目录中查询检索相应病虫害的介绍和防治方法。病虫害诊断防治模型流程图如图 15.7 所示。

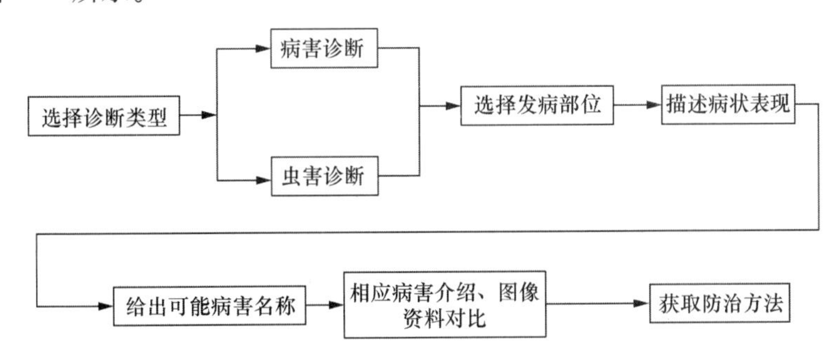

图 15.7
病虫害诊断防治模型流程图

果园管理人员通过云平台智慧农业系统的远程视频监控系统控制各高清摄像机镜头定点获取蜜柚叶片、枝干和果实上的病虫害图像或视频资料，将之存储于云服务平台。然后通过云平台进入蜜柚病虫害诊断防治智能决策支持系统的知识库，根据所收集到的图像视频资料进行病虫害的知识检索和图像对比确认病虫害名称，获得病虫害诊断防治方案。同时也可以通过专家远程指导途径获取病虫害的诊断和防治方案。图 15.8 为病虫害监测防治咨询示意图。

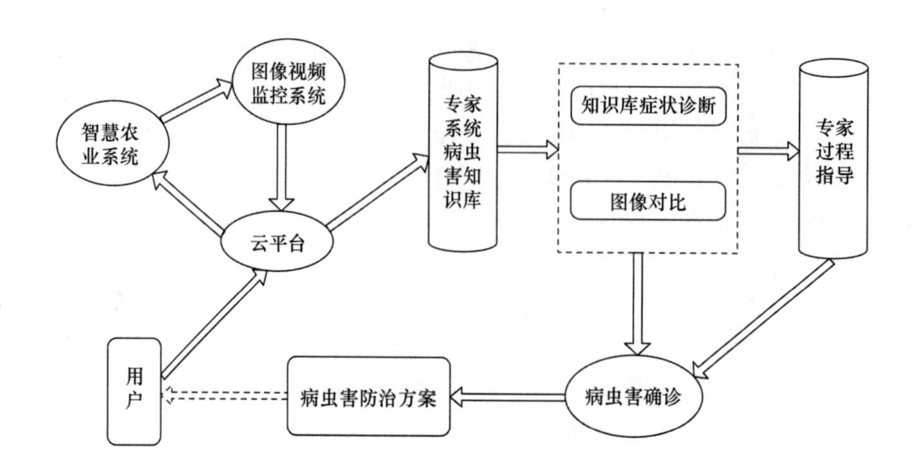

图 15.8
病虫害监测防治咨询示意图

小 结

在基于物联网的农业病虫害诊断推理与智能决策中，应结合更多、更及时的传感器所获取的环境信息、自动识别信息、动植物信息等多元异构数据，采用数据挖掘技术从历史病历中挖掘发病规律、发病原因，继续补充和完善知识库，构建基于大数据的诊断推理与智能决策系统，提高农业病虫害诊断推理与智能决策的能力和范围。

随着我国5G网络覆盖工程的实施和越来越多的用户选择使用Android手机，同时由于Android智能手机具有价格低廉，容易操作，便于携带等优点，因而基于Android手机客户端的农业诊断推理与智能决策系统平台将会是未来的重点研究方向。

参考文献

龚洪浪，2018．基于人机协同技术的农业收割机故障诊断系统设计[J]．农机化研究(3)：203-207.

李志然，2019．基于云平台蜜柚专家系统和智慧农业系统的构建[D]．福州：福建农林大学.

姚青，张超，王正，等，2017．分布式移动农业病虫害图像采集与诊断系统设计与试验[J]．农业工程学报（增刊）：184-191.

叶煜，李敏，王彪，2018．茶叶病虫害查询诊断系统中推理机的设计[J]．软件工程，21(9)：262.

于辉辉，屠星月，孙敏，2015．基于Android手机客户端的棉花病虫害诊断专家系统研究[J]．山东农业科学，47(2)：125-128.

应 用 篇

实践是检验真理的唯一标准，理论来源于实践，又应用于实践。一方面现代农业的发展为农业物联网的应用开辟了广阔的天地，另一方面农业物联网理论、方法和技术的研究发展又为现代农业发展提供了重要支撑。本篇从农业物联网感知、传输、处理三层结构的集成方法着手，分析了农业物联网标准制定所涉及的关键问题，以大田种植、设施园艺、畜禽养殖、水产养殖、农产品物流物联网应用这五个有代表性的农业应用领域，系统阐述了各自物联网建设的不同需求、不同应用特点、不同的技术方案以及其中涉及的农业物联网关键技术，对农业物联网发展趋势和前景进行了大胆预测与展望，提出了农业物联网发展的方向和建议。

第 16 章　农业物联网技术集成

农业物联网技术集成是把前端信号采集、网络传输和后台集成，乃至运营维护融为一体的重要环节，物联网系统的效率和效应，在很大程度上依赖于技术集成的水平。集成可以将各个孤立的系统建立联系，构成一个完整可靠、经济有效、可扩充维护和实用的农业物联网平台。本章主要讲述集成的概念、原则、步骤，分别从感知层、传输层、应用平台和总体系统几方面介绍集成内容和集成方法，并以水产养殖物联网中设备集成、运行、维护、故障诊断等方面为例做了简要论述。

16.1　概述

农业物联网涉及农业信息感知（获取）、信息传递、信息处理与信息利用等研究领域，每一部分都是一个小系统，整体上构成一个复杂的智能系统。在农业物联网概念出现之前，国内外学者利用计算机技术、电子信息技术、人工智能技术等对农业生产自动化、智能化、现代化方面进行了大量研究，构建了较完善的农业专家系统、温室控制系统、病虫害诊断预测系统等，并应用到实际农业生产环节。

建设现代农业物联网系统不单单要实现各个设备工作，还要保证各个系统、设备之间能够相互通信、协同运行。然而，由于各种智能农业装备、农业机器人、农业传感器及管控云平台等未建立相应的行业标准，导致设备的信号传输方式、控制方式、接口等不相同。如果简单集成各类设备，将会面临以下问题。

（1）设备兼容性。目前智能设备的参数没有统一的标准，因此不同厂商的设备会存在接口、控制方式、信号传输方式不同的问题，将设备直接连接在一起，可能会出现由于某些设备无法兼容，导致农业物联网中系统功能不完善，从而无法实现农业物联网完整的闭环。

（2）系统稳定性。农业环境具有复杂性且农业设备寿命有限，如果仅仅集成设备，当某个设备出现故障时，就可能造成系统不正常运转，农业物联网生产效益大大降低。

（3）信息可靠性。农业环境复杂且变化无常，传感器测量数据有可能会受到多种因素的干扰，错误的数据上传会导致系统做出错误的指令。另外，农业数据信息传输方式较简单，易被恶意获取或攻击。

因此，农业物联网系统不能简单地按照功能选择设备，不仅要解决不同设备之间兼容、稳定及安全性问题，而且要实现整个农业物联网系统高效运行。系统集成是连接各个子系统、构建成一个有效整体的科学手段，在现代工业系统中应用广泛。它按照用户的基本需求选择各种产品，根据产品之间的差异，利用各种技术将子系统紧密联系到一起，彼此之间相互协调工作，构成一个可靠有效的整体，并使得整体性能最优，成本最低。农业物联网系统集成中，终端集成就是将各种智能农业装备连接到统一的平台中，对它们进行监测和智能控制；网络层集成是指将多种网络传输技术集成到一个系统中，性能优异，经济实惠；云平台集成就是要利用各种技术将不同的子系统、专家系统、知识库等融合，实现数据共享，并利用各种智能算法实现智能决策。农业物联网系统集成是将终端设备、网络层和云平台之间相连相通。

农业物联网系统集成要根据用户的实际需求和环境条件，选取合适的农业信息获取、信息传递与处理等技术，提升农业生产、管理、交易、物流等各环节的智能化水平，发挥整体效益，以求达到最优。本章主要介绍物联网系统集成的原则、步骤和集成方法，并介绍一个简单的系统集成案例。

16.2 农业物联网系统集成原则和步骤

16.2.1 农业物联网系统集成原则

1．实用性与经济性原则

实用性是指农业物联网系统能够最大限度地满足实际农业生产工作要求。经济性是指在满足系统需求和稳定、可靠的前提下，应尽可能选用价格便宜的设备，以便节省投资。由于农产品附加值相对较低，农民的收入和对信息化产品的支付能力比较弱，经济实用才是农民的首选。另外，人机操作设计应充分考虑不同用户的实际需要；用户接口及界面设计要从人体结构特征及视觉特征出发进行优化设计，操作尽量简单、实用，便于农民学习使用。

2．先进性与成熟性原则

考虑到电子信息及软硬件技术的迅速发展，系统集成时在技术上要适当超前，采用当今国内、国际上最先进和最成熟的农业信息获取技术、传输和处理技术以及计算机软硬件技术，使建立的系统能够最大限度地适应今后技术发展变化和业务发展变化的需要，如使用 5G 通信、云计算、农业机器人等先进技术与装备。

3．可扩充与兼容性原则

针对农业物联网地域分布广、运行环境恶劣、运行维护成本高的特点，系统的总体结构设计呈结构化和模块化，功能和性能上协调一致，具有良好的兼容性、可扩充性，既选择具有良好的互联性、互通性及互操作性的设备和软件产品，使不同厂商的传感器和系统集成到同一个平台，又可以使系统能在以后可以方便地进行扩充，并扩展其他厂商的系统。

4．安全可靠性原则

安全和可靠是农业物联网系统运行的基本要求，既要保障农业物联网系统本身的数据、信息安全，又要保障农业物联网系统长久可靠运行。由于农业生产环境复杂多变，农业物联网系统要选用稳定、可靠、集成度高的感知和传输设备，运用成熟稳定的技术进行网络系统设计，利用成熟的故障诊断算法及时、准确地自诊断系统故障，并向农户、维护人员发送短信，尽快排除。

5．标准性原则

农业物联网系统各个模块设计，系统建设的实施步骤、实施要求、测试及验收标准、完成标志及说明文档都要符合国家标准，使得整个系统建设目标明确、任务具体，建设过程可以控制和管理。同样，采用科学和规范化的指导和制约，使得开发集成工作更加规范化、系统化和工程化，可以大大提高系统集成的质量。

16.2.2　农业物联网系统集成步骤

农业物联网系统集成的步骤可能根据不同的应用有所不同，一般来说，大致可分三个阶段，每个阶段又有若干步骤。下面结合水产养殖物联网给出系统集成的具体步骤。

1．系统集成方案设计阶段

（1）需求分析。根据用户要求，通过实地考察、调查问卷、座谈等形式，得到用户的应用需求、环境需求、功能需求、可靠性需求等并形成相应文档。例如，我国水产养殖农户最关心的主要有养殖水质和环境、养殖对象生长情况监测和疾病预防预警、自动精细投喂和水处理等。

（2）系统集成方案设计。在系统分析基础上，结合设计原则，确定系统设计方案，包括终端、网络层和云平台的具体类型和集成方法。

水产物联网终端包括监测设备、作业设备。其中监测设备涉及水质、环境、养殖对象生长环境的监测，针对不同的养殖对象，结合农业现场环境等，对相关参数的传感器集成设计，形成具有普适性、经济性、可扩充性的集成传感方案。作业终端需要根据养殖对象的情况，选择相应的智能设备，应该综合考虑智能装备的功能和价格，优先选用具有开放系统、性价比高的智能装备。终端设备都要满足一定的接口标准，保障数据能够准确、可靠地向上传输。

网络层集成方案比较复杂。针对工厂化集约式养殖、河塘养殖、水库养殖、湖泊养殖等不同的养殖模式，由于网络布线、养殖面积、供电等条件差异，涉及短距离无线传感网、局域网以及数据上报的广域网络。根据不同的应用场景，选用最经济、最适合的网络模式，利用多网融合技术和网关设备将不同的网络集成到系统中。

云平台集成是关键环节。需要通过云平台对采集的数据进行分析、存储、处理，构建数据库系统、数据处理系统。另外，云平台还要集成一些专家知识库、病虫害信息库、养殖信息、商务信息等相关数据。利用云计算、SOA 等技术，将各个子系统连接到一起，形成一个完整的云平台系统。

最后本着软件即服务的思想，利用中间件等技术，构建水产养殖物联网平台，集成水质监控、环境监控、精细投喂、疾病诊断与预防预警和产品流通、溯源等应用系统。

（3）方案论证。

2．工程实施阶段

工程实施阶段涉及以下步骤。

（1）终端设备集成。按标准接口集成多种感知设备，或者开发标准化、低成本、高可靠性的多参数感知设备。

（2）网络层设计。包括无线局域网设计和部署，电信网络设备的互联等。

（3）云平台集成与实现。可以同上述两步同时进行，主要是进行数据库设计、应用软件开发或软件的二次集成开发。

（4）系统测试。将整个软硬件系统联调测试。

3．验收和维护阶段

（1）系统验收。将系统交付用户并培训用户，包括对农户、农技人员、运行维护人员的培训，培训报告必须通俗、易懂。

（2）系统维护和服务。利用运维系统对系统进行维护和技术支持。

（3）项目总结。生成各类技术文档。

16.3 农业物联网系统集成方法

2016 年农业部发布了《全国农业物联网发展报告》，国家发展改革委员会和国家标准化管理委员会围绕首批物联网示范工程项目启动了一系列国家标准的制定工作，批复了 13 项农业物联网国家标准制修订项目，包括农业传感器及标识设备的功能、性能、接口标准，田间数据传输通信协议标准，农业多源数据融合分析处理标准、应用服务标准，农业物联网项目建设规范等。目前已经发布了国家标准 53 项、行业标准 2 项、在研标准

19项，覆盖了架构、传输、互操作、网关、接口、标识、测试和评价等相关基础性标准，有了标准，也就为系统集成提供了依据。

系统集成按不同的分类方法分为硬件集成和软件集成，或者数据集成、网络集成和应用平台集成。下面则按照信息传输的流程，从信息感知、信息传输和信息处理应用几方面简要说明相关集成方法。

16.3.1 终端集成

农业生产受气候、环境影响大，农作物和畜禽水产品等均具有生命性，对农业终端要求相对较高，如农用传感器工作环境苛刻，测量参数繁杂，测试难度较高，并具有不同的供电方式、感知范围、感知量程等。终端集成可分为感知层集成和作业装备集成两部分。

1. 感知层集成

1）集成微型传感器

随着现代新兴工艺的快速发展，微机械加工（MEMS）技术、集成电路技术和纳米技术已经趋于成熟，三种技术结合为集成制造微型、多参数、低成本的农用传感器提供了技术基础。例如，利用MEMS工艺，东南大学黄庆安教授研制了温湿度传感器（赵敏，2016），浙江大学谢金教授基于MEMS技术和纳米技术研制了湿度传感器（乐先浩，2019），郑州大学詹自力教授在微机电系统芯片平台的基础上，以SnO_2为敏感基体材料，以一氧化碳为目标气体，研制了一氧化碳气体传感器（闫贺敏，2018）。蒋丽丽等利用MEMS技术、电极表面修饰技术以及酶固定化技术，制备了纳米颗粒增强的多参数生物传感器，可以检测乳酸、谷氨酸、酮体、胆固醇和葡萄糖等多种参数（蒋丽丽 等，2016）。

2）多传感器融合的感知节点

农业物联网需要采集的信息较多，且各种信息间具有某种关系，例如，水产养殖需要采集水体的溶解氧、pH、温度、氨氮、电导率等，养殖区域的空气温度、湿度、风速、太阳辐射等气象信息，这些参数并不是相互独立的。因此，利用嵌入式技术、总线技术、IEEE 1451.2标准等对常用参数的集成检测，不但可以减小传感器的体积、降低成本，还可以对某些参数进行补偿、校正。例如，汤杰利用传感器分析技术、单片机控制技术及系统集成技术，研制了一种可同时检测水温、pH、溶解氧、电导率、浊度、氨氮等水质参数的便携式智能多参数水质分析仪，测量精度高，稳定性好（汤杰 等，2019）。魏光华利用总线研制了集成温度、电导率和pH检测于一体的水质传感器（魏光华 等，2019）。

3）感知多尺度集成

更高层次的集成就是对各种传感器、音视频图像、多媒体信息、个体标识信息、地理信息和执行机构等集成。主要采用计算机视觉、人工智能、数据融合、无线传感网等技术实现对分布式、多尺度信息的集成。王少华将计算机视觉、图像处理和人工智能等技术集成一体，利用摄像机全程监测奶牛行为，对奶牛发情的信息识别准确率为100%（王少华 等，2020）。魏韬构建了一种基于ZigBee技术的大棚无线传感网络数据采集系统，该系统可以监测温湿度、光照、二氧化碳、叶面湿度、土壤温湿度、土壤酸碱度等信息（魏韬，2019）。何蕊构建了基于ZigBee的校园湖泊水质监测系统，可以监测温度、pH、溶解氧以及电导率等参数（何蕊 等，2019）。

2．作业装备集成

农业物联网终端作业是要完成农业场景中的作业任务。作业装备集成主要是实现对作业装备数据监督和协调控制，以达到智能管理和智能作业的目的。近些年，物联网技术在我国得到了快速发展，通过物联网技术将智能设备集成到一起时，要求集成到农业物联网中的设备具有开放的系统，保障智能装备可以连接到物联网系统中。

首先，针对不同厂商生产智能装备参数不同的问题，应考虑制定统一的标准，保障智能设备基础参数一致，如电压、电流、总功率、设备规格等在基础设施支撑的范围之内。

其次，农业物联网系统中的作业终端经常需要对多智能体进行系统控制。目前，在多个机器人协同控制研究中，一致性算法是核心的研究方向。一致性算法的思想是把相邻个体之间的行为差异当作反馈控制数据，进而对单体机器人的行为进行调控。李灿灿研究了适用于动态拓扑通信以及网络延时的一致性算法协同控制多机器人系统，成功应用于飞行机器人旋转编队协同飞行（李灿灿，2019）。另外，M2M通信也是一种技术，通过机器与机器、网络与机器之间互相通信与控制，达到互相之间协同运行与最佳适配，在农业物联网各个作业终端中安装M2M装置，可以有效实现设备互联，最终实现协同运行。

最后，为了维护作业装备以实现长久稳定运行，还需要对作业装备进行智能诊断以判断是否出现故障。基于专家系统、神经网络的人工智能模型、模糊数学的人工智能模型和故障树的人工智能模型等故障诊断方法是目前常用的诊断方法，选择合适的诊断方法加入到作业装备系统，通过云计算，实现作业装备系统故障的智能诊断。

16.3.2 网络层集成

网络层集成就是根据农业环境和应用的需要，运用系统集成方法，将各种网络设备、基础设施、网络系统软件、网络基础服务系统和多种传输方式等组织成为一体，组建一个完整、可靠、经济、安全、高效的信息传输网络。网络集成涉及的内容主要包括网络体系结构、网络传输介质、传输互联设备、网络交换技术、网络接入技术、网络综合布线系统、网络管理与安全以及网络操作系统等方面。

农业物联网网络集成同其他物联网相同，关键是结合农业领域特点，构造适合的体系结构，选择适当的网络传输介质、互联设备、网络交换技术、接入方式等，在传输标准方面要结合国际标准，选用具有标准接口、协议的设备和组件。例如，在空间信息获取无线传感器网络和数据传输设备方面，针对大田、设施园艺、畜禽、水产等不同种养殖环境，研究网络节点空间部署、节能控制、自组织传感器网，低成本实时信息处理系统、多传感信息融合、个性化人机交互界面技术等。

16.3.3　农业物联网云平台集成

物联网云平台集成的要点是要消除“物-物相联的信息孤岛”，目前如 SOA（service oriented architecture）、云计算、EAI（enterprise application integration）、M2M 等技术的焦点都是信息集成，目标是消除信息孤岛，实现泛在的互联互通。

针对我国农业信息化基础设施薄弱、需求复杂多变、应用模式多等特点，面向农业物联网重大行业应用，构建面向服务的运行支撑平台与集成环境，采用多源信息融合、海量信息分布式管理、智能信息服务等关键技术，形成农业物联网基础软件平台，可以为现代农业产业技术体系提供强有力的支撑。

16.3.4　农业物联网系统集成

为了构建端到端的物联网解决方案，需要搭建一个支持全面连接各种感知/控制设备、物理实体、人和应用的网络化应用平台。它主要包括物联网接入网关、物联网应用网关和物联网基础设施管理系统。

其中物联网接入网关位于感知层和传输层之间，利用统一的设备接入框架和技术、本地数据智能技术、端到端的管理和安全技术等，实现各种传感器接入和数据获取，本地智能、数据存储和处理能力，传感器和传感网络管理，安全保障等功能，从而降低设备集成的复杂性，易于管理。

物联网应用网关位于传输层和应用平台之间，涉及的关键技术有：高效的大规模并发网络连接管理技术，统一的传感器命名、寻址和可达性管理技术，基于策略的数据处理技术，端到端的管理和安全技术，优化的物联网数据管理技术，包括历史数据和实时数据的存储、查询和分析，自适应的流量管理和服务质量管理技术。主要功能是网络连接管理，传感器、控制器的命名、寻址和可达性管理，数据预处理，为数据中心提供安全机制等。

根据物物相连思想，在设计农业物联网方案时，在各层集成的基础上，在感知层、传输层、应用层之间设计一些通用网关，既可以实现各个层次之间的集成，也可以实现对数据的预处理等，从而降低应用开发门槛，易于管理并提供更好的安全保障。

16.4　系统集成案例

本篇后面章节将给出几个典型农业物联网应用实例，包括大田种植物联网、设施园艺物联网、畜禽养殖物联网、水产养殖物联网、农产品物流运输物联网等。

本节以系统集成的思想为指导，以集约化水产养殖水质监控设备为对象，将在线智能诊断技术应用于水质监控系统中，集成开发水产养殖水质监控设备诊断系统。

水产养殖水质监控设备系统结构图如图 16.1 所示，下面简要介绍监控设备诊断系统的设备集成、系统结构和功能。

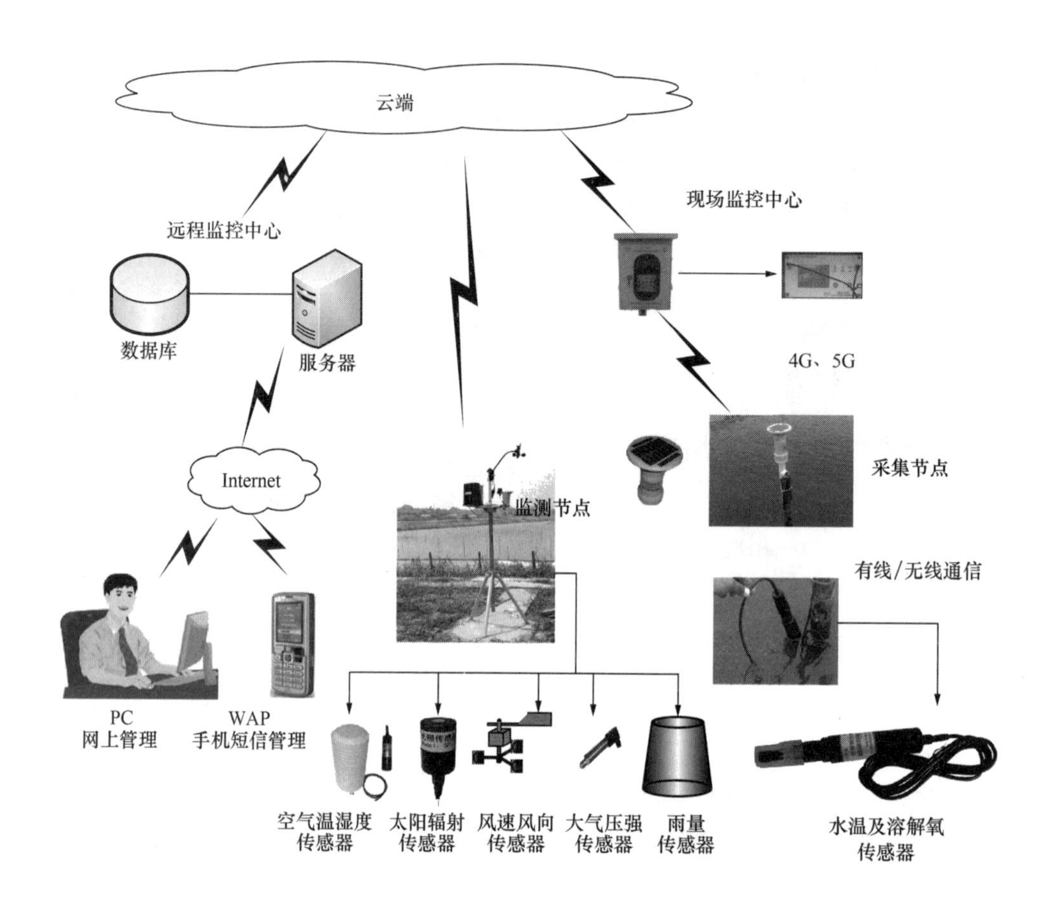

图 16.1
水产养殖水质监控设备系统结构图

16.4.1 设备集成

水产养殖设备包括感知设备和作业设备。感知设备主要是水质传感器和无线汇聚节点；作业设备主要是增氧机、自动饲喂机、无人船、水处理设备等。各种设备均是面对高温、高湿、风吹雨打的恶劣自然环境，水质传感器更是一直在水面 1～1.5m 以下工作，面对着各种微生物、水草、水中化学物质的侵蚀，虽然设备设计得很强健，但不可避免会发生故障，轻微的故障可能导致资源的浪费，严重的故障导致整个系统的瘫痪，威胁水产品的安全，造成巨大的经济损失。水产养殖物联网中选用、集成的设备除了具有其基本功能外，还要具有设备状态、电池电量等信息的记录、传输等功能，并且在接口标准、数据通道等方面要充分考虑便于故障点诊断。

1．传感器集成

水产养殖需要重点采集的参数有水温、溶解氧、气象信息等。本案例中选用的溶解氧传感器包括溶解氧探头、温度电导率探头、信号调理模块、TEDS 存储器、微控制器 MSP430、总线接口模块、电源管理模块。通过溶解氧探头采集出水体的溶解氧信号以及通过温度电导率探头采集出温度信号和电导率信号，经过变送电路传给 MSP430 单片机的 A/D 输入端，再由单片机根据 TEDS 存储器存储的 TEDS 参数以及经过处理后的传感器信号计算出溶解氧含量、电导率、温度和盐度，并通过总线接口模块对以上变量进行输出。此方案实现了对溶解氧测量的温度补偿和盐度补偿，具有即插即用功能，校准维护方便，可以满足水产养殖溶解氧的在线检测需求。选用的空气温湿度、风速风向等气象传感器亦具有标准接口、集成度高的特点。

2．无线汇聚节点

系统中，使用的无线汇聚节点是针对水质与环境信息无线监控网络多种传输方式并存、传感类型与节点数量多、网络结构复杂易变等问题，具有多模式数据传输技术（无线 ZigBee、GSM/GPRS，4G、5G 等），传感器信息融合技术与无线网络节点管理技术，开发运算、处理与通信能力强的无线汇聚节点，实现无线监控网络信息汇聚、融合，向中心服务器发送融合后的各种信息，接收反馈的控制指令，并向指定的无线调控节点转发。

3．作业设备

选用各种水产养殖作业装备主要考虑其智能化的程度，首先，要具备开放的系统，便于设备与云平台连接；其次，要具备可编程控制的模式，便于系统接受工作以及与其他设备配合工作；然后，设备要具备相关自主行为能力，可以进行自主规划工作路线；最后，设备用于养殖现场，环境较为恶劣，应具备较长的寿命。

16.4.2　系统结构设计

水产养殖水质监控设备故障在线智能诊断系统软件结构图，如图 16.2 所示。

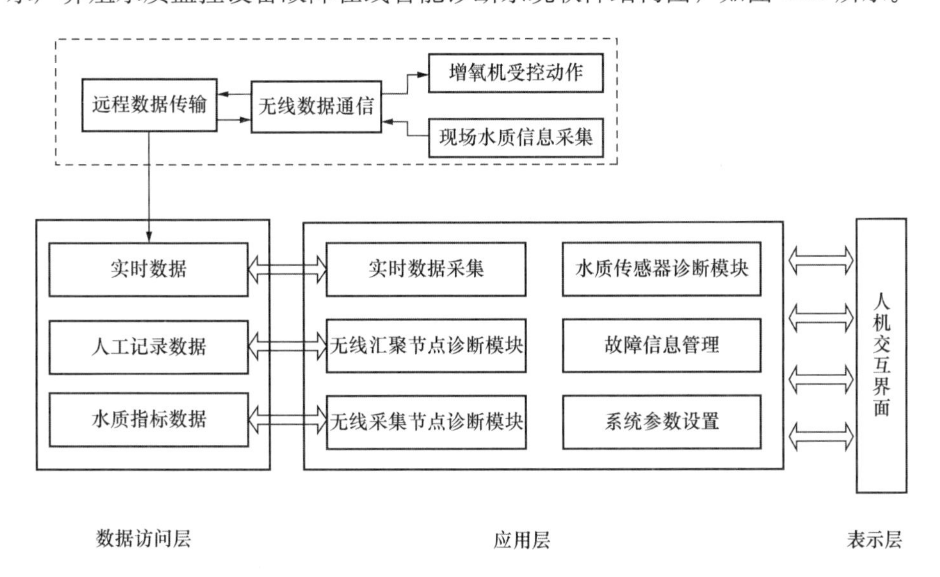

图 16.2 水产养殖水质监控设备故障在线智能诊断系统软件结构图

本系统分为三大模块，其一是以设备故障诊断为核心的功能模块，包括无线汇聚节点诊断模块、无线采集节点模块及水质传感器诊断模块；其二是设备故障报警、地图显示及故障维护模块；其三是故障信息管理模块，即通过故障信息分类存储管理、统计分析及生成报表打印实现上述两个模块在功能和数据上的整合。本系统采用三层架构模式，即数据访问层（data access layer）、应用层（business layer）与表示层（presentation layer）。

（1）数据访问层是系统中的信息获取部分，主要存放以下三类数据。

① 实时数据　即由数据采集模块获取的实时信息，包括溶氧、水温等水质信息和气象数据等环境信息。

② 人工输入数据　包括各种日常维护记录，如故障时间、故障设备 ID、故障现象、故障原因、维护手段等。

③ 水质指标数据　包括不同养殖环境在其不同时间阶段的各种水质指标限值。

（2）在应用层开发了六个独立模块，即数据采集模块、无线汇聚节点诊断模块、无线采集节点模块、水质传感器诊断模块、故障信息管理模块、系统参数设置模块等。

（3）表示层采取门户等形式，将数据处理后的结果以网页、图表等各种形式显示给用户。

16.4.3　系统功能设计

根据系统的需求分析，得到水产养殖水质监控设备故障在线智能诊断系统软件功能设计，如图 16.3 所示。

故障诊断软件主要实现以下功能。

① 无线汇聚节点诊断模块　实现水产养殖水质监控系统中的无线汇聚节点的故障诊断。无线汇聚节点的状态参数包括心跳频率、GPRS 信号强度、小无线信号强度、设备电压、供电方式等。

② 无线采集节点诊断模块　实现水产养殖水质监控系统中的无线采集节点的故障诊断。无线采集节点的状态参数包括复位次数、小无线信号强度、设备电压等。

③ 水质传感器诊断模块　实现水产养殖水质监控系统中的水质传感器的故障诊断。水质传感器的状态参数包括工程值、水温、溶解氧、pH 等。

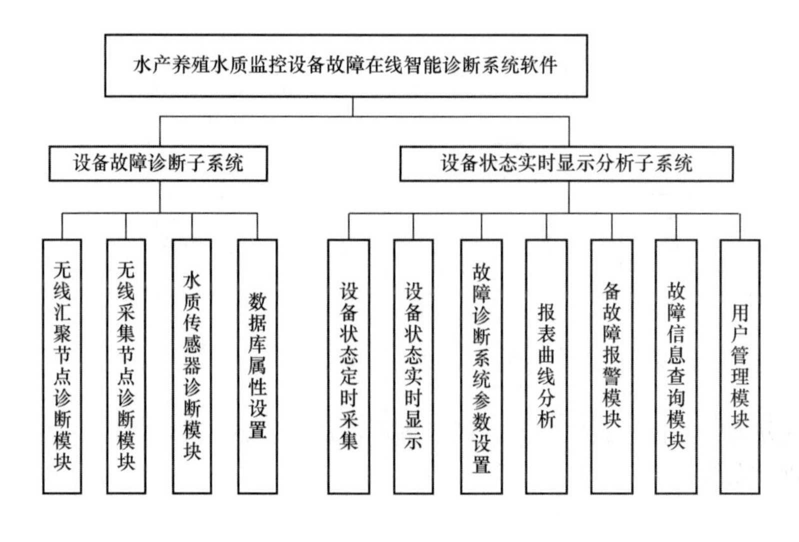

图 16.3　水产养殖水质监控设备故障在线智能诊断系统软件功能设计

④ 数据库属性设置 实现设备信息数据库属性用户自主设置。设备数据库属性表示无线汇聚节点、无线采集节点与监控传感器之间的关系，字段包括场景编号、设备编号、设备名称、网络编号及运行状态等。

⑤ 设备状态定时采集 实现定时从水质监控设备中读取设备状态数据，并存入数据库中，获取数据的频率可根据用户设定。

⑥ 设备状态实时显示 实时察看每个设备的状况，保存水质监控设备运行参数，供报表打印、数据分析使用。当水池的某个监控设备出现故障时，在地图上设备的颜色会变成黄色，严重时会变成红色，实现颜色报警，便于维护人员及时发现问题，做出处理。

⑦ 故障诊断系统参数设置 维护人员可以根据养殖场的实际情况修改诊断规则和报警方式，并可根据自己的设备维护经验，自行设定报警的水质指标参数。

⑧ 故障报警模块 根据无线汇聚节点诊断模块、无线采集节点诊断模块、水质传感器诊断模块三个诊断模块，检测出设备故障后，为维护人员提供页面报警。

⑨ 故障信息查询模块 实现故障信息的查询，查询历史故障数据。

小 结

本章首先给出了农业物联网技术集成的概念、集成原则和步骤，然后分别从农业物联网涉及的终端、网络层、云平台以及整体系统介绍了常见集成方法，最后以水产养殖物联网为例，简要说明了集成的内容和过程，特别以水产养殖水质监控系统为例，详细说明了集成过程中，传感器选择、功能配置和运行维护平台的设计。

农业物联网技术集成是一门综合学科，它不是一套系统，不是一套设备，更不是一套软件，而是全面感知、可靠传输和智能处理技术与方法在农业领域的具体应用和集成，是电子、计算机、通信技术与农业业务系统的高度融合，是现代农业发展的重要支撑。

参 考 文 献

何蕊，储瑛，颜奔，等，2019．基于 ZigBee 的校园湖泊水质监测[J]．价值工程，38(7)：171-173．

蒋丽丽，陈国彬，张广泉，2016．基于微电机系统的多参数传感器与检测系统设计[J]．科学技术与工程，16(6)：187-190．

乐先浩，2019．基于 MEMS 薄膜压电谐振器与氧化石墨烯的湿度传感器[D]．杭州：浙江大学．

李灿灿，2019．面向一致性的多机器人协同控制算法研究[D]．成都：电子科技大学．

汤杰，毛芳芳 魏峰，等，2019．便携式智能多参数水质分析仪的研制及其应用系统[J]．化学分析计量，28(5)：117-122．

王少华，何东健，刘冬，2020．基于机器视觉的奶牛发情行为自动识别方法[J]．农业机械学报，51(4)：241-249．

魏光华，赵学亮，李康，等，2019．多参数水质传感器设计[J]．河南科技大学学报（自然科学版），40(4)：41-45．

魏韬，2019．基于 ZigBee 无线传感网络的大棚数据采集系统的设计[D]．淮南：安徽理工大学．
闫贺敏，2018．SnO_2 基 MEMS 型 CO 气体传感器[D]．郑州：郑州大学．
赵敏，2016．MEMS 温湿度传感器集成系统设计[D]．南京：东南大学．

第 17 章 农业物联网标准化

农业物联网标准化是农业物联网关键技术集成和工程实施的牵头和基础，是规范农业物联网应用系统建设的依据，是规范农业物联网相关设备生产的前提，是实现农业感知数据和服务共享的基础，是农业物联网技术应用和建设有序发展的根本保障。农业物联网标准体系包括基础通用标准和产业应用标准。本章在对标准、标准化和标准体系等概念进行阐述的基础上给出了农业物联网标准的概念，简要介绍了农业物联网感知层、传输层和应用层所涉及的标准建设规范和已有标准，以大田种植、设施园艺、畜禽养殖、水产养殖、农产品物流追溯为例，分析了在建设其物联网系统过程中所涉及的主要标准规范内容，以期使读者对农业物联网标准有一个全面的认识。

17.1 概述

17.1.1 农业物联网标准相关概念

1．标准和标准化

1991 年，国际标准化组织（International Organization for Standardization，ISO）与国际电工委员会（International Electrotechnical Commission，IEC）联合发布了第 2 号指南《标准化与相关活动的基本术语及其定义（1991 年第六版）》。该指南给“标准”定义如下：“标准是由一个公认的机构制定和批准的文件，它对活动或活动的结果规定了规则，导则或特性值，供共同和反复使用，以实现在预定结果领域内最佳秩序的效益”；给“标准化”定义如下：为在一定的范围内获得最佳秩序，对实际的或潜在的问题制定共同的和重复使用规则的活动。

2．标准体系

标准体系是依据对主体对象的认知程度，为获得秩序最佳所需要的，由若干相互依从、相互作用、具有特定功能的标准化文件组成的有机整体。

标准体系一般由框图、展开图和明细表组成。框图和展开图属于标准体系结构图；明细表按照结构图逐一列出各项标准的位置编号、名称、标准编号（包括自己制定和优选采用的标准）、成熟度等信息。对于国内标准、国外标准和国际标准应同等对待，都是优选采用的对象。

标准体系的作用主要体现在标准体系是标准化工作的蓝图，它标示着为实现特定的目标需要哪些方面的标准，这些标准的内容、界面以及它们之间的相互关系；优化结构，避免标准的遗漏和标准之间的重复与交叉；确立标准建立的优先顺序，从而提出标准化需求的总体设计方案，为标准化工作的计划安排提供依据。

3．农业物联网标准化

根据农业物联网的定义以及标准、标准化以及标准体系的定义，本书认为：

农业物联网标准是对物联网技术在农业生产、经营、管理和服务等具体应用中的相关科学技术成果进行与总结，经有关方面协商一致，由农业标准主管部门或相关专业委员会批准，以规定的形式发布，在相关领域公认并共同遵守的准则和依据。

农业物联网标准化是制订、发布和实施农业物联网标准达到统一以获得最佳秩序的活动及过程。农业物联网标准体系是若干相互依从、相互作用、具有特定功能的农业物联网标准化文件组成的有机整体。

17.1.2 农业物联网标准的重要性

近年来，我国的农业物联网建设取得了重大进展，国家和各省市农业物联网示范项目纷纷上马，这批示范项目为农业物联网关键技术的研究和农业物联网体系结构的建立做了很多有益的探索。但是，随着农业物联网建设的深入，问题也越来越明显地暴露出来，并构成了我国农业物联网进一步发展的瓶颈。如由于缺乏农业传感器标准的规范化描述导致不同厂家生产的农业传感器接口、功能各异，很难集成在一个农业物联网应用系统中；由于缺乏感知数据存储、应用规范化描述导致不同物联网应用系统间感知数据共享困难；由于缺乏针对大田种植、设施园艺、畜禽养殖、水产养殖等农业生产过程的物联网建设标准规范导致不同单位、不同地区建立的物联网系统难以兼容，数据和设备信息无法通用等。

这些问题的症结都揭示了农业物联网建设的一个关键瓶颈——农业物联网标准工作薄弱。相关标准的缺乏，使得农业物联网感知层设备难以有效集成、传输层所传输的信息难以适应不同拓扑结构的网络、应用层提供的服务种类和手段各异，使得农业物联网建设实施困难加大，成本无法得到有效控制。因此，要推动我国农业物联网健康、快速、良性发展，必须加强农业物联网标准建设工作，通过有效地建设面向大田种植、设施园艺、畜禽养殖和水产养殖等农业应用的物联网系统，使得不同的感知设备可以互联互通，不同的感知传输网络架构可以无缝连接，不同的感知服务可以协调统一，从而确保农业物联网的健康、有序、快速、科学发展。

具体来说，农业物联网标准的作用可以归结为以下几点。

1．农业物联网标准是规范农业物联网应用系统建设的依据

农业物联网建设之所以出现无序、体系结构各异、系统之间互不兼容、感知数据和服务难以共享的现象，其根源在于相应的标准和规范的缺失。如果不同农业产业的物联网系统建设都按照各自所规定统一的标准规范进行，所有农业物联网感知设备、传输设备和服务系统都能够遵循统一的标准规范进行研制与开发，不同的感知设备将实现不同系统间的“即插即用”，服务也可以做到“即接入即提供”，能够实现最大限度的设备和资源重用。这不仅仅能减少农业物联网建设的重复劳动，而且还能大大简化相关的后续环节工作，对提升农业物联网建设效率、降低建设成本具有不可估量的作用。

2．农业物联网标准是规范农业物联网相关设备生产的前提

由于农业物联网的建设还处于初级阶段，不同的生产厂家生产了不同类型、不同接口、不同功能的感知设备和无线传感网络设备，但由于缺乏全局统筹和科学管理，这些设备的生产制造往往缺乏科学性。由于研发水平和管理水平不同，设备的质量也良莠不齐。这种现象使得农业物联网建设的效率和服务的效果大打折扣。因此，通过制定农用传感器、无线网关等技术标准规范，让不同农业物联网设备生产企业、研发机构和用户统一农业物联网设备技术标准，提高农业物联网相关设备研发的规范程度和水平，以促进农业物联网的统一协调高效发展。

3．农业物联网标准是实现农业感知数据和服务共享的基础

感知数据是农业物联网服务的来源和基石，不同的数据结构定义、不同的数据存储结构、不同的数据采集周期、不同的数据采集标准使得感知数据难以在不同的农业物联网应用系统间实现共享，而在感知数据基础上的感知信息服务也难以实现共享。为实现感知数据和服务的共享很重要的一点就是制定农业感知数据管理和感知信息服务的标准规范，没有统一的感知数据和服务的标准和规范，感知数据和服务的共享难以实现。

17.1.3　农业物联网化标准现状

农业物联网标准是国际农业物联网技术竞争的制高点，作为物联网的应用行业之一，农业物联网标准的制定一方面要确保与物联网标准相一致；另一方面又要适合农业生产环境应用的独特性（高星星　等，2019）。

在国际上针对不同物联网技术领域的标准化工作早已开展，由于物联网技术体系庞杂，因此物联网的标准化工作分散在不同标准化组织，各有侧重。RFID 标准已经比较成熟，自 2004 年起，国际标准化组织共制定 RFID 相关标准 15 条，包含数据协议、应用接口等，EPCglobal 则更多地关注 RFID 的具体技术，尤其是在物流供应链领域，已解决其流程中透明性和追踪性；ITU-T、SG13 对 NGN 环境下无所不在的泛在网需求和架构进行了研究和标准化；ETSI、M2M、TC 开展了对 M2M 需求和 M2M 架构等方面的标

准化；3GPP 在 M2M 核心网和无线增强技术方面开展了一系列研究和标准化工作；ITU、3GPP、IETF、IEEE 等组织开展了物联网通信和网络技术标准化工作；IETF 标准组织也完成了简化 IPv6 协议应用的部分标准化工作，目前在该领域的标准化工作重点是对原有协议标准的维护及补充完善；为快速推进物联网技术的发展，ISO/IEC（国际标准化组织/国际电工委员会）JTC1（第一联合技术委员会）成立专门的分委员会 SC41（物联网及相关技术分委员会）开展物联网标准化工作（郎为民 等，2019），自 2013 年至 2019 年 4 月底，SC41 JTC1 IEC/ISO 发布的标准和报告共计 20 项，其中在传感信息网络方面的标准 12 项，主要涉及传感器网络架构接口等内容，在水下声学传感器网络（UWASN）方面标准 4 项，物联网（IoT）方面标准 4 项，正在制定的标准与报告共计 12 项，主要包含 UWASN 和 IoT 相关方面。

我国物联网的标准化工作起步较晚，完整的标准化体系尚未形成，但自起步之日起，物联网标准化便得到广泛关注。我国相关研究机构和企业通过积极参与物联网国际标准化工作，在 ISO/IEC、ITU-T、3GPP 等标准组织取得了重要地位。自 2005 至 2010 年，国内相继成立电子标签标准工作组、全国信息技术标准委员会（以下简称信标委）传感器网络标准工作组、国家物联网标准联合工作组，其中国家物联网标准联合工作组下设总体项目部、标识项目组和安全项目组三个小组，开展总体标准研究、标识标准研究和信息安全标准研究。2017 年全国信标委提出筹建全国信标委物联网分委会（T28/SC 41），2018 年国家标准化管理委员会（以下简称国标委）网站公开征集物联网分委会意向委员以及召开了物联网标准第三次协调会，2019 年 8 月国标委批复成立全国信标委物联网分技术委员会，于同年 11 月全国信标委物联网分技术委员会成立大会暨第一次全体会议在北京召开，标志着 SC 41 今后在物联网标准化的研究将更加专业化、系统化、深入化。2020 年我国将深入开展 TSN、车联网白皮书研究等工作。总体而言，由于国家、高校、科研院所和相关企业对物联网标准的重视，我国在世界物联网标准的竞争中已占据一席之地，有些标准如无线传感网络及其应用研究居于世界前列，所提交的相关标准还要早于国际标准。目前，我国发布物联网基础共性国标 53 项、行标 2 项，在研标准 19 项，已报批待发布 3 项，覆盖了架构、传输、互操作、网关、接口、标识、测试与评价等相关基础性标准，开展了工业、农业、智慧医疗、金融质押等领域的应用标准。

我国物联网标准化成果丰硕，但物联网标准在产业领域的应用还存在诸多问题，产业领域的标准化制定工作已引起许多国家和标准化组织的重视（胡晓彦，2017）。由于农业行业的特点，已有的物联网标准往往不能直接应用于农业领域，农业物联网标准的制定是规范农业物联网发展和建设的重要依据。总体说来，在农业物联网标准化方面，全球几乎处于同一起跑线，我国已有许多涉农高校、研究所、传感器、传感网、RFID 研究中心及产业基地都在积极参与建立农业物联网标准，但由于对农业物联网本身的认识还不统一，大多数标准还停留在战略性粗线条层面，农业物联网标准制定进程缓慢。我国现行的物联网相关的地方标准共有 30 项，2015 年开始，安徽、山东、天津、福建、广东等地方发布了农业物联网相关的标准，部分相关标准具体信息如表 17.1 所示。

表 17.1　近年农业物联网部分相关标准

标准号	名称	发布单位
DB15/T 867—2020	基于物联网的畜产品追溯应用平台结构	内蒙古自治区质量技术监督局
DB37/T 3553—2019	茶树物联网平台数据采集规范	山东省市场监督管理局
DB15/T 866—2019	基于物联网的畜产品追溯服务流程	内蒙古自治区质量技术监督局
DB4201/T 551—2018	智慧农业 农业物联网平台数据交换规范	武汉市质量技术监督局
DB37/T 3115—2018	生猪养殖环境信息物联网监测规范	山东省质量技术监督局
DB12/T 781—2018	水产养殖物联网传感器静态性能校准要求	天津市市场和质量监督管理委员会
DB12/T 782—2018	水产养殖物联网数字视频监控系统技术规范	天津市市场和质量监督管理委员会
DB12/T 788—2018	水产养殖物联网水质参数集成在线采集装置技术要求	天津市市场和质量监督管理委员会
DB12/T 783—2018	水产养殖物联网溶解氧传感器维护保养技术要求	天津市市场和质量监督管理委员会
DB12/T 784—2018	水产养殖物联网溶解氧无线测控系统技术规范	天津市市场和质量监督管理委员会
DB36/T 1061—2018	农业生产现场物联网建设技术规范	江西省市场监督管理局
DB4201/T 527—2017	农业生产环境监测数据自动采集传输技术规范	武汉市质量技术监督局
DB12/T 740.1—2017	农业物联网平台技术规范 第 1 部分：数据上传接口	天津市市场和质量监督管理委员会
DB12/T 753—2017	畜禽密闭舍养殖环境物联网自动监控系统设计规范	天津市市场和质量监督管理委员会
DB37/T 2872—2016	农业物联网平台基础代码集	山东省质量技术监督局
DB37/T 2873—2016	农业物联网平台基础数据元	山东省质量技术监督局
DB37/T 2874—2016	农业物联网平台基础数据采集规范	山东省质量技术监督局
DB44/T 1566—2015	农作物产品物联网溯源应用框架	广东省质量技术监督局
DB34/T 2427—2015	农业物联网用温度传感器通用技术条件	安徽省质量技术监督局
DB34/T 2464—2015	农业物联网用湿度传感器通用技术条件	安徽省质量技术监督局

为了推进我国农业物联网标准体系建设工作，做好农业物联网产业标准化工作的顶层设计和统筹规划，经国家标准化管理委员会同意，农业部在 2011 年年底成立了“农业物联网行业应用标准工作组”，工作组由中国农业大学、国家农业信息化工程技术研究中心、中国农业科学院、全国信标委等单位组成，该工作组致力于研制物联网在农业领域的应用标准，并组织实施；按照物联网在农业领域的应用需要和产业发展需求，对物联网标准体系进行补充完善；与物联网基础标准工作组进行沟通衔接，反映物联网应用的

标准化需求，做好基础标准和应用标准的衔接和协调。目前该工作组已完成12项农业物联网国家标准的建议提交工作。2013年，农业部发布《农业物联网区域试验工程工作方案》，要求开展农业物联网技术研发与系统集成，构建农业物联网应用技术、标准、政策体系。2017年中华人民共和国工业和信息化部（以下简称工信部）发布《物联网的“十三五”规划（2016—2020年）》，明确了物联网产业“十三五”的发展目标，完善技术创新体系，构建完善标准体系，推动物联网规模应用，完善公共服务体系，提升安全保障能力等具体任务。近年来，在政府和科研机构的共同推动下，不断推动我国农业物联网标准与国际接轨，国家“一带一路”倡议以及《标准联通共建“一带一路”行动计划（2018—2020年）》等政策文件的发布，为标准化国际合作、示范项目合作等提供了有力的制度保障，也为农业物联网领域的国际标准化合作、对接国外先进农业物联网标准等搭建了平台。

由此可以看出，我国政府已经充分意识到农业物联网标准化工作的重要性，并开始对相关工作进行统一规划和部署，相信近期内我国农业物联网标准建设工作将会取得重大进展。

17.2 农业物联网基础通用标准

总体来讲，农业物联网标准体系的内容可以划分为农业物联网基础通用标准和农业产业物联网标准两大类，如图17.1所示。其中农业物联网基础通用标准包括农业物联网总体性标准、感知层标准体系、网络层标准体系、应用层标准体系和共性关键技术标准体系（国家物联网基础标准工作组，2018）；农业产业物联网标准体系涵盖了大田种植、设施园艺、畜禽养殖、水产养殖、农产品物流追溯物联网标准建设体系。

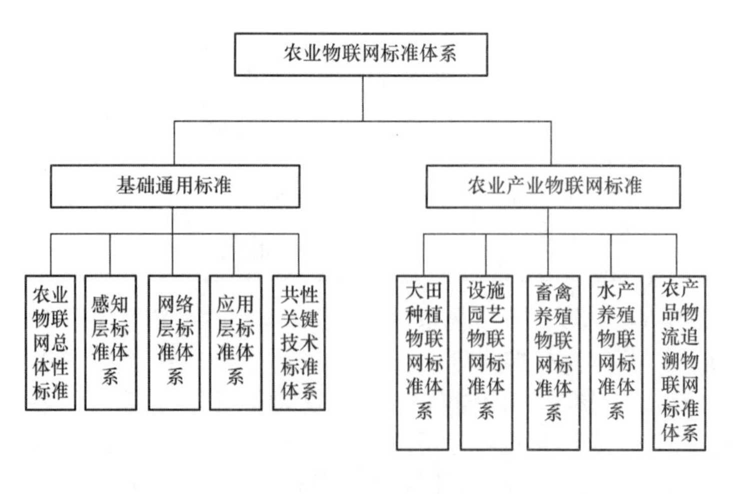

图17.1 农业物联网标准体系内容

农业物联网标准体系相对庞杂，若从农业物联网总体、感知层、网络层、应用层、共性关键技术标准体系等五个层次可初步构建通用基础标准体系（杨林，2014）。农业物联网标准体系涵盖架构标准、应用需求标准、通信协议、标识标准、安全标准、应用标准、数据标准、信息处理标准、公共服务平台类标准，每类标准还可能会涉及技术标准、协议标准、接口标准、设备标准、测试标准、互通标准等方面。

① *农业物联网总体性标准*　包括农业物联网导则、农业物联网总体架构、农业物联网业务需求等。

② *感知层标准体系*　主要涉及传感器等各类信息获取设备的电气和数据接口、感知数据模型、描述语言和数据结构的通用技术标准、RFID 标签和读写器接口和协议标准、特定行业和应用相关的感知层技术标准等。

③ *网络层标准体系*　主要涉及物联网网关、短距离无线通信、自组织网络、简化 IPv6 协议、低功耗路由、增强的机器对机器（M2M）无线接入和核心网标准、M2M 模组与平台、网络资源虚拟化标准、异构融合的网络标准等。

④ *应用层标准体系*　包括应用层架构、信息智能处理技术，以及行业、公众应用类标准。应用层架构重点是面向对象的服务架构，包括 SOA 体系架构、面向上层业务应用的流程管理、业务流程之间的通信协议、元数据标准以及 SOA 安全架构标准。信息智能处理类技术标准包括云计算、数据存储、数据挖掘、海量智能信息处理和呈现等。云计算技术标准重点包括开放云计算接口、云计算开放式虚拟化架构（资源管理与控制）、云计算互操作、云计算安全架构等。

⑤ *共性关键技术标准体系*　包括标识和解析、服务质量（quality of service，QoS）、安全、网络管理技术标准。标识和解析标准体系包括编码、解析、认证、加密、隐私保护、管理，以及多标识互通标准。安全标准重点包括安全体系架构、安全协议、支持多种网络融合的认证和加密技术、用户和应用隐私保护、虚拟化和匿名化、面向服务的自适应安全技术标准等。

17.3　农业产业物联网标准化

农业物联网标准框架体系的确定需结合农业特点，按照产业发展的重大需求进行制定，既不做农业的纯标准，也不做纯 IT 的标准，就做结合点的标准。为更清楚地了解农业产业物联网建设的意义和内容，本章对目前大田种植、设施园艺、畜禽养殖、水产养殖和农产品物流追溯农业产业上一些急需的产业物联网标准体系建设所包含的内容进行介绍。

17.3.1　大田种植物联网标准体系

大田种植物联网标准体系主要包括大田种植专用传感器技术标准、大田种植感知数据传输网络建设标准、大田作物生产感知数据标准三部分。

大田种植专用传感器技术标准主要用于规范大田物联网感知设备生产制造。对大田生产传感器的加工、测试、校对、封装、环境适应性、安装、信号输出、协议等建立标准能够促进当前大田生产传感器设备生产、应用进一步规范，解决目前大田生产传感器多样性、连接复杂、兼容性差等问题，对整个传感器产业及物联网技术在设施农业中深入应用起到推动和促进作用。标准主要面向不同作物类型的大田生产，制定土壤温度、土壤水分、空气温度、空气湿度、叶面温度、作物茎流等传感器术语标准，规范传感器名称和应用过程中的术语和定义；制定不同传感器在不同应用场合下的量纲和量程标准，明确不同类型传感器的量程、量纲制定办法和规则；制定传感器量程说明规范，对传感器模态配置、传感器信号属性、传感器最大检测距离、灵敏度、信噪比和传感器测量数据特征等进行有效、清晰描述；制定面向大田作物应用场合的传感器接口以及各种网络、总线接口的专用集成电路的规范。

大田种植感知数据传输网络建设标准主要面向大田种植感知信息的多样性和大田种植场景的复杂性制定对应的技术数据传输网络建设标准，满足大田种植的数据传输的特殊需求。根据大田种植环境的特点，提出大田种植感知信息传输应用中的网络建设需求，从而规范大田种植环境感知信息网络建设，并为该领域相关的应用设备提供商提供技术参考。标准从实际应用的角度出发，规范大田种植感知信息传输网络的技术参数需求，具体涉及网络结构、有线/无线网络的物理层选择、传输网络时延、服务质量、网络测试规范、网络带宽要求和限制、网络安全性要求等。规定数据传输设备的类型、功能和性能指标、系统构架形式、参数采集周期及数据传输延时、系统最小功能需求等。

大田作物生产感知数据标准主要针对不同的大田种植物联网系统对感知数据的有效利用和管理需求，通过规范感知数据的内容、形式、量纲、采集频率、采集精度等，实现面向大田作物生产感知数据描述标准，建立以传感器节点为中心的传感数据模型，确定模型的编码表示方式——传感数据描述协议。标准从实际应用的角度出发，规范大田作物生产所涵盖对象的感知数据描述标准，包括土壤温湿度、深层水分信息数据，土壤盐碱度信息数据，土地平整性信息数据，土壤墒情信息数据，灌溉水水质监测数据，小范围气象信息数据，农作物氮素含量信息数据，农作物生物量信息数据，农作物长势信息数据，农作物养分信息数据等，有利于大田作物生产各领域信息系统间的资源共享与交换。

17.3.2 设施园艺物联网标准体系

设施园艺物联网标准体系主要包括设施园艺专用感知设备技术标准与接口规范、设施园艺物联网感知数据标准、设施园艺物联网环境控制系统设计标准三部分。

设施园艺专用感知设备技术标准与接口规范用于规范设施园艺感知层设备制造。对设施园艺专用传感器的加工、测试、校对、封装、环境适应性、安装、信号输出、协议建立标准能够促进当前设施生产传感器设备生产、应用进一步规范，解决目前设施园艺生产传感器多样性、连接复杂、兼容性差等问题，对整个传感器产业及物联网技术在设施园艺中的深入应用起到推动和促进作用。该标准规定设施园艺环境感知设备、传输设备的类型、功能和性能指标、系统构架形式、参数采集周期及数据传输延时、系统最小功能需求等。规定传感器与执行器接口的标准、传感器与网络用户接口的标准、传感器数据描述的标准。制定农业环境信息、农作物生命信息传感器的统一量纲。

设施园艺物联网感知数据标准主要针对设施园艺感知数据用途越来越广，感知数据的内容、形式也越来越繁杂多样的问题。考虑到不同的设施园艺物联网系统对感知数据的有效利用和管理，需要规范感知数据的内容、形式、量纲、采集频率、采集精度等，实现面向设施园艺物联网传输与应用的数据采集描述标准，建立以传感器节点为中心的传感数据模型。该标准从实际应用的角度出发，将规范设施园艺物联网所涵盖对象的感知数据描述标准，包括温室内温湿度数据，温室光照、光辐射总量监测数据，二氧化碳含量信息数据，土壤含水量信息数据，土壤养分信息数据，地温信息数据，设备作物氮素含量信息数据，设备作物长势信息数据，设备作物植株形态信息数据，设施作物农药残留快速检测数据等。

设施园艺物联网环境控制系统设计标准将针对设施环境统一调控和系统安全运行的需求，为环境控制系统的设计建立统一的标准，为环境调控装置、导线和传感器的接口、设计提供技术规范，为环境调控系统提供标准化的物联网控制接口。标准所提出的主要环境调控设备的功能接口、技术标准和设计原则，为环境调控系统的设备选择、系统设计提供依据，从实际应用的角度来把握设施园艺环境调控技术，是环境调控系统设计时需要遵从的规范准则，是物联网技术在设施园艺上应用的基础所在。标准从实际应用的角度出发，规范了设施园艺环境控制系统中关键设备的接口、性能和技术标准，涵盖了风机、内外遮阳、保温被、天窗、电机、湿帘等主要环境调控设备的控制接口、控制方式及性能指标，并给出了控制系统一般设计规范。

17.3.3 畜禽养殖物联网标准体系

畜禽养殖物联网标准体系主要包括畜禽养殖专用数据采集与传感设备技术标准、畜禽养殖感知信息传输网络建设标准、畜禽养殖感知数据分析标准、畜禽养殖环境控制标准四部分。

畜禽养殖专用数据采集与传感设备技术标准规定了畜禽养殖感知传感设备的各项基础性能指标，包含畜禽养殖环境感知参数及其工作环境、畜禽养殖数据采集和传感设备性能的相关规范，解决了目前畜禽养殖物联网建设中传感设备多样性、连接复杂、兼容性差的问题。该标准的建立促进了现有畜禽养殖专用数据采集和传感设备产品质量的提高，确保专用传感设备产品生产、检验和验收的规范及统一，对畜禽养殖传感设备产业的发展起到了推动和促进作用。该标准适用于全国畜禽养殖环境监测及该领域的专用传感设备相关设备的生产制造商和设备提供商。它涵盖了规范性引用文件、术语定义及单位符号，规定了畜禽养殖环境监测传感设备的加工、测试、封装、环境适应性、安装、信号输出、标识、包装、运输、存储、数据采集传感器类型、灵敏度、频率响应特性、线性范围、稳定性、精度等相关标准等基础性规范；根据传感器常见的工作环境的环境状态（温度、湿度等）建立对畜禽养殖专用传感器线性度、灵敏度、迟滞、重复性、漂移等静态特性和动态特性的测试标准；制定了畜禽养殖传感设备基础接口标准、规定了统一量纲。

畜禽养殖感知信息传输网络建设标准规范了畜禽养殖感知信息传输网络相关产品的技术要求以及技术规程。它涵盖畜禽养殖感知信息传输网络建设所需的规范性引用文件、术语定义及单位符号，根据常见养殖规模、布设特点和传感器工作环境等特点规定了适用于畜禽养殖感知信息通信传输网络的网络结构、技术参数、网络服务质量、网络带宽要求和限制、网络测试方法、网络配置与布设方法等。

畜禽养殖感知数据分析标准规范了畜禽养殖物联网感知数据描述，解决不同软件厂商和物联网服务提供商由于对数据结构描述不同造成的物联网应用系统兼容性差和数据共享困难的问题。该标准通过规范畜禽养殖感知数据的结构、数据采集频率、采集精度、量纲等实现畜禽养殖物联网感知数据的数据内容、数据价值和数据结构的统一。标准从畜禽养殖物联网应用的需求出发，建立统一的畜禽养殖感知数据模型，提供一种静态的数据描述规则，涵盖了相关规范性引用文档、术语定义及单位符号、基本概念、畜禽养殖环境空气温湿度、有害气体浓度、畜禽体温监测等元数据规范，并利用感知数据描述语言对数据存储和交互过程中所用到的数据的排列、组合方式进行规范化定义。

畜禽养殖环境控制标准的建设是实现畜禽养殖物联网和智能化的基础。感知信息的多样性和养殖场景、参数、工况的复杂性决定了畜禽养殖的控制必须具有其对应的技术参数需求，以满足其特殊要求。该标准结合畜禽养殖设备控制的具体需求，结合物联网感知和控制设备的性能，制定了在种苗繁育、环境、饲养、消毒、免疫、废弃物处理等各个环节的环境控制技术标准。根据养殖品种不同的生产环境，制定了控制设备指标、安装、操作、防护、控制策略、控制实时性等标准。为充分发挥传感器性能提供依据，并为控制设备的布设、硬件参数设置和环境参数设置提供依据。

17.3.4 水产养殖物联网标准体系

水产养殖物联网标准体系主要包括水产养殖专用传感设备技术标准、水产养殖感知信息传输网络建设标准、水产养殖感知数据分析标准、水产养殖环境控制标准四部分。

水产养殖专用传感设备技术标准规定了水产养殖水质传感设备的各项基础性能指标。通过制定水产养殖传感设备的相关规范，解决了目前水产养殖物联网建设中传感设备多样、连接复杂、兼容性差等问题。标准确保了水产养殖专用传感设备产品生产、检验和验收的规范及统一，对水产养殖传感设备产业的发展起到了推动和促进作用。标准适用于全国水产养殖环境参数采集及该领域的专用传感设备的生产制造商和设备提供商。它涵盖了规范性引用文件、术语定义及单位符号，规定了水产养殖水质监测传感设备的加工、测试、封装、环境适应性、安装、信号输出、标识、包装、运输、存储等基础性规范，制定了水产养殖传感设备基础接口标准、规定统一量纲。

水产养殖感知信息传输网络建设标准规范了水产养殖感知信息传输网络相关产品的技术要求和技术规程，涵盖了水产养殖感知信息传输网络建设所需的规范性引用文件、术语定义及单位符号，规定了适用于水产养殖感知信息通信传输网络的网络结构、技术参数、网络服务质量、网络带宽要求和限制、网络测试方法、网络配置与布设方法等。

水产养殖感知数据分析标准规范了水产养殖物联网感知数据描述，解决了不同软件厂商和物联网服务提供商由于对数据结构描述的不同造成的物联网应用系统兼容性差和数据共享困难的问题。标准规范了水产养殖感知数据的结构、数据采集频率、采集精度、量纲等实现水产养殖物联网感知数据的数据内容、数据价值和数据结构的统一。标准从水产养殖物联网应用的需求出发，通过建立统一的水产养殖物联网感知数据模型，提供一种静态的数据描述规则，涵盖了相关规范性引用文档、术语定义及单位符号、基本概念、水产养殖环境大气气压、雨量和风速和溶解氧、氨氮、pH 等元数据规范，并利用感知数据描述语言对数据存储和交互过程中所用到的数据的排列、组合方式进行规范化定义。

水产养殖环境控制标准是实现不同水产养殖环境和养殖对象环境控制的基础和依据。水产感知信息的多样性和场景、参数、工况的复杂性决定了水产养殖的控制必须具有其对应的技术参数需求，以满足农业的特殊要求。该标准结合水产养殖设备控制的具体需求，提出水产养殖物联网环境控制技术和控制设备技术需求，从而规范了水产养殖物联网智能控制系统和设备水平，该标准从实际应用的角度出发，规范了水产养殖物联网应用领域中无线控制设备技术参数需求、控制设备时延、控制测试规范、控制设备检验规范要求等。

17.3.5　农产品物流追溯物联网标准体系

农产品物流追溯物联网标准体系主要包括农产品物流追溯专用感知设备技术标准与接口标准和农产品物流追溯物联网感知数据标准两部分。

农产品物流追溯专用感知设备技术标准与接口标准将规范农产品物流追溯感知层设备制造，对农产品物流追溯专用传感器的加工、测试、校对、封装、环境适应性、安装、信号输出、协议建立标准能够对当前农产品物流追溯感知设备生产、应用进一步规范化，解决目前农产品物流追溯生产感知设备多样性、连接复杂、兼容性差等问题，对整个农产品物流追溯感知设备产业及物联网技术在农产品物流追溯中深入应用起到推动和促进作用。标准规定了农产品物流追溯感知设备、传输设备的类型、功能和性能指标、系统构架形式、参数采集周期及数据传输延时、系统最小功能需求等，规定传感器与执行器接口的标准、传感器与网络用户接口的标准和检验标准。

农产品物流追溯物联网感知数据标准主要针对农产品物流追溯感知数据的内容、形式繁杂多样的问题。从实际应用的角度出发，规范农产品物流追溯所涵盖对象的感知数据描述标准，包括了可追溯农产品标签基本标识内容、扩展标识内容、标识标签材质、产地准出生成主体、印制与使用方法等。

小　结

农业物联网标准是农业物联网产业发展竞争的制高点，随着物联网标准制定工作的快速推进，作为农业行业的物联网标准制定工作已经提上议事日程，农业物联网的标准制定一方面要确保与正在制定中的物联网标准相一致，另一方面还要制定适合农业生产环境应用的特点。

农业物联网标准体系的内容可以划分为基础通用标准和农业产业物联网标准两大类，国家相关部门目前已经启动了相关基础通用标准和农业产业物联网应用标准的制定工作，预期不久将取得重大进展。

参考文献

高星星，张俊峰，王琢，等，2019. 农业物联网标准化现状及思考[J]. 农业开发与装备，11：35-36.
胡晓彦，2017. 物联网发展及标准进展研究[J]. 电信工程技术与标准化，30（5）：40-44.
郎为民，张汉，赵毅丰，等，2019.ISO/IEC JTC1 SC41 物联网标准化进展研究[J]. 电信快报，6：1-5.
杨林，2014. 农业物联网标准体系框架研究[J].标准科学，2: 13-16.

第 18 章　大田种植物联网应用

大田种植物联网是物联网技术在产前农田资源管理、产中农情监测和精细农业作业以及产后农机指挥调度等领域的具体应用。大田种植物联网通过实时信息采集，对农业生产过程进行及时的管控，建立优质、高产、高效的农业生产管理模式，以确保农产品在数量上的充足和品质上的保证。本章重点介绍了墒情气象监控系统、农田环境监测系统、施肥管理测土配方系统、大田作物病虫害诊断与预警系统、农机调度管理系统、精细作业系统，以期使读者对农业物联网在大田种植业上的应用有个全面的认识。

18.1　概述

18.1.1　大田种植业的物联网技术需求

大田种植生产环境是一个复杂系统，具有许多不确定性和未知性，信息处理和分析的难度较大（赵丽娜，2019）。随着农业信息网络建设、农业信息技术开发、农业信息资源利用等农业物联网技术的不断应用和我国大田种植业规模的不断提高，如何通过多平台精细监测进行资源合理调度实现科学化管理、运用物联网技术对农田环境数据进行全面感知和监测，利用智能作业决策实现农作物的高产成为比较迫切的问题（李瑞 等，2018；吴建伟，2017）。通过互联网获取有用信息以及通过在线服务系统进行咨询是未来发展趋势。未来的计算机控制与管理系统是综合性、多方位的，多环境监测与自动控制技术将朝多因素、多样化方向发展。集图形、声音、影视为一体的多媒体服务系统是未来计算机应用的热点。

随着传感技术、人工智能、自动控制技术和 5G 通信技术的不断发展，种植业信息技术的应用由简单的数据采集处理和监测系统，逐步转向以知识处理和应用为主的系统。神经网络、大数据分析、云计算等技术在种植业中得到不同程度的应用，以专家决策系统为代表的智能管理系统已取得了众多研究成果，种植业生产管理已逐步向精细化、智能化、无人值守方向发展（杨勇，樊刚强，2019）。

18.1.2 大田种植业的物联网技术特点

大田种植业物联网技术主要是指现代信息技术及物联网技术在产前农田资源管理、产中农情监测和精准农业作业中应用的过程（李灯华 等，2015）。主要包括以土地利用现状数据库为基础，应用 3S（RS、GIS、GPS）技术快速准确掌握基本农田利用现状及变化情况的基本农田保护管理信息系统；自动检测农作物需水量，对灌溉的时间和水量进行控制，智能利用水资源的农田智能灌溉系统；实时观测土壤墒情，进行预测预警和远程控制，为大田农作物生长提供合适水环境的土壤墒情监测系统；采用测土配方技术，结合 3S 技术和专家系统技术，根据作物需肥规律、土壤供肥性能和肥料效应，测算肥料的施用数量、施肥时期和施用方法的测土配方施肥系统；通过高清摄像头进行视频与图像信息的采集，以监控大田农作物苗情的监控系统；根据农作物病虫害发生规律或观测得到的病虫害发生前兆，提前发出警示信号、制定防控措施的农作物病虫害预警系统；对农机作业地点科学组织优化出相对经济的行车路径，依靠 GPS 或北斗系统导航，全面科学地管理农业机械作业全过程的农机调度管理系统。

大田种植业所涉及的种植区域多为野外区域，环境较为复杂。农业生产区域有如下两个重要的特点：第一，种植区面积广阔且地势平坦开阔，这种类型区的典型代表是东北平原大田种植区。第二，由于种植区域幅员辽阔，造成种植区域内气候多变。农业种植区的上述两个重要特点直接决定了传统农业中农业生产信息传输的技术需求。由于种植区面积一般较为广阔，造成物联网平台需要监控的范围较大，且野外传输受到天气等因素的影响，传输信号稳定性成为关键。农业物联网监控数据采集的频率和连续性要求并不高，因此远距离的低速数据的可靠性传输成为一项需求技术。由于传输距离较远，数据采集单元较多，采用有线传输的方式往往无法满足实际的业务需求，也不切合实际，因此找到一种远距离低速数据无线传输技术成为传统农业中农业信息传输的关键技术需求。

18.2 大田种植业物联网总体框架

18.2.1 种植业物联网技术体系架构

大田种植物联网按照三层架构的规划，结合“种植业标准化生产”的要求，主要分为种植业物联网感知层、种植业物联网传输层、种植业物联网管理平台，如图 18.1 所示。

① *感知层* 主要包括农田生态环境传感器、土壤墒情传感器、气象传感器、作物长势传感器、农田视频监测传感器、灌溉传感器（水位、水流量）、田间移动数据采集终端等。重点实现对大田作物生长情况、土壤状态、气象状态和病虫害信息进行采集。

② *传输层* 传输层包括网络传输标准、PAN 网络、LAN 网络、WAN 网络。通过上述网络实现信息的可靠和安全传输。

③ 种植业物联网管理平台　种植业物联网管理平台服务架构体系，主要分成三层架构：基础平台、服务平台、应用系统。

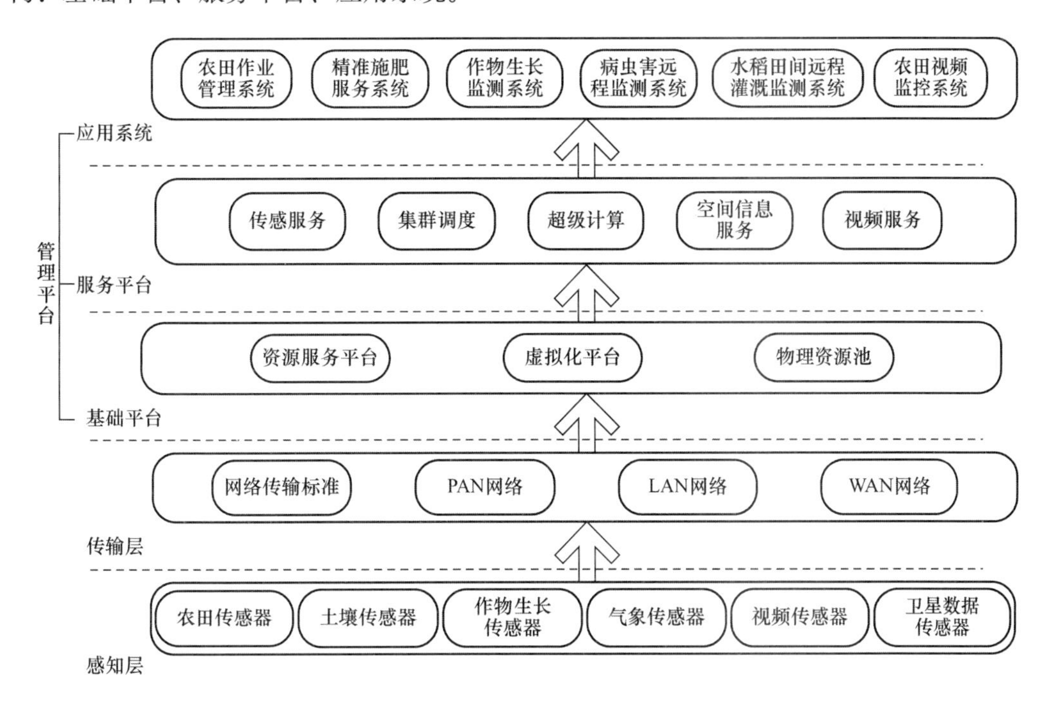

图 18.1 种植业物联网技术体系结构

18.2.2 种植业物联网管理平台体系架构

大田种植业物联网综合管理服务平台，为种植业物联网应用系统提供传感数据接入服务、空间数据、非空间数据访问服务；为应用系统提供开放的、方便易用、稳定的部署运行环境，以适应种植业业务的弹性增长，从而降低部署的成本；为应用系统开发提供种植业生产基础知识、基础空间数据以及涉农专家知识模型，以实现多类型终端的广泛接入；通过实现种植业物联网的数据高可用性共享、高可靠性交换、Web 服务的标准化访问，避免数据、信息、知识孤岛，方便用户统一管理、集中控制。

种植业物联网管理平台服务架构体系，主要分成三层架构：基础平台、服务平台、应用系统。

① 基础平台　物联网应用管理、种植业生产感知数据标准、种植业生产物联网服务标准、种植业生产物联网数据服务总线、种植业生产物联网安全监控中心。

② 服务平台　传感服务、视频服务、遥感服务、专家服务、数据库管理服务、GIS 服务、超级计算服务、多媒体集群调度、其他服务。

③ 应用系统　农作物种子质量检测产品应用、水稻工厂化育秧物联网技术应用、智能程控水稻芽种生产系统、智能程控工厂化育秧系统、便携式作物生产信息采集终端及管理系统、水稻田间远程灌溉监控系统、农田作业机械物联网管理系统、农田生态环境监测系统、农田作物生长及灾害视频监控系统、大田生产过程专家远程指导系统、农作物病虫害远程诊治系统、地块尺度精准施肥物联网系统、天地合一数据融合技术灾害监

测系统、种植业生产应急指挥调度系统。

种植业物联网综合管理服务平台主要提供数据管理服务、基础中间件管理服务、资源服务等功能。

- 数据管理服务主要提供种植业物联网多源异构感知数据的统一接入、海量存储、高效检索和数据服务对外发布功能。
- 基础中间件管理服务主要提供空间数据处理与 GIS 服务能力，总线服务、业务流程编排运行环境，SOA 软件集成环境，认证、负载平衡等，并使跨越人、工作流、应用程序、系统、平台和体系结构的业务流程自动化，实现服务通信、集成、交互和路由。
- 资源服务主要解决用户统一集中的数据访问，种植业生产服务与服务集中注册、动态查找及访问功能，实现构件资源标准化描述、集中存储与共享，方便应用系统集成。

18.3 墒情监控系统

墒情监控系统建设主要包括三大部分。一是建设墒情综合监测系统，通过建设大田墒情综合监测站，实时观测土壤水分、温度、地下水位、地下水质、作物长势、农田气象信息，并汇聚到信息服务中心，信息中心对各种信息进行分析处理，提供预测预警信息服务；二是建设灌溉控制系统，主要是利用智能控制技术，结合墒情监测的信息，对灌溉机井、渠系闸门等设备进行远程控制和用水量计量，提高灌溉自动化水平；三是构建大田种植墒情和用水管理信息服务系统，为大田农作物生长提供合适的水环境，在保障粮食产量的前提下节约水资源（彭涛 等，2017）。墒情监控系统包括智能感知平台、无线传输平台、管理平台和应用平台，总体结构图如图 18.2 所示。

墒情监控系统针对农业大田种植分布广、监测点多、布线和供电困难等特点，利用物联网技术，采用高精度土壤温湿度传感器和智能气象站，远程在线采集土壤墒情、气象信息，实现墒情（旱情）自动预报、灌溉用水量智能决策、远程/自动控制灌溉设备等功能。该系统根据不同地域的土壤类型、灌溉水源、灌溉方式、种植作物等划分不同类型区，在不同类型区内选择代表性的地块，建设具有自动采集和传输土壤含水量、地下水位、降雨量等功能的监测点。监控系统设备和配套软件平台分别图 18.3～图 18.5 所示。

通过灌溉预报软件结合信息实时监测系统，获得以作物最佳灌溉时间、灌溉水量及需采取的节水措施为主要内容的灌溉预报结果，定期向群众发布，科学指导农民实时实量灌溉，达到节水目的。

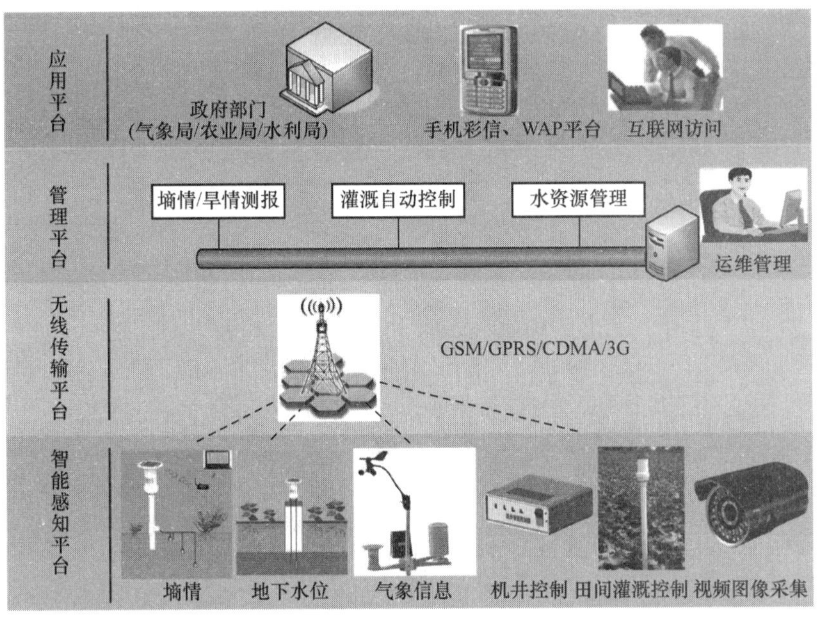

图 18.2
墒情监控系统总体结构图

图 18.3
墒情监控系统终端设备和控制设备

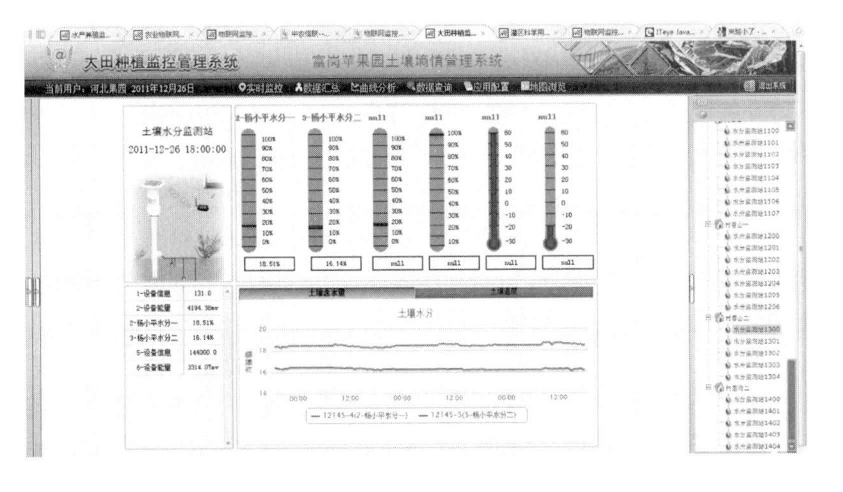

图 18.4
墒情监控系统——墒情监测平台

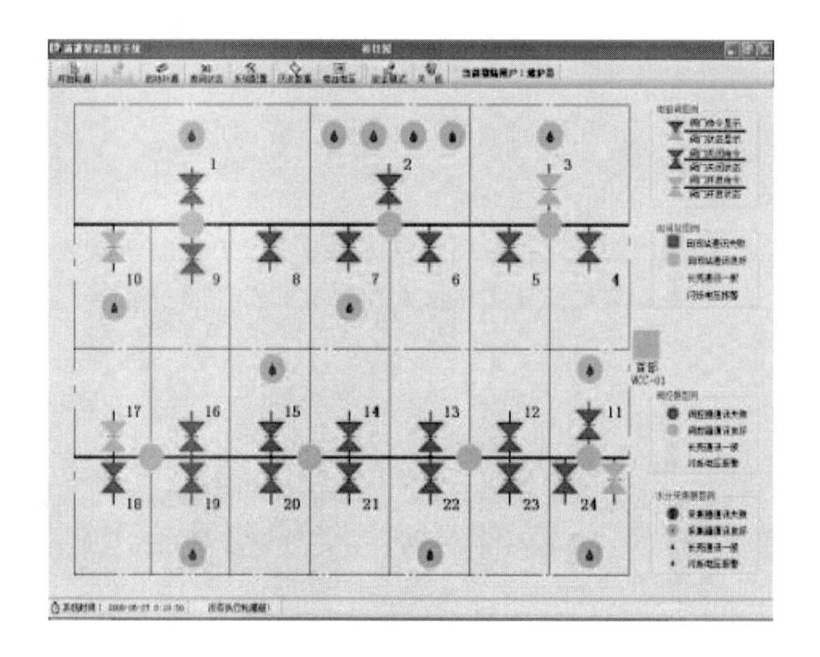

图 18.5
墒情监控系统——灌溉设备控制平台

18.4 农田环境监测系统

农田环境监测系统的建设目标是实现土壤、微气象和水质等信息自动监测和远程传输功能。其中，农田生态环境传感器要符合大田种植业专业传感器标准，信息传输要符合大田种植业物联网传输标准。根据监测参数的集中程度，可以分别建设单一功能的农田墒情监测标准站、农田小气候监测站和水文水质监测标准站，也可以建设规格更高的农田生态环境综合监测站，同时采集土壤、气象和水质参数。监测站采用低功耗、一体化设计，利用太阳能供电，具有良好的农田环境耐受性和一定的防盗性（李小平 等，2018）。

在大田种植物联网中心基础平台上，遵循物联网服务标准，开发专业农田生态环境监测应用软件，给种植户、农机服务人员、灌溉调度人员和政府部门等不同用户，提供互联网和移动互联网的信息服务，实现天气预报式的农田环境信息预报服务和环境在线监管与评价。

图 18.6 为一典型的农田气象监测系统，该系统主要包括三大部分。一是气象信息采集系统，指用来采集气象因子信息的各种传感器，主要包括雨量传感器、空气温度传感器、空气湿度传感器、风速风向传感器、土壤水分传感器、土壤温度传感器、光照传感器等；二是数据传输系统，无线传输模块能够通过 GPRS 无线网络将与之相连的用户设备的数据传输到 Internet 中一台主机上，可实现数据远程的透明传输；三是设备管理和控制系统。执行设备是指用来调节农田小气候的各种设施，主要包括二氧化碳生成器、灌溉设备。控制设备是指掌控数据采集设备和执行设备工作的数据采集控制模块，主要

作用为通过智能气象站系统的设置，掌控数据采集设备的运行状态；根据智能气象站系统所发出的指令，掌控执行设备的开启和关闭。

图 18.6
农田气象监测系统

18.5　施肥管理测土配方系统

施肥管理测土配方系统是指建立在测土配方技术的基础上，以 3S 技术和专家系统技术为核心，以土壤测试和肥料田间试验为基础，根据作物需肥规律、土壤供肥性能和肥料效应，在合理施用有机肥料的基础上，提出氮、磷、钾及中、微量元素等肥料的施用数量、施肥时期和施用方法的系统。施肥管理测土配方系统主要应用于耕地地力评价和施肥管理两个方面。

① *耕地地力评价*　是指利用测土配方系统对土壤的肥力进行评估，利用 GIS 平台和耕地资源基础数据库，应用耕地地力指数模型，建立县域耕地地力评价系统，为不同尺度的耕地资源管理、农业结构调整、养分资源综合管理和测土配方施肥指导服务。

② *施肥管理*　农田养分管理是测土配方系统建设的目的。借助 GIS 平台，利用建立的数据库与施肥模型库，建立配方施肥决策系统，为科学施肥提供决策依据。GIS 与决策支持系统的结合，形成空间决策支持系统，解决传统的配方施肥决策系统的空间决策问题，以及可视化问题。目前 GIS 与虚拟现实技术（虚拟地理环境）的结合，提高了 GIS 图形显示的真实感和对图形的可操作性，进一步推进了测土配方施肥的应用。

利用信息技术开发计算机推荐施肥系统、农田监测系统被证明是推广农田种植信息化的有效技术措施（马征 等，2020）。根据以往研究的经验，应着重系统属性数据库管理的标准化研究，建立数据库规范与标准，加强农业信息的可视化管理，以此来实现任意区域内信息技术的推广应用。

18.6 大田作物病虫害诊断与预警系统

农业病虫害是大田作物减产的重要因素之一，科学地监测、预测并进行事先预防和控制，对农业增收意义重大。为了解决我国病虫害发生严重、农业生产分散、病虫害专家缺乏、农民素质较低、科技服务与推广水平差等现实问题，设计开发了农业病虫害远程诊治及预警平台。该平台采用了 5G 通信技术、机器视觉技术和大数据分析技术，养殖户可以通过网站、电话、手机等方式对农业病虫害进行诊断和治疗，同时也可以得到专家的帮助。该平台实现了农业病虫害诊断、防治、预警等知识表示、问题求解与视频会议、呼叫中心、短消息等新技术的有效集成，实现了基于网络诊断、远程会诊、呼叫中心和移动式诊断决策多种模式的农业病虫害诊断防治体系（高羽佳 等，2020）。

农业病虫害远程诊断和预警平台的体系架构分为五层，由基础平台层、信息资源层、应用支撑层、应用层、访问界面层组成，如图 18.7 所示。

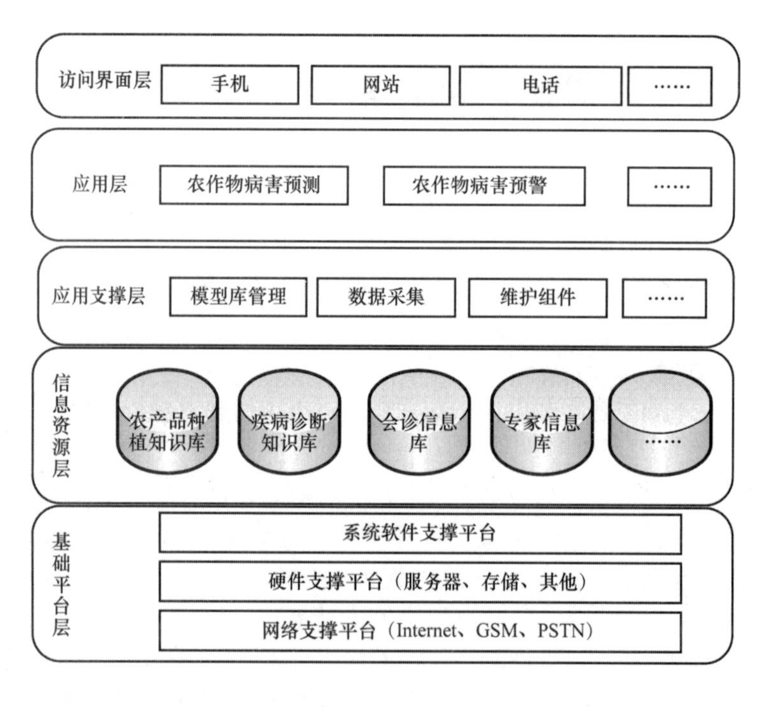

图 18.7 农业病虫害远程诊断和预警平台体系架构图

① *访问界面层* 该层是直接面向用户的系统界面。用户可以通过多种方法访问系统并与系统交互，访问方式包括使用手机、网站、电活等。要求界面友好，操作简单。

② *应用层* 提供所有的信息应用和疾病诊断的业务逻辑。主要包括分解用户诊断业

务请求，通过应用支撑层进行数据处理，并将返回信息组织成所需的格式提供给客户端。

③ *应用支撑层*　构建在 J2EE 应用服务器之上，提供了一个应用基础平台，并提供大量公共服务和业务构件，提供构件的运行、开发和管理环境，最大限度提高开发效率，降低工程实施、维护的成本和风险。

④ *信息资源层*　该层是整个系统的信息资源中心，涵盖所有数据，负责信息资源的存储和积累，为农业病虫害诊治应用提供数据支持。

⑤ *基础平台层*　该层分为三部分：系统软件、硬件支撑平台和网络支撑平台。其中，系统软件包括中间件、数据库服务器软件等；硬件支撑平台包括主机、存储、备份等硬件设备；网络支撑平台提供系统运行所依赖的网络环境。

图 18.8 展示了由中国移动与中国农业大学联合开发的农业病虫害自测系统界面。

图 18.8 农业病虫害自测系统

18.7 农机调度管理系统

农机调度管理系统是一个依托 GSM 数字公众通信网络、全球卫星导航系统和 GIS 技术为各省市县乡的农机管理部门和农机合作组织提供作业农机实时信息服务的平台。农机调度系统主要是农机管理人员根据下达的作业任务，通过对收割点位置、面积等信息分析，推荐最适合出行的农机数，并规划农机的出行路线。同时该辅助模块通过对历史作业数据统计分析，实现对各作业的效率及油耗成本进行考核，并推荐出行农机操作员。

该系统通过对车台传回的数据进行处理分析，可以准确获取当前作业农机的实时位置、油耗等数据。实时跟踪显示当前农机的作业情况，提供有效作业里程、油耗等数据的统计分析，并可提供农机历史行走轨迹的检索和回放，实现对农机作业的远程监控，以辅助管理者进行作业调度，提高农机作业服务的效率。

农机调度管理系统主要包括三个部分：车载终端、监控服务器端、客户端监控终端。

① *车载终端* 安装在作业农机上的车载终端集成了GPS定位模块、5G无线通信模块、中心控制模块和多种状态传感器的机载终端设备。通过GPS模块获取农机地理位置（经度、纬度、海拔）数据，同时通过外接的油耗传感器、灯信号传感器、速度传感器等获取农机实时状态数据，然后将这些数据通过5G无线通信模块上传到监控服务器端。

② *监控服务器端* 在逻辑上分为车载终端服务器、监控终端服务器、数据库服务器三个部分。车载终端服务器主要负责与车载终端进行通信，接收各个车载终端的数据并将这些数据存储到调度中心的数据库中，同时可以向车载终端发出控制指令和调度信息。监控终端服务器主要与客户端调度中心进行交互，解析和响应客户端的请求，从数据库中提取数据返回给客户端。数据库服务器统一存储和管理农机的位置、状态、工作参数等数据，定期对历史数据进行备份和转存，为车载终端服务器和监控终端服务器提供数据支持。

③ *客户端监控终端* 运用地理信息系统技术，提供对远程作业农机位置、状态等各种信息的实时监控处理，在电子地图上直观显示农机位置等信息，同时实现对各监管农机作业数据查询编辑、统计分析，并对农机作业管理人员发布农机调度信息，实现远程农机作业监管和调度。监控终端也可以通过电话方式向手机传达调度指令，实现对车辆的实时调度。

18.8 精细作业系统

精细作业系统主要包括自动变量施肥播种系统、变量施药系统、变量收获系统、变量精准灌溉系统。

① *自动变量施肥播种系统* 就是按照土壤养分分布配方施肥，保证变量施肥机在作业过程中根据田间的给定作业处方图，实时完成施肥和播种量的调整功能，提高动态作业的可靠性以及田间作业的自动化水平。采用调节排肥和排种口开度的控制方法，结合机、电、液联合控制技术进行自动变量施肥与播种。

② *变量施药系统* 利用光反射传感器辨别土壤、作物和杂草。利用反射光波的差别，鉴别缺乏营养或感染病虫害的作物叶子进而实施变量作业。一种是利用杂草检测传感器，随时采集田间杂草信息，通过变量喷撒设备的控制系统，控制除草剂的喷施量；另一种是事先用杂草传感器绘制出田间杂草斑块分布图，然后综合处理方案，绘出杂草斑块处理电子地图，由电子地图输出处方，通过变量喷药机械精准作业。

③ *变量收获系统* 利用传统联合收割机的粮食传输特点，采用螺旋推进称重式装置组成联合收割机产量流量传感计量方法，实时测量田间粮食产量分布信息，绘制粮食产量分布图，统计收获粮食总产量。基于GIS支持的联合收割机粮食产量分布管理软件，

可实时在地图上绘制产量图和联合收割机运行轨迹图。

④ 变量精准灌溉系统　根据农作物需水情况，通过管道系统和安装在末级管道上的灌水装置（包括喷头、滴头、微喷头等），将水及作物生长所需的养分以适合的流量均匀、准确地直接输送到作物根部附近土壤表面和土层中，以实现科学节水的灌溉方法。将灌溉节水技术、农作物栽培技术及节水灌溉工程的运行管理技术有机结合，通过计算机通用化和模块化的设计程序，构筑供水流量、压力、土壤水分、作物生长信息、气象资料的自动监测控制系统，能够进行水、土环境因子的模拟优化，实现灌溉节水、作物生理、土壤湿度等技术控制指标的逼近控制，将自动控制与灌溉系统有机结合起来，使灌溉系统可以在无人干预的情况下自动进行灌溉控制。

18.9　应用案例

安徽农作物四情监测系统是一套利用现代物联网技术实时准确掌握大田作物生物进程和“四情”动态的解决方案，如图 18.9 所示。该系统能对大田作物苗情、墒情、病虫情、灾情以及作物各生育阶段的长势长相进行动态监测和趋势分析，能高效调度指挥大田作物生产、田间管理和抗灾救灾。平台通过农业物联网技术动态获取作物生长过程中的环境信息，搭建农业物联网传输平台，实现农业多源信息的智能采集、传输和应用，促进农业信息资源整合，强化农产品质量安全监管有助于探索农业物联网应用运行机制和模式，带动农业物联网技术产业的发展。

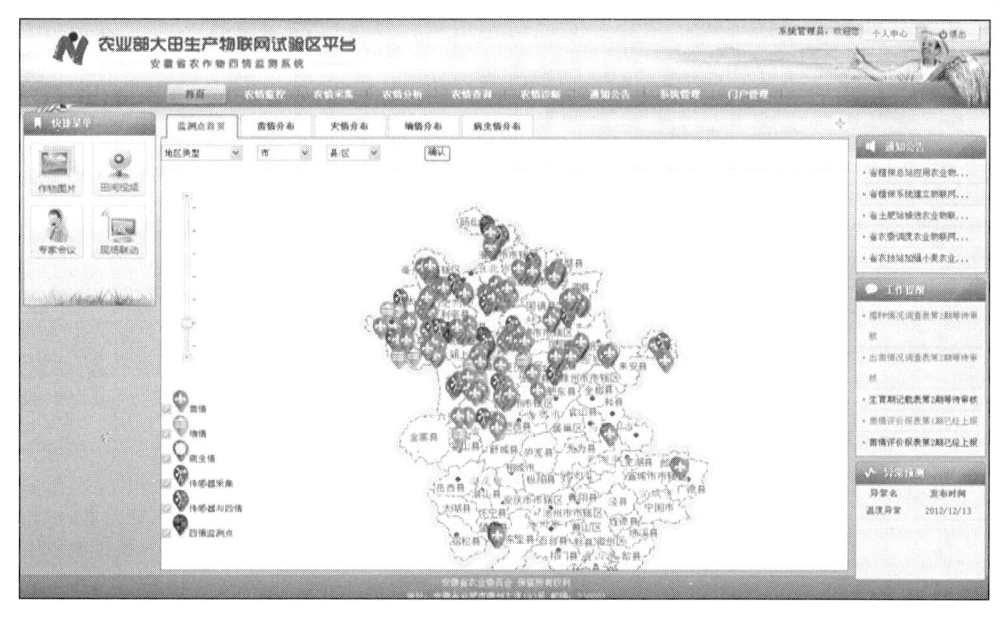

图 18.9
安徽农作物四情监测系统

小 结

随着3S技术、大数据技术、传感器技术、电子技术、自动控制技术、5G无线通信技术的飞速发展，信息技术在大田种植业上的应用领域不断扩大。物联网技术已开始应用于种植业生产的各个环节。在育秧阶段，可实时查看到大田的温度、湿度、土壤含水量等信息，并通过无线技术与手机或计算机相连，对大田各种设备进行远程监测、远程控制；在灌溉阶段，利用物联网技术，结合监控器实现水库闸坝、水位的视频监控；在收割阶段，对收割机等农机设施进行车辆定位和设备监控，实时掌握各项设施的运行状况和位置信息，达到农机设备运行效率最大化；在农作物运输阶段，可对运输车辆进行位置信息查询、定位和视频监控；在存储阶段，通过感知技术实现对粮库内温湿度的变化情况进行实时观察，以保证粮库内的温湿度平衡，结合视频设备，用户可实时查看粮库内外情况并进行远程控制，为粮食的安全运送和存储保驾护航；在销售阶段，能够对农产品进行溯源及交易跟踪等。

鉴于当前的技术能力和我国国情，建议重点研发以下两类大田传感器：用于获取大田环境信息的传感器；用于大田作物长势信息获取的传感器。在获取大田环境信息监测中，开发基于近红外光谱、介电频谱等精细分析技术的实用农业科学仪器，创新研究一批土壤养分、空气质量、水环境信息获取的低成本、快速检测新型传感器，集成改进现有的土壤含水量、有机质含量、坚实度、耕作层理化性质检测传感技术，着力推进研究成果产业化，培育新型产品制造业和服务产业。研究利用多种传感器组成的监测网络综合获取土壤、空气、水质信息，并将信息实时反馈到决策网络和监管部门。在获取大田作物长势信息方面，利用电磁学、光电技术、生物化学、生物信息学等技术，开发实时获取植物生长过程中生命信息的传感器设备，用以检测或连续监测植物的生长过程。

参 考 文 献

高羽佳，王永梅，陈祎琼，等，2020．基于GIS的农作物病虫害受灾程度可视化识别方法研究[J]．灾害学，35(2)：26-29．
李灯华，李哲敏，许世卫，2015．我国农业物联网产业化现状与对策[J]．广东农业科学，42(20)：149-157．
李瑞，敖雁，孙启洵，等，2018．大田农业物联网应用现状与展望[J]．北方园艺(14)：148-153．
李小平，王学，孙艳春，2018．基于物联网的农田环境监测系统设计[J]．农业工程，8(10)：19-23．
马征，魏建林，刘东升，等，2020．养分专家系统推荐施肥对章丘大葱产量及养分吸收利用的影响[J]．中国土壤与肥料(6)：1-8．
彭涛，时伟，张凤旺，2017．日照市土壤墒情自动监测站网建设实践[J]．治淮(11)：68-69．
吴建伟，2017．中国农业物联网发展模式研究[J]．中国农业科技导报，19(7)：10-16．
杨勇，樊刚强，2019．物联网下的大田作物视频监测系统分析[J]．农业与技术，39(12)：13-15．
赵丽娜，2019．农业物联网技术应用及发展探究[J]．信息记录材料，20(1)：100-101．

第19章 设施园艺物联网应用

设施园艺物联网是农业物联网的一个重要应用领域，是以全面感知、可靠传输和智能处理等物联网技术为支撑和手段，以设施园艺的自动化生产、最优化控制、智能化管理为主要目标的农业物联网的具体应用领域，也是目前应用需求最为迫切的领域之一。本章分析了设施园艺物联网的建设需求，重点阐述了设施园艺物联网的体系架构，并对设施园艺物联网在育苗、环境综合调控、水肥自动调控、农作物自动采收、病虫害预测预警等方面的应用进行了系统论述，以期使读者对设施园艺物联网有一个系统全面的认识。

19.1 概述

19.1.1 设施园艺物联网技术需求

1. 设施园艺高集约化需要利用物联网实现机器代替人的自动作业模式

设施园艺的作业任务主要包括播种、育苗、移栽、农产品采收、农产品分拣等，传统设施园艺作业操作主要由人力完成，然而，播种过程中由于种子体积小、质量轻，人工播种不仅效率低下，还会出现漏播、重播、损伤种子等问题；移栽作业中人力移栽首先需要将幼苗运输到栽培室，再手动剥离幼苗至栽培槽，这些操作不仅需要耗费大量的人力，还会由于操作不当对作物造成伤害；在农产品采收和分拣作业时，人力成本极高且效率低下。面对大面积、高密度种植的设施园艺温室，自动化作业技术极其关键，是提高生产率、节约成本的必然要求。物联网技术可提供各种作业装备的位置和状态感知技术，为装备的导航、作业的技术参数获取提供可靠保证，是实现高集约化设施园艺的核心技术。

2. 设施园艺温室环境调控亟须自动化和智能化

我国设施园艺装备近年来得到了快速发展，但与发达国家相比，在温室环境控制等方面仍存在较大差距，综合环境控制技术水平低，调控能力差，并且以单个环境因子的调控设备为主。为提高生产质量与产量，现代设施园艺需要严格监控光量、光质、光照时间、气流、二氧化碳浓度、湿度、温度等环境参数。因此需要通过物联网技术实现对温室的优化控制，随时随地通过网络远程技术获取温室状态并控制温室各种环境，使作物处于适宜的生长环境，实现智能化、综合化调控，最大限度减少资源的消耗；同时利用智能装备提高温室单位面积的劳动生产率和资源产出率。

3．设施园艺的高产需要水肥智能调控的技术支撑

我国设施园艺水肥调控多采用经验法、时序控制或土壤墒情控制法，缺乏量化指标和配套集成技术，缺乏智能决策方案，人工依赖度高。水肥供给在作物营养生长阶段非常重要。水肥比例施用的失误会造成作物不同的营养缺乏症状，最终会造成农产品产量和质量下降。因此现代设施园艺需要通过物联网技术实时采集温室内环境参数和生物信息参数，开发物联网智能水肥一体控制系统，将水分和养分同步、均匀、准确、定时定量地供应给作物，实现水肥一体精准施入，可以大大提高灌水和肥料的利用效率。与传统水肥管理方式相比，智能水肥调控技术可增产 20%～30%、节水 50%、节肥 40%～50%。

4．设施园艺综合信息服务网是推进设施园艺产业的重要途径

通过设施园艺综合应用服务平台，部署相关应用系统，可以为农业管理部门、专家等在线远程管理、服务、指导提供手段和工具，同时，可以有效改善设施园艺的基础装备，有效解决基层专业技术人员不足、新技术推广应用难等问题，为设施园艺生产提供高质量的配套技术服务。此外，物联网技术提供 5G 等通信协议的实时通信技术，确保部门间的实时通信。

19.1.2 设施园艺物联网技术发展趋势

设施园艺中的温室环境是一个复杂系统，有着非线性、强耦合、大惯性和多扰动等特点，具有许多不确定性和低精确性。因此设施园艺物联网在应用过程中也有以下一些特点。

- 未来的计算机控制与管理系统是综合性、多方位的，温室环境测试与自动控制技术将朝多因素、多样化方向发展，集图形、声音、影视为一体的多媒体服务系统是未来计算机应用的热点。
- 随着传感技术、计算机技术和自动控制技术的不断发展，温室计算机的应用将由简单的以数据采集处理和监测，逐步转向以知识处理和应用为主。神经网络、遗传算法、模糊推理等人工智能技术在设施园艺中得到不同程度的应用，以专家系统为代表的智能管理系统已取得了不少研究成果，温室生产管理已逐步向定量、客观、智能化方向发展。
- 随着 5G 等通信技术的兴起，设施园艺物联网将形成更高效的“端-网-云”框架。“端”部用于实现对环境、装备、植物生长的全面感知技术，生命与环境信息传感器将向着微型化、高可靠性和低成本化发展；“网”用于装备之间的可靠传输，

使各种装备互联，实现多模式通信方式的高效融合；“云”端用于装备端的智能信息处理，通过融合预测预警、优化控制、智能决策、诊断推理、视觉信息处理等先进技术，实现农业物联网的智能应用。

19.2 设施园艺物联网总体架构

设施园艺物联网是以全面感知、可靠传输和智能处理等物联网技术为支撑和手段、以自动化生产、最优化控制、智能化管理为主要生产方式的高产、高效、低耗、优质、生态、安全的一种现代化农业发展模式与形态，主要包括设施园艺环境信息感知、信息传输和信息处理或自动控制等三个环节（见图 19.1）。

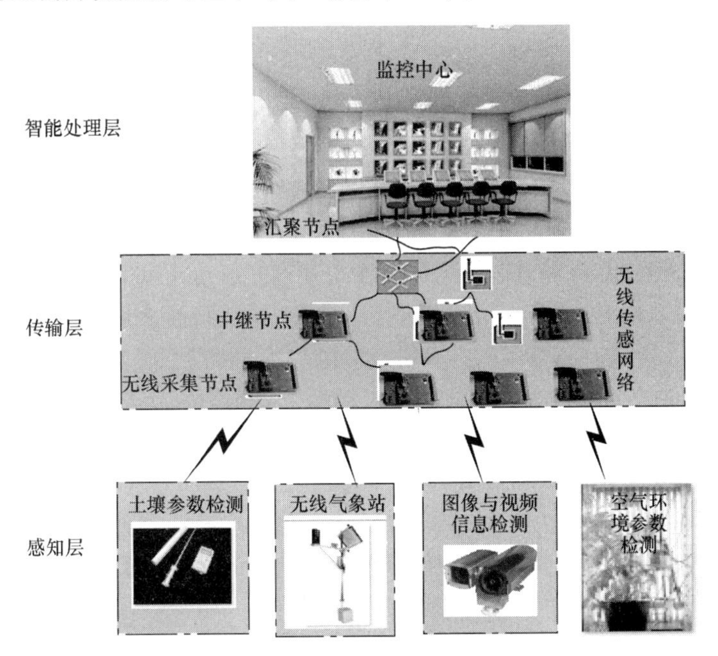

图 19.1 设施园艺物联网应用体系框架

① 设施园艺物联网感知层　设施园艺物联网的应用一般对温室生产的 7 个指标进行监测，即通过土壤、气象、光照等传感器，实现对温室的温、水、肥、电、热、气、光进行实时调控与记录，保证温室内的有机蔬菜和花卉在良好环境中生长。

② 设施园艺物联网传输层　一般情况下，在温室内部通过无线终端，实现实时远程监控温室环境和作物长势情况。通过网关和远程服务器双向通信，服务器也可以做进一步决策分析，并对温室中灌溉装备等进行远程管理控制。

③ 设施园艺物联网智能处理层　通过对获取的信息共享、交换、融合，获得最优和全方位的准确数据信息，实现对设施园艺的施肥、灌溉、播种、收获等的决策管理和指导。结合经验知识，并基于作物长势和病虫害等相关图形图像处理技术，实现对设施园

艺作物的长势预测和病虫害监测与预警功能。还可将监控信息实时地传输到信息处理平台，信息处理平台实时显示各个温室的环境状况，根据系统预设的阈值，控制通风、加热、降温等设备，达到温室内环境可知、可控。

19.3 温室环境综合调控系统

温室环境控制涉及诸多领域，是一项综合性的技术。它涉及的学科和技术包括计算机技术、控制和管理技术、生物学、设施园艺学、环境科学等。要为温室作物营造一个适合作物生长的最佳的环境条件，首先要熟悉温室环境的特点和环境监控的要求，然后制定温室控制系统的总体设计方案、控制策略并付诸实施。温室环境监控是温室生产管理的重要环节，随着设施园艺向着更加精细化、高效化、现代化的方向发展，越来越多的传感器和控制设备应用于温室生产，如果继续采用传统有线网络通信，不但造成现场施工困难，有时甚至不能满足生产需要，反而影响生产进行。

温室环境综合调控系统主要是基于光量、光质、光照时间、气流、植物保护、二氧化碳浓度、水量、水温、肥料等多种因素对温室环境进行控制。完整的环境控制系统包括控制器（包括控制软件）、传感器和执行机构。最简单的控制系统由单控制器、单传感器和执行机构组成，可由温度自动控制器控制加热、开闭天窗或是打开卷帘，由时间控制器控制定时灌溉，由二氧化碳浓度控制器控制释放二氧化碳进行施肥等。在实际生产中采用这些控制系统可以大大节省劳动力，节约成本。目前的计算机环境控制系统通过采用综合环境控制方法，充分考虑各控制过程间的相互影响，能真正起到自动化、智能化和节能的作用。

为保证系统的正常运行，一般在温室内需要布置传感器监测土壤水分、土壤 pH、土壤温度、空气温湿度、光照和二氧化碳，并进行以上参数的实时采集与无线传输，系统实时调整控制湿帘风机、滴灌设备、内遮阳设备、侧窗、加温补光、施肥等设备。图 19.2 为土壤水分传感器，图 19.3 为土壤温度传感器，图 19.4 为空气环境信息传感器。

图 19.2　土壤水分传感器

图 19.3　土壤温度传感器

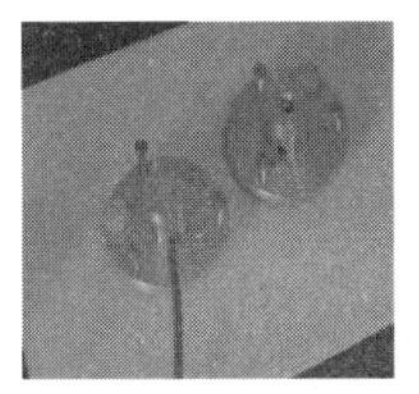
光照传感器

空气温湿度传感器

二氧化碳传感器

图 19.4 空气环境信息传感器

1．温室光照智能调控

光照智能调控主要有光照强度调控和光照周期调控两种方式。当检测到光照强度或周期不足时，智能补光系统将启用补光装备供给作物所需光照。传统的补光装备以高压钠光灯为主，其光谱全，综合性价比高。新兴的 LED 光源较传统光源具有光谱可选择、热辐射小等优点，可以对植株进行近距离补光，是节能、高效无人温室农场的最佳补光选择。但由于 LED 光源价格昂贵，可采用高压钠光灯和 LED 灯混合补光的模式，但是要注意高压钠光灯的热辐射对温室温度带来的影响。

在进行光照调控时，光量子传感器通常置于与作物冠层持平的位置，以每分钟一次的频率采集到达冠层的光量子通量密度。系统实时分析太阳辐射是否满足作物生长需求，从而根据光通量需求合理增加 LED 补光灯的开启数量和开灯时间以调控补光业务。智能补光业务在为作物提供足够的光合能量的同时避免了光能过量带来的浪费。对于植物工厂这种密闭式作物栽培系统，它们通常用于培育具有特定外观的农产品，其中 LED 补光灯可以为作物提供不同波段的光源以满足培育需求（朱鹿坤 等，2019；Kong Y et al.，2019）。

2．温室温湿度智能调控

当检测到温室空气湿度或温度偏离设定值时，温湿度智能调控系统将开始工作以维持温湿度的恒定。温室空气湿度调节的目的是降低空气相对湿度，减少作物叶面的结露现象。降低空气湿度的方法主要有通风换气、加热、改进灌溉方法、采用吸湿材料等（刘云骥 等，2019）。有些情况下温室需要加湿以满足作物生长要求。最常见的加湿方法是高压细雾加湿（张芳 等，2019）。

温度调控是温室控制的重要环节。生菜等叶菜的生长温度通常控制在 20℃左右为佳，番茄、黄瓜在 25℃左右，茄子、辣椒在 30℃左右，因此变温管理是常态化的温室作物品质调控的重要手段。常见的增温调控系统有热水式采暖系统、热风式采暖系统、电热采暖系统。热水式采暖系统由于其温度稳定、均匀、热惰性大等特点，是目前最常用的采暖方式。然而传统的热水式采暖系统通常由锅炉加热，会增加温室气体的排放。而减少化石燃料的使用，寻求有效的清洁能源是现代设施园艺的要求。近期科学家对地热能温室控温理论做出了许多尝试，该方法被证明对可持续发展具有重要意义。地热能控温系统由地热井取热循环系统、温室空气循环系统和温室地表管道加热循环系统组成，如图 19.5 所示。地热循环系统中的高温水通过与温室地表管道水进行热交换实现温室地表的加温，温室空气循环系统通过驱使空气流动使温室温度均匀。除了地热能之外，其他清洁能源或工业的余热利用也是重要控温技术。

图 19.5
地热能控温系统

3．二氧化碳浓度智能调控

二氧化碳浓度智能调控系统实时监测温室内部的二氧化碳浓度，并根据作物生长模型对二氧化碳浓度的需求，通过二氧化碳发生器自动补充，满足作物呼吸要求。主要的二氧化碳补充方法如下。

① 日光温室增施有机肥，提高土壤腐殖质的含量，改善土壤理化性状，促进根系的呼吸作用和微生物的分解活动，从而增加二氧化碳的释放量。目前此方法是解决二氧化碳肥源最有效的途径之一。

② 石灰石加盐酸产生二氧化碳，此方法简单、价格低。

③ 硫酸加碳酸氢氨产生二氧化碳。

④ 施用二氧化碳固粒肥。

⑤ 采用二氧化碳发生器。

19.4 设施园艺水肥智能调控系统

设施园艺水肥智能调控系统是指基于物联网技术的臭氧消毒机、施肥喷药一体机、灌溉施肥机等设施园艺水肥调控管理智能装备，有助于实现设施安全生产、肥药精确调控。水肥智能调控系统可以连接到任何一个已经存在的灌溉系统中。根据用户在核心控制器上设计的施肥程序，施肥机上的注肥器按比例或浓度将肥料罐中的肥料溶液注入灌溉系统的主管道中，达到精确、及时、均匀施肥的目的。同时通过传感器的实时监控，保证施肥的精确浓度以及营养液的电导率和 pH 合理水平（徐凡 等，2017）。

温室水肥智能调控系统如图 19.6 所示，传感测量设备实时在线测量监控可以精确地计量每组阀门的灌溉施肥量，保证施肥的精确浓度以及营养液的电导率和 pH 水平。通过调整清水阀和肥液阀来改变水肥混合比。灌溉后排出的水肥经过消毒处理后可以再循环利用，以实现水肥的零排放、零污染。在定时定量自动配肥的基础上，现代设施园艺水肥智能调控系统要以作物自身水肥需求特点为依据，以基质含水率、环境因子等为决策指标，为作物制定最适宜的灌溉方案（Li D et al.，2020；Li C et al.，2020）。这需要温室物联网感知端实时自动采集温室内环境参数和生物信息参数，并通过传输层实现环境、作物信息和水肥系统的信息交互，将水分和养分同步、均匀、准确、定时、定量地供应给作物，实现水肥一体精准施入，以大大提高灌水和肥料的利用效率。与传统水肥管理方式相比，智能水肥调控技术可增产 20%～30%、节水 50%、节肥 40%～50%。

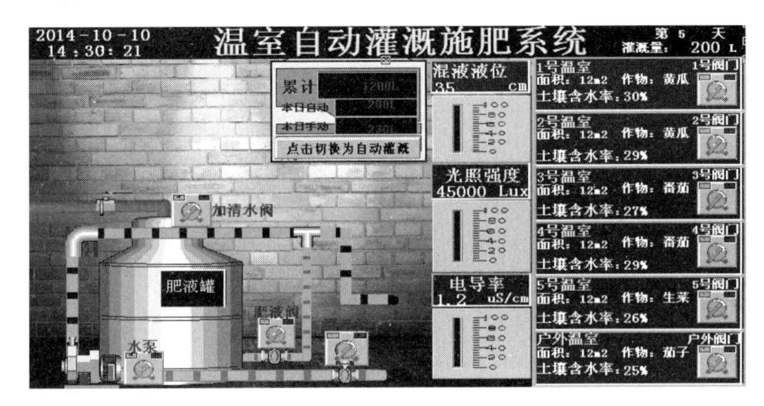

图 19.6
温室水肥智能调控系统

19.5 设施园艺自主作业智能装备

农业智能装备是一种以完成农业生产任务为主要目的，兼有人类四肢行动、部分信息感知和可重复编程功能的柔性自动化或半自动化设备，集传感技术、监测技术、人工智能技术、通信技术、图像识别技术、精密及系统集成技术等多种前沿科学技术于一身，在提高农业生产力，改变农业生产模式，解决劳动力不足，实现农业的规模化、多样化、精准化等方面显示出极大的优越性（徐振兴 等，2018）。它可以改善农业生产环境，防止农药、化肥对人体造成危害，实现农业的工厂化生产。用于设施园艺的农业智能装备按作业模式通常可分为固定装备和移动装备。

19.5.1 固定装备

固定装备是指不需要移动即可完成自主作业任务的装备。

① 自动播种装备　自动播种装备的工艺流程主要包括基质填充、冲穴、播种、蛭石覆盖与浇水。种子通过空气泵喷射到滚筒膜上，带上种子的滚筒播种机经过矩阵排布，与下方传动的线程盆盒精确贴合。一方面，滚筒式播种机带有超大尺寸真空泵和消除双

种子现象的空气系统，播种精度高、速度快；另一方面，还可以直接播种原种。此外，全自动播种装备还可以进行穴盘填土、表层土覆盖、浇水等操作，实现了高效的无人化温室播种流水线（牟双，2019）。

② 自动移栽装备　自动移栽装备通过抓手抓取育苗穴盘中的幼苗放入到目标盘（盆）中，可分为盘-盘移栽装备和盘-盆移栽装备。盘-盘移栽装备主要针对叶菜植物，因为叶菜植物长势慢、无侧枝、根系比较简单且重量轻，在盘中即可满足生长需要，也方便运输，节省空间；盘-盆移栽装备主要针对果菜植物，因为果菜植物长势快、侧枝多、根系发达且重量重，后期需要在盆中生长。

③ 自动清洗消毒装备　自动清洗消毒装备主要用于对穴盘、栽培槽、水肥自动调控装备管道等进行清洗消毒处理，既可以对它们进行二次利用减少投入成本，又可以减少设备对种苗病毒感染的概率（高原源 等，2017）。

④ 分拣包装机器人　农产品分拣包装机器人是一种新型的智能农业机械装备，它是人工智能检测、自动控制、图像识别技术、光谱分析建模技术、感应器、柔性执行等先进技术的集合，能够实现农产品的分类、分级和包装等功能。目前，农产品分拣包装机器人已经有了很大的发展，在农产品处理中广泛使用智能分拣，将会极大地改变传统农业的劳作模式，降低对大量劳动力的依赖，实现农产品的无人化处理。

19.5.2　移动装备

移动装备是指设施园艺中自主运输和需要移动完成自主作业的装备。

① 无人车　主要用于对不同区域内的作物或物品进行运输，如将移栽好的幼苗运输到生长区或将采收的叶菜运输到自动分拣装备，将花果蔬从自动分拣装备运输到自动包装装备或与其他移动作业设备集成实现定点作业任务。

② 无人机　主要用于温室内药物喷洒、高空喷雾降温和图像拍摄。通过无人机拍摄的图像对温室内的果菜和叶菜的生长状况进行监视。

③ 移动机器人　主要是指设施园艺中具有移动作业能力的机器人设备，包括温室大棚的除草机器人、插秧机器人、玻璃温室的采收机器人等。除草机器人利用视觉系统精准辨别作物和杂草；插秧机器人可按预定轨迹在温室大棚中完成插秧工作；采收机器人主要是用于对花果菜的采收工作，一般具有识别花果菜成熟度和精确采收的功能。移动机器人具有自主导航控制、自主精准作业两大核心功能。

这些移动作业装备上均装有测距传感器和GPS位置传感器。GPS位置传感器将各个移动作业装备的位置信息经信息通信技术传送到云平台，云平台根据位置信息分析移动装备工作状态并调配各个移动作业设备，以保证各个移动作业设备的高效运行。测距传感器将会检测设备周围的障碍物信息，当前方存在障碍物时，装备停止运行；当障碍物离开后，装备缓慢启动。移动设备发生故障时会发出预警信号并传送到云平台，以便云平台及时调配作业车完成相应业务。

智能装备是现代设施园艺发展的重要一环，让智能化装备深度参与农业生产全过程，可以逐步替代人力，最终实现设施园艺的无人化。随着物联网、大数据、人工智能、5G等技术在智能装备上的应用，无人车、无人机和机器人等将逐步替代农民手工劳动。智能装备在现代设施园艺中的广泛应用将实现“农民足不出户，通过手机发出指令，就能种好菜”的愿景。

19.6 设施园艺病虫害预测预警系统

设施园艺病虫害预测预警系统通过实时采集各基地系统中有关病虫害的数据，并通过系统分析和统计处理发布预处理结果，实现设施园艺病虫害发生期、发生量等的预警分析、田间虫情实时监测数据空间分布展示与分析、病虫害蔓延范围时空叠加分析；对周边地区病虫害疫情进行防控预案管理、捕杀方案辅助决策、防控指令与疫情信息上传下达等功能，为设施病虫害联防联控提供分析决策和指挥调度平台。系统包括四个部分，如图 19.7 所示。

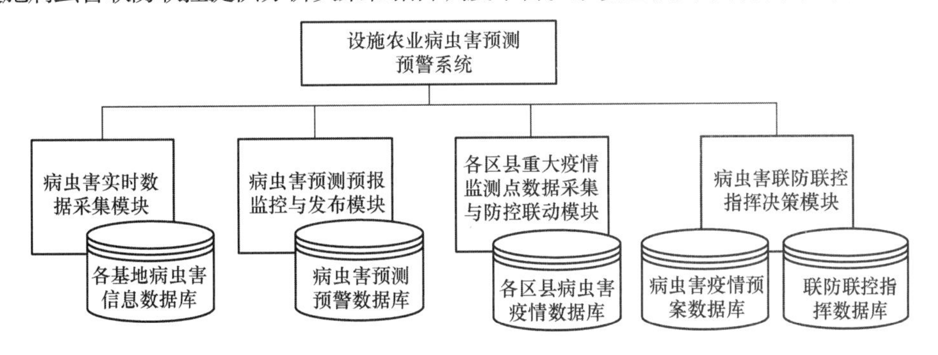

图 19.7 设施园艺病虫害预测预警系统模块结构

① 病虫害实时数据采集模块　通过通信服务器将各基地的病虫害预测预报信息，以及基础数据实时采集、存储在控制中心数据库中，为疫情监控提供基础数据。

② 病虫害预测预报监控与发布模块　统计分析收集的各基地病虫害预测预警数据及基础数据，将统计分析结果实时显示在监控大屏上，专家和管理人员也可通过终端浏览和查询病虫害状况信息。

③ 各区县重大疫情监测点数据采集与防控联动模块　此模块负责实现上级控制中心与各区县现有重大疫情监测点系统的联网，实现数据的实时采集，实现上级防控指挥命令和文件的下达，实现各区县联防联控的进展交互和上级汇报。

④ 病虫害联防联控指挥决策模块　通过实时监控病虫害疫情状况及其变化，实现疫情区域和相关区域联防联控的指挥决策，包括病虫害联防联控预案制定、远程防控会商决策、防控方案制定与下发、远程防控指挥命令实时下达、疫情防控情况汇报与汇总。

19.7 农产品分拣包装系统

农产品分拣包装系统是指通过人工分级、射线分级、机械分级、机电结合分级、计算机视觉分级和核磁共振分级等方法实现农产品分级以及后续农产品自动包装。

在目前的农产品分类分级系统中，不同系统有不同的应用。例如，X射线和γ射线用在与农产品密度变化有密切联系的品质因素检测中，如苹果压伤、桃子破裂和土豆空心等；电分选技术用于小型籽粒的分选；光电技术用于大米、果蔬等的加工分级；机械分级用于检测水果表面缺陷，而对于水果内部的品质无能为力；计算机视觉系统分级方法用于农产品外表形状、色泽等因素分级；核磁共振技术是一种具有极高分辨率的分析技术，能分析农产品内部的清晰图像及结构分布。

目前，我国农产品检测分级研究主要集中在视觉算法方面，即使用各种视觉算法解决各种农产品的检测和分级问题，对于检测、分级、包装等一系列操作的整套机电一体化系统的研究还很少。另外，研究关注的系统也多为大型系统。而我国农产品的产地集中度低、运输成本高，因此能够在产地即完成检测分级工作的中小型系统更加适合我国的国情。

19.8 应用案例

国家农业智能装备工程技术研究中心开展的“设施蔬菜精准高效栽培物联网管理”项目自主研发了物联网栽培管理系统及配套智能装备，结合水培作物养分吸收机理模型，以及能够处理多源海量信息的云存储计算技术，实现了精准化、智能化的设施园艺物联网架构。项目研发的有机水肥一体化智能系统中，有机肥液物按照作物生育期需求特点，结合环境参数、经验模型配比使用，确保有机无土栽培下养分的供应和水肥一体化的实现（见图19.8)。封闭式岩棉栽培与智能全自动控制系统兼顾养分水分的供给与平衡，定时定量灌溉，增产效果明显，单产可达 38kg/(m^2·a) 以上，最高小区测产 47kg/(m^2·a)。果实整齐率达到了95%以上，亩产达到3万千克以上，实现了高产的目标。

图19.8 有机水肥一体化智能系统

小　结

我国的设施园艺物联网系统面向设施蔬菜集约、高产、高效、生态、安全的发展需求，实现了集数据和图像实时采集、无线传输、智能处理、自动控制、预测预警、辅助决策、在线咨询、远程诊断以及泛在服务等功能。应用系统由环境监测系统、无线传输系统、温室设备控制系统、现场环境预测预警系统、远程监控系统以及远程咨询与服务系统等子系统组成，并配备现场气象站，实现了温室内的三层空气温湿度、二氧化碳浓度、光照、三层土壤温度和水分以及蔬菜长势等传感参数的全面感知；基于无线传感网络的可靠传输；蔬菜生物环境信息的智能处理；可以对风机、遮阳网、湿帘、滴灌系统以及卷帘机进行自动控制、短信预警与控制（侯振全 等，2019；辜松，2019）。

未来设施园艺物联网发展有三个目标：第一，设施园艺物联网感知层要实现生命与环境信息传感器的微型化、高可靠性和低成本，以及传感器节点的低功耗；第二，设施园艺物联网传输层要实现传感器网络的自组织，通过多模式通信方式的高效融合，达到信息传输低成本、全覆盖、高实时性的要求；第三，设施园艺物联网应用层要求实现多源、海量信息的云存储，融合作物生长模型，实现信息处理智能化与自动化。

参 考 文 献

高原源，王秀，舒象兴，等，2017．育苗穴盘自动清洗装置的设计[J]．农机化研究，39(1)：63-67．

辜松，2019．我国设施园艺生产作业装备发展浅析[J]．现代农业装备，40(1)：4-11．

侯振全，薛平，2019．荷兰设施园艺产业机械化智能化考察纪实（续 1）[J]．当代农机(2)：58-60．

刘云骥，徐继彤，庞松若，等，2019．日光温室正压式湿帘风机系统设计及其降温效果[J]．中国农业大学学报，24(5)：130-139．

牟双，2019．穴盘播种机的工作原理与作业效果分析[J]．农业工程技术，39(31)：67-68．

徐凡，赵倩，贾冬冬，等，2017．循环式岩棉栽培水肥一体化装备及控制系统研发[J]．农业工程，7(4)：45-49．

徐振兴，仪坤秀，李斯华，等，2018．荷兰蔬菜机械化发展的启示与思考[J]．农机科技推广 (12)：49-53．

张芳，方慧，杨其长，等，2019．喷雾降温联合自然通风在大跨度温室中的试验[J]．农业工程，9(4)：41-47．

朱鹿坤，陈俊琴，赵雪雅，等，2019．红蓝绿 LED 延时补光对日光温室番茄育苗的影响[J]．中国蔬菜 (10)：51-57．

KONG Y, NEMALI A, MITCHELL C, et al., 2019. Spectral quality of light can affect energy consumption and energy-use efficiency of electrical lighting in indoor lettuce farming[J]. HortScience, 54(5): 865-872.

LI C, ADHIKARI R, YAO Y, et al., 2020. Measuring plant growth characteristics using smartphone based image analysis technique in controlled environment agriculture[J]. Computers and Electronics in Agriculture, 168: 105123.

LI D, LI C, YAO Y, et al., 2020. Modern imaging techniques in plant nutrition analysis[J]. Computers and Electronics in Agriculture, 174: 105459.

第 20 章　畜禽养殖物联网应用

畜禽养殖物联网是农业物联网的一个重要应用领域，是指采用先进传感技术、智能传输技术和农业信息处理技术，通过对畜禽养殖环境信息的智能感知、安全可靠传输以及智能处理，实现对畜禽养殖环境信息的实时在线监测与智能控制、健康养殖过程精细投喂、畜禽个体行为监控、疾病检测与预警、育种繁育管理。畜禽养殖物联网为畜禽营造相对独立的养殖环境，彻底摆脱传统养殖业对人员管理的高度依赖，最终实现畜禽养殖集约、高产、高效、优质、健康、生态、安全。本章首先介绍了畜禽养殖物联网总体架构，重点论述了养殖环境监控、行为监控、精准饲喂控制、育种繁育管理、疾病检测与预警五个应用系统，以期使读者对畜禽养殖业物联网有一个清晰的了解。

20.1　概述

我国是一个畜禽养殖大国，养殖产量位居世界第一。随着我国城乡居民收入的不断提高，畜禽产品的消费量也在持续增长。相应地，畜禽养殖业在农业总产值中所占的比重不断扩大，畜禽养殖业也成为吸引农村剩余劳动力、增加农民收入的主要途径。

畜禽养殖对环境依赖程度较高，畜禽养殖环境质量的优劣直接影响着畜禽健康和产品的品质，如冬天畜禽需要保温，畜禽舍内通风不畅，二氧化碳、氨气、二氧化硫等有害气体含量超标，温度、湿度等环境指标超标，这些均会导致畜禽产生各种应激反应及免疫力降低并引发各种疾病（熊本海 等，2015）。因此，畜禽养殖环境的控制是有效防控重大疫病传播和流行的先决条件。同时，动物繁育时对养殖环境和喂食也有较高的要求，尤其是分娩舍和保育舍要进行严格的智能环境监控以保证动物的顺利生育。

要解决畜禽养殖生产过程中所面临的问题，以物联网为代表的信息技术无疑是最重要的途径。畜禽养殖物联网在养殖业各环节上的应用大致有以下几个方面。

① *养殖环境监控*　随着畜禽养殖的规模化、集约化趋势越发明显，养殖方式也随之发生了深刻的变化。以自动化、数字化技术为平台，通过模拟生态和自动控制技术，每

一个畜禽舍或养殖厂都成为一个生态单元，能够自动调节温度、湿度和空气质量，实现自动送料和饮水，实现产品自动分捡和运输。

② 行为监控　畜禽动物每日的饮食次数、饮水次数、排泄次数、运动量等行为反映了动物的生长状态、健康与否等多种信息，了解这些信息对于畜禽动物的健康养殖具有重要意义。因此，对于畜禽动物的行为进行监控以及异常行为的检测是实现高效养殖、合理饲喂的重要手段。

③ 精准饲喂控制　科学喂养是养殖业中最重要的环节之一。畜禽的营养研究和科学喂养的发展对畜禽养殖发展、节约资源、降低成本、减少污染和病害发生、保证畜禽食用安全具有重要的意义。精细投喂智能决策系统根据畜禽在各养殖阶段营养成分需求，借助养殖专家经验建立不同养殖品种的生长阶段与投喂率、投喂量间定量关系模型，解决喂什么、喂多少、喂几回等精细喂养问题，而且也能为畜禽质量追溯提供数据资料。

④ 育种繁育管理　在畜禽生产中，采用信息化技术提高公畜和母畜繁殖效率，可以减少繁殖家畜饲养量，进而降低生产成本和饲料、饲草资源占用量。因此，以动物繁育知识为基础，利用传感器、RFID、多媒体等感知技术对公畜和母畜的发情进行监测与识别，同时对配种和育种环境进行监控，为动物繁殖提供最适宜的环境，全方位地管理监控动物繁育是非常必要的。

⑤ 疾病检测与预警　近年来，畜禽疾病呈多发态势，建立疾病检测系统实现畜禽疾病的早发现、早诊治是非常重要的。畜禽疾病检测与预警系统，利用传感器获取畜禽动物的生理数据、利用摄像头获取畜禽动物的行为视频数据、利用声音传感器获取畜禽动物的声音数据，对畜禽动物进行多数据来源、多角度的疾病检测。此外，根据专家确定的各类病因预警指标及其对疾病发生的可能程度，建立畜禽疾病预警模型，可以实现畜禽养殖疾病精确预防、预警、诊治。

20.2　畜禽养殖物联网总体架构

畜禽养殖物联网面向畜禽养殖领域的应用需求，通过集成畜禽养殖信息智能感知技术及设备、无线传输技术及设备、智能处理技术，实现畜禽养殖的养殖环境监控、行为监控、智能精细饲喂、育种繁育管理、疾病检测与预警（李道亮 等，2018）。畜禽养殖物联网系统的整体架构如图 20.1 所示。

1. 感知层

作为物联网对物理世界的探测、识别、定位、跟踪和监控的末端，末端设备及子系统承载了将现实世界中的信息转换为可处理信号的作用，其主要包括传感器技术、RFID 技术、二维码技术、机器视觉技术等。采用传感器采集温度、湿度、光照、二氧化碳、氨气和硫化氢等畜禽养殖环境参数，采用 RFID 技术、二维码技术、机器视觉技术对畜禽个体进行自动识别，利用视频捕捉等技术实现多种养殖环境信息和畜禽动物状态信息的捕捉。

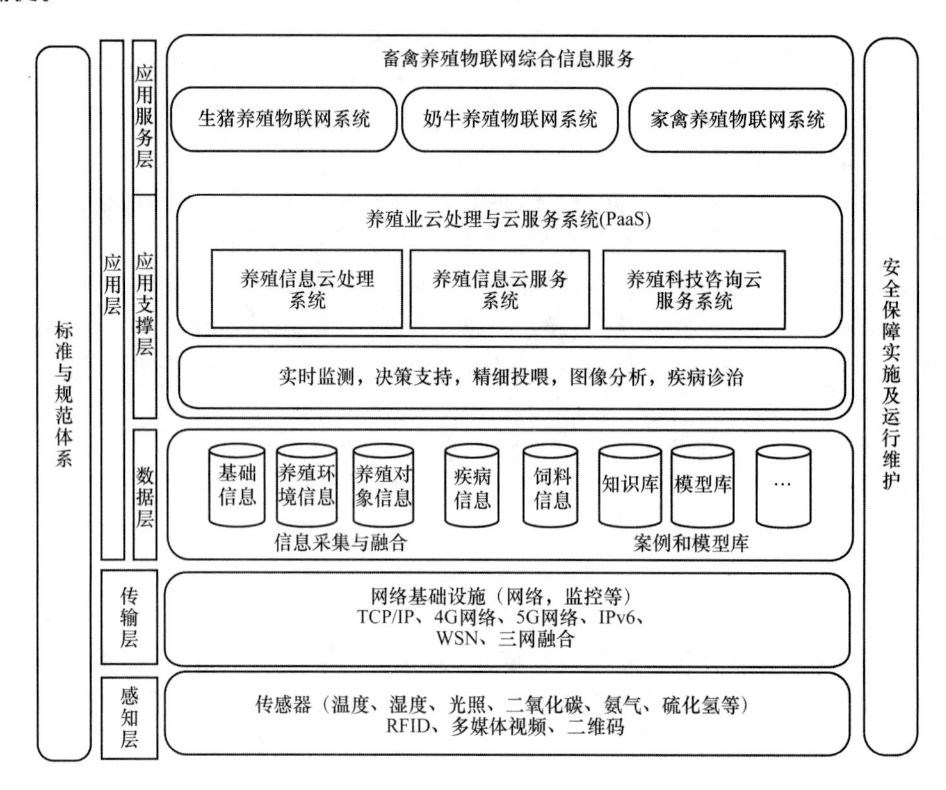

图 20.1
畜禽养殖物联网总体框架

2．传输层

传输层完成感知层和数据层之间的通信。传输层的无线传感器网络包括无线采集节点、无线路由节点、无线汇聚节点及网络管理系统，采用无线射频技术，实现现场局部范围内信息采集传输，采用 4G、5G 等移动通信技术实现过程数据采集。无线传感器网络具有自动网络路由选择、自诊断和智能能量管理功能。

3．应用层

应用层提供所有的信息应用和系统管理的业务逻辑，包括应用服务层、应用数据层与应用支撑层三部分。其中，应用服务层负责分解业务请求，在应用支撑层的基础上，通过使用应用支撑层提供的工具和通用构件进行数据访问和处理，并将返回信息组织成所需的格式提供给客户端。同时为畜禽养殖物联网应用系统（生猪养殖物联网系统、奶牛养殖物联网系统、家禽养殖物联网等）提供统一的接口，为用户（包括养殖户、农民合作组织、养殖企业、涉农职能部门等）提供系统入口和分析工具。

畜禽养殖物联网主要建设内容如下。

① *养殖环境监控系统*　利用传感器、无线传感网络、自动控制、机器视觉、RFID 等现代信息技术，对养殖环境参数进行实时的监测，并根据畜禽生长的需要，对畜禽养

殖环境进行科学合理的优化控制，实现畜禽环境的自动监控，以实现畜禽养殖集约、高产、高效、优质、健康、节能、降耗的目标。

② *畜禽动物行为监控系统*　利用机器视觉技术、自动控制技术、视频跟踪技术等对畜禽动物群体、个体的行为进行实时监测，包括每日的饮食次数、饮水次数、排泄次数和运动量等。系统提供行为视频分析功能，进一步提取出目标动物个体的行为状态信息。当动物出现异常状态时，系统能够及时进行预警，便于养殖人员采取措施。

③ *畜禽精准饲喂系统*　主要采用动物生长模型、营养优化模型、传感器、机器视觉、智能装备、自动控制等现代信息技术，根据畜禽的生长周期、个体重量、进食周期、食量以及进食情况等信息对畜禽的饲料喂养的时间、进食量进行科学的优化控制，实现自动化饲料喂养，以确保节约饲料，降低成本，减少污染和减少病害发生，保证畜禽食用安全。

④ *畜禽育种繁殖管理系统*　主要运用传感器技术、机器视觉技术、预测优化模型技术、RFID 技术，根据基因优化原理，在畜禽繁育中，进行科学选配、优化育种，科学监测母畜发情周期，从而提高种畜和母畜繁殖效率，缩短出栏周期，减少繁殖家畜饲养量，进而降低生产成本和饲料、饲草资源占用量。

⑤ *畜禽疾病检测与预警系统*　根据畜禽养殖的环境信息、疾病的症状信息、畜禽的活动信息，对畜禽疾病发生、发展、程度、危害等进行诊断、预测、预警，根据状态进行科学的防控，实现最大限度降低由于疫病疫情引发的各种损失的目标。

20.3　畜禽养殖物联网关键技术

20.3.1　养殖环境监控技术

养殖环境监控技术是指在养殖圈舍内部署各类室内环境监测传感器，大量的传感器节点构成监控网络，通过各种传感器采集养殖场所的温度、湿度及氨气含量等环境因子，并结合季节、养殖品种及生理等特点，对养殖环境因子进行提前预测，有效预警，及时调控，达到自动控制环境的目的。养殖环境监控技术主要涉及养殖环境信息采集技术、有害气体预测技术、异常信息报警技术和智能化控制技术（熊本海 等，2018）。

① *养殖环境信息采集技术*　养殖环境信息采集技术是指在养殖圈舍内部署各种类型的环境传感器，并连接到无线通信模块，智能养殖管理平台便可以实现对二氧化碳含量数据、温湿度数据、氨气含量数据、硫化氢含量数据的自动采集。

② *有害气体预测技术*　有害气体预测技术是指根据有害气体的排放和散发机理或者采集到的有害气体的历史数据对未来一段时间内的有害气体含量进行提前估计。常见的有害气体预测方法有基于机理模型的预测方法、基于经验统计的预测方法和基于机器学习、深度学习等智能算法的预测方法。

③ *异常信息报警技术*　异常信息报警技术是指根据采集到的实时数据或者预测出

来的可靠数据实现异常报警，报警信息可通过监视界面进行浏览查询，同时还以短消息形式及时发送给工作人员，确保在第一时间收到报警信息，及时进行处理，将损失降到最低。例如，畜禽圈舍的温度过高或过低，二氧化碳、氨气、二氧化硫等有害气体含量超标，均会导致畜禽产生各种应激反应及免疫力降低并引发各种疾病，影响畜禽的生长。

④ *智能化控制技术* 智能化控制技术是指以采集到的各种环境参数为依据，根据不同的畜禽养殖品种和控制模型，计算设备的控制量，通过控制器与养殖环境的控制系统（如红外、风扇、湿帘等）实现对接，控制各种环境设备。

20.3.2 畜禽动物行为监控技术

畜禽动物行为监控技术是指在养殖圈舍内安装多媒体摄像头，采用摄像头录制畜禽动物的行为视频并传输到服务器上实现视频实时显示，对于异常行为及时发出警报。在畜禽动物的行为轨迹中包含着大量行为信息，如动物每日的饮食次数、饮水次数、排泄次数、运动量等，这些行为信息都在一定程度上表明了该动物的生理状态，如是否生长合理、健康、处于发情状态等。因此，对畜禽动物的行为进行实时监测，及时发现异常行为，便于养殖人员采取措施，最大化养殖效益。在畜禽动物行为监控中主要涉及行为视频信息采集与传输技术、异常行为识别技术。

① *行为视频采集与传输技术* 行为视频采集与传输技术是指利用多媒体摄像头录制养殖圈舍内的畜禽动物行为视频，并利用搭建的有线网络或者 5G 网络进行视频的快速传输，将视频数据发送到监控中心，养殖人员可以远程查看圈舍内情况的实时视频、回看历史视频。

② *异常行为识别技术* 异常行为识别技术是指基于采集到的行为视频数据，采用视频跟踪技术、图像处理技术、深度学习技术等进行异常行为的检测与识别。针对识别出的异常行为，自动发出警报，确保养殖人员及时采取对应措施。

20.3.3 精准饲喂技术

精准饲喂技术（以生猪为例）是指根据养殖场的生产状况，建立以品种、杂交类型、生产特点、生理阶段、日粮结构、气候、环境温湿度等因素为变量的营养需要量自动匹配数字模型，进行生猪饲养过程的数字化模拟和生产试验验证，以不同环境因素为变量，模拟生猪的生产性能和生理指标的变化，从而达到数字化精细喂养。养猪产业主要涉及的智能养殖设备，包括妊娠母猪电子饲喂站和哺乳母猪精准饲喂系统两种（赵一广 等，2019）。

1. 妊娠母猪电子饲喂站

妊娠母猪是指配种后到产崽之前的繁殖母猪。饲喂站进入门采用传感器与电动门及中央控制器协同工作的方式，提高了猪只有序进入饲喂器的效率。其饲喂的原理是圈栏散养，即数十头妊娠母猪在一个圈栏内，共用一台母猪电子饲喂站进行饲喂、休息、排泄以及监测发情等。电子饲喂站系统包括耳标识别及嵌入式控制系统，可以按每头母猪的采食曲线或妊娠日龄控制每天以及每次的采食量，并自动记录采食量数据。其反过来也可依据已完成的采食量，调控后续的采食量，因此具有智能化控制的特点。长期的饲喂数据及效果表明，采用电子饲喂站还能有效减少母猪肢体疾病、减少应激、改善体况、促进产仔健康及提高母猪生产寿命。根据感知的猪只信息，通过上位计算机显示其历史档案，决定饲喂的频率与数量，实施具有阈值设定下的自动饲喂，实现了基于感知、数据分析及饲喂控制的闭环控制，基本达到了无人控制下按母猪个体体况的精细化饲喂。

2．哺乳母猪精准饲喂器

处于哺乳期的母猪称之为哺乳母猪，其饲喂模式不同于妊娠母猪小群体的圈栏。电子饲喂站通过采集母猪个体的体况数据（包括质量、哺乳胎次及抚养的仔猪头数），依据日粮养分需要量模型计算不同哺乳天数的采食量，并以此作为采食量的设定阈值，通过中央控制器或移动智能终端控制饲喂次数、投放时间点及每次饲喂量，实现基于物联网技术下的精细饲喂。如果中央控制器中嵌入 SIM 卡，将手机端 APK 文件与 SIM 卡关联，那么通过手机端就可以实时查看每头母猪的实际采食数据，并对每头母猪的饲喂程序进行远程控制，实现了“手机养猪”。

20.3.4　发情识别技术

在动物繁育过程中，智能化的繁殖监测管理是提高繁殖效率或畜牧生产效率的重要手段。发情监测是畜禽动物繁育过程中的重要环节，错过了时间将会降低繁殖能力（潘予琮 等，2020）。要提高畜禽的繁殖率，首先要清楚地监测出畜禽的发情期。如果仅仅是依靠人工观察，或者是凭一般的养殖经验来识别畜禽发情期，往往会错过畜禽的最佳配种时期，对于提高繁殖率很不利。因此，实现自动化监测，及时发现发情期是提高畜禽繁殖能力的关键环节。下面以母猪为例，进行发情识别技术的说明。

母猪发情时会表现一些典型的特征：①体温较平常有所升高；②卧立不安、啃圈爬栏，走动较为频繁，活动量明显增多；③出现爬跨行为；④食欲略减；⑤主动接近公猪，公猪经过或“按背测试”时表现出“静立反射”；⑥发出求偶歌声；⑦外阴肿胀，阴门流出透明黏液。其中，部分行为特征如采食量变化、母猪频繁访问公猪、体温变化、活动量增加、爬跨行为等行为特征可通过物联网感知设备自动获取，从而为母猪发情自动识别提供依据（刘哲 等，2019）。

目前常见的母猪发情识别方法主要有以下三种。

（1）根据发情母猪活动量显著增加、烦躁不安、啃圈爬栏特征，使用红外传感器对母猪的活动量进行监测，将母猪活动量分成若干类，若发现活动量超出一定的阈值，则认为该母猪活动量增加，并判定其为发情状态。

（2）根据母猪见到公猪后会主动与公猪接触特征，通过使用射频识别扫描器记录与公猪接触的母猪耳标号，据此统计一段时间内该母猪访问公猪的次数和频率，当频率超过一定值时则判定该母猪为发情状态。

（3）根据发情母猪采食量略有减少特征，通过自动饲喂器记录母猪进入自动饲喂器的采食次数、猪群个体数量和每日进食周期等参数，将这些参数作为发情识别模型的输入，通过模型训练，判断母猪是否处于发情状态。

20.3.5 疾病检测与预警技术

畜禽疾病检测与预警系统是针对畜禽疾病发生频繁、经济损失较大等实际问题，从畜禽疾病早预防、早预警的角度出发，在对气候环境、养殖环境、病源与畜禽疾病发生关系研究的基础上，确定各类病因预警指标及其对疾病发生的可能程度，根据预警指标的等级和疾病的危害程度，研究并建立畜禽疾病三级预报预警模型；根据多病因、多疾病的畜禽疾病发生与传播机理，基于多种数据来源、多角度进行畜禽病害检测，为畜禽病害诊治提供科学的在线诊断和预警方法，实现畜禽养殖疾病精确预防、预警、诊治。下面是目前常见的集中畜禽动物疾病检测与预警方法（刘烨虹 等，2018）。

① *基于生理数据的疾病检测与预警* 利用侵入式传感器，如 RFID 等获取畜禽动物的生理数据，通过与畜禽疾病知识库中的生理数据进行比对，检测出是否生病，对生病动物发出预警。

② *基于视频数据的疾病检测与预警* 利用摄像头采集畜禽动物的行为视频数据，通过对动物的行为视频进行分析，检测出是否生病，对生病动物发出预警。

③ *基于声音数据的疾病检测与预警* 利用声音传感器获取畜禽动物的声音数据，通过对声音数据进行分析，检测出是否生病，对生病动物发出预警。

20.4 应用案例

作为中国著名的家畜养殖企业——温氏集团，率先开展了企业畜牧业物联网的应用研究，构建了畜牧养殖生产的监控中心、家畜养殖环境监测物联网系统、家畜体征与行为监测传感网系统等。该系统主要采用物联网技术及视频编码压缩技术，在企业所属各地养殖户及加工厂的重要位点部署视频实时监控，并自动感知与收集主要位点的传感器监测数据，如温度、湿度、空气质量、水质、冷库温度等，将其在指挥中心的大屏幕上集中显示（见图 20.2），管理者通过单击鼠标，或查看历史数据、统计报表及视频等，可获得相应养殖户或工厂的各项实时数据，快速地提供与当前关注问题有关的重要信息，由此进行可视化的日常管理、巡查及应急指挥。该企业将大数据理念应用于物联网系统，建立了不同类型数据之间的关联，寻求数据或信息之间的规律。

家畜环境监测物联网构建的核心不仅仅是实时获得环境监测的状态数据，更重要的是通过对数据的分析，获得对环境控制设备的远程操作依据，从而形成物联网系统的闭环。

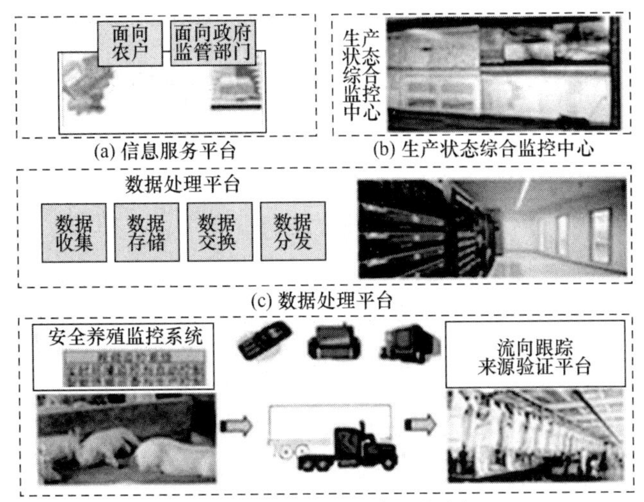

(a) 信息服务平台　(b) 生产状态综合监控中心

(c) 数据处理平台

(d) 安全养殖监控与流向跟踪系统

图 20.2 温氏集团数据采集与分析中心

小　结

畜禽养殖物联网是利用传感器、无线传感网络、自动控制、机器视觉、射频识别等现代信息技术，对畜禽养殖环境参数和畜禽动物进行实时监测，并根据畜禽生长的需要，对畜禽养殖环境进行科学合理的优化控制，对畜禽动物的异常行为进行及时预警，实现畜禽环境的自动监控、畜禽动物行为自动监控、精细投喂、育种繁育以及疾病的检测与预警。

在畜禽环境监控系统中采用环境传感器实时获取环境数据，根据所采集数据的预警规则，实时发送预警消息，减少对养殖条件的人工监测。在智能管理系统中主要采用基于专家系统的精细投喂策略处理畜禽养殖过程中的日常生产事务。

现代畜禽养殖业的发展标志之一就是朝着智能装备、全面“感知”、生产过程可跟踪、产品质量可溯源、行业技术及经济数据可实施网络化管理等信息化迈进，畜禽养殖物联网是降低养殖成本、保证产量和品质、减少污染和病害发生的有力手段。

参 考 文 献

李道亮，杨昊，2018．农业物联网技术研究进展与发展趋势分析[J]．农业机械学报，49(1)：1-20.

刘烨虹，刘修林，王福杰，等，2018．红外热成像技术在畜禽疾病检测中的应用[J]．中国家禽，40(5)：70-72.

刘哲，申东东，朱程林，等，2019. 基于物联网的智能母猪发情监测系统开发[J]. 科技风，373(5)：109-110.

潘予琮，王慧，熊本海，等，2020．发情监测系统在奶牛养殖数字化管理中的应用[J]．动物营养学报，32(6)：2500-2506．
熊本海，杨亮，郑姗姗，2018．我国畜牧业信息化与智能装备技术应用研究进展[J]．中国农业信息，30(1)：17-34．
熊本海，杨振刚，杨亮，等，2015．中国畜牧业物联网技术应用研究进展[J]．农业工程学报，31(S1)：237-246．
赵一广，杨亮，郑姗姗，等，2019．家畜智能养殖设备和饲喂技术应用研究现状与发展趋势[J]．中国农业文摘-农业工程，31(3)：26-31．

第 21 章　水产养殖物联网应用

水产养殖物联网是农业物联网的一个重要应用领域，是指采用先进传感技术、智能传输技术、智能信息处理技术，通过对养殖水质及环境信息的智能感知、安全可靠传输、智能处理以及控制机构的智能控制，实现对水质和环境信息的实时在线监测、异常报警与水质预警和智能控制、健康养殖过程精细投喂、疾病实时预警与远程诊断，改变我国传统水产养殖业存在的养殖现场缺乏有效监控手段、水产养殖饵料和药品投喂不合理、水产养殖疾病频发的问题，促进水产养殖业生产方式转变，提高生产效率，保障食品安全，实现水产养殖业生产管理高效、生态、环保和可持续发展。本章首先阐述了水产养殖物联网总体架构，重点论述了水产养殖环境监控系统、精细喂养管理系统、疾病预警远程诊断系统三部分内容，以期使读者对水产养殖物联网有一个清晰的认识。

21.1　概述

我国是水产养殖大国，2019 年水产品总产量已达 6450 万吨。水产养殖业在改善民生、增加农民收入方面发挥了重要作用，但我国水产养殖业发展还主要依靠粗放式的养殖模式，增长速度的提高是以消耗和占用大量资源为代价的，这一模式导致生态失衡和环境恶化的问题已日益显现，细菌、病毒等大量滋生和有害物质积累给水产养殖业发展带来了极大的风险和困难，粗放式养殖模式难以持续性发展。另外，在水产品养殖过程中缺乏对水质环境的有效监控，养殖过程中不合理投喂和用药极大地恶化了养殖产品的生存和生长环境，加剧了水产养殖过程疾病的发生，使水产养殖业经常蒙受重大损失。当前我国已进入由传统渔业向现代渔业转变的关键时期，现代渔业要求养殖模式由粗放式放养向精细化喂养转变，以工厂化养殖和网箱养殖为代表的集约化养殖模式正逐渐取代粗放式放养模式，但集约化养殖模式需要对水产养殖环境进行实时调控、对养殖过程饵料投喂和用药进行科学管理、对养殖过程疾病预防预警进行科学管控，这需要以信息化、自动化和智能化技术为保障，物联网技术可以有效地提升现代水产养殖业的信息化、自动化水平，将其与集约化养殖模式相结合是现代水产养殖业发展的重要方向（李道亮，2008）。

水产养殖环境智能监控通过实时在线监测水体温度、pH、盐度、浊度、氨氮、COD（化学需氧量）、BOD（生化需氧量）等对水产品生长环境有重大影响的水质参数，太阳辐射、气压、雨量、风速、风向、空气温湿度等气象参数，在对所检测数据变化趋势及规律进行分析的基础上，实现对养殖水质环境参数预测预警，并根据预测预警结果，智能调控增氧机、循环泵等养殖设施，实现水质智能调控，为养殖对象创造适宜的水体环境，保障养殖对象健康生长。欧美和日本早在 20 世纪 80 年代就开始使用连续多参数的水质测定仪，使水质监测完全实现了自动化。我国于 1988 年设立了第一个水质连续自动监测系统，所用仪表设备多为进口，价格昂贵，运转费也较高，主要用于水利和环保等领域。近年来，国内不少科研单位对工厂化养殖的水质自动监测进行了大量的研究，也取得了很多阶段性成果（赵梦楠，2018）。

水产品科学喂养技术是水产养殖中最重要的技术之一。水产品的营养研究和科学喂养的发展对集约化水产养殖发展、节约资源、降低成本、减少污染和病害发生、保证水产品食用安全，促进水产养殖的持续、健康发展具有重要的意义。精细投喂智能决策系统，根据鱼、虾、蟹在各养殖阶段营养成分需求，以及各养殖品种长度与重量关系，光照度、水温、溶氧量、养殖密度等因素与鱼饵料营养成分的吸收能力、饵料摄取量关系，借助养殖专家经验建立不同养殖品种的生长阶段与投喂率、投喂量间定量关系模型。利用数据库建库技术，对水产品精细饲养相关的环境、群体信息进行管理，建立适合不同水产品的精细投喂决策系统，解决喂什么、喂多少、喂几回等精细喂养问题，而且也能为水产品质量追溯提供数据资料。

水产疾病预警与远程诊断系统从水产品疾病早预防、早诊治的角度出发，在对气候环境、水环境和病源与鱼、虾、蟹等水产品疾病发生的关系研究的基础上，确定各类病因预警指标，根据预警指标的等级和疾病的危害程度，建立水产品疾病预警模型。建立疾病诊断推理网络关系模型，建立水产品典型疾病图像特征数据库，实现水产养殖疾病精确预防、预警、诊治。

21.2 水产养殖物联网总体架构

水产物联网面向水产养殖领域的应用需求，通过集成水产养殖信息智能感知技术及设备、无线传输技术及设备、智能处理技术，实现鱼、虾、蟹等养殖的环境监控，智能精细饲喂和疾病诊治（李道亮，杨昊，2008），水产养殖物联网总体架构如图 21.1 所示，主要由养殖环境信息智能监控终端、无线传感网络、现场及远程监控中心、云信息服务系统等部分组成。

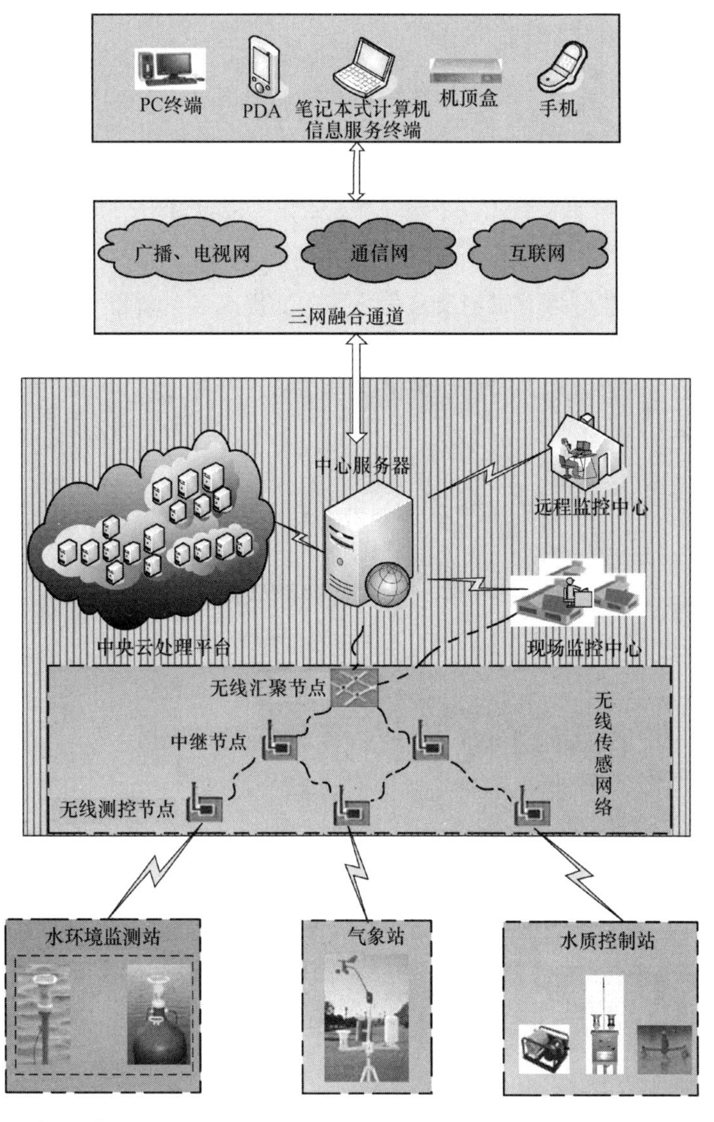

图 21.1
水产养殖物联网总体架构

1．养殖环境信息智能监控终端

养殖环境信息智能监控终端包括无线数据采集终端、智能水质传感器、智能控制终端，主要实现对溶解氧、pH、电导率、温度、氨氮、水位、叶绿素等各种水质参数的实时采集、处理，以及增氧机、投饵机、循环泵、压缩机等设备的智能在线控制。

2．无线传感网络

无线传感网络包括无线采集节点、无线路由节点、无线汇聚节点及网络管理系统，采用无线射频技术，实现现场局部范围内信息采集传输，远程数据采集采用 4G、5G 等移动通信技术，可以传输更高质量的图像、视频数据。无线传感网络具有自动网络路由选择、自诊断和智能能量管理功能。

3．现场及远程监控中心

现场及远程监控中心分别依托无线传感网络和具有 GPRS/GSM 通信功能的中心服务器与中央云处理平台，实现现场及远程的数据获取、系统组态、系统报警、系统预警、系统控制等功能。

4．云信息服务系统

中央云处理平台是专门为现场及远程监控中心提高云计算能力的信息处理平台，主要提供鱼、蟹等养殖品种的水质监测、预测、预警、疾病诊断与防治、饲料精细投喂、池塘管理等模型和算法，为用户管理提供决策工具。

5．边缘计算

边缘计算是指将数据采集、存储、处理通过本地的设备实现，不需要上传到云端，对于物联网而言，这是一个极大的突破，不仅可以大大减小传感器网络到云端的通信压力，减轻云端负荷，而且可以提高实时性，提供更快的响应。

21.3 水产养殖环境监控系统

水产养殖环境监控系统（见图 21.2）针对我国现有的水产养殖场缺乏有效信息监测技术和手段，水质在线监测和控制水平低等问题，采用物联网技术，实现对水质和环境信息的实时在线监测、异常报警与水质预警，采用无线传感网络、移动通信网络和互联网等信息传输通道，将异常报警信息及水质预警信息及时通知养殖管理人员（段青玲 等，2018）。根据水质监测结果，实时调整控制措施，保持水质稳定，为水产品创造健康的水质环境。

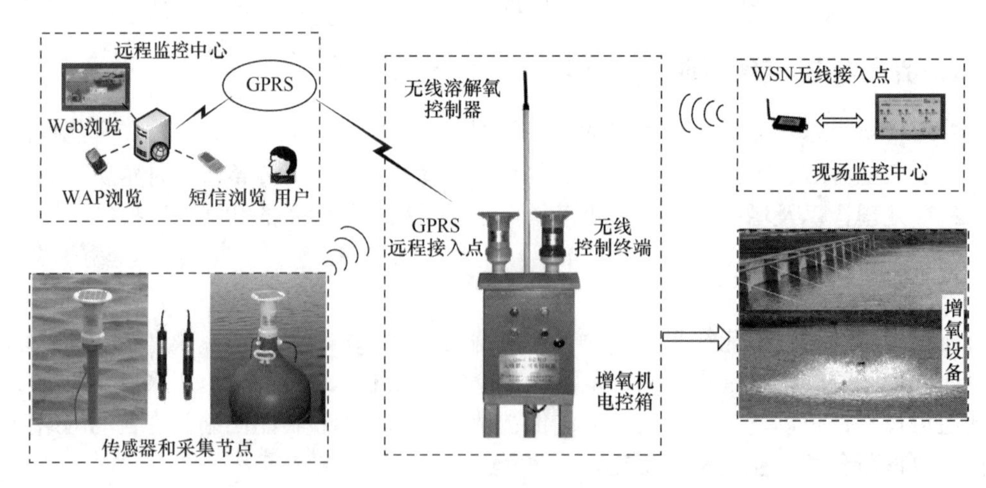

图 21.2 水产养殖环境监控系统

21.3.1 智能水质传感器

水质传感器多为电化学传感器，其输出受温度、水质、压力、流速等因素影响。传统传感器有标定、校准复杂，适用范围狭窄，使用寿命较短等缺点。智能传感器具有自识别、自标定、自校正、自动补偿功能，自动采集数据并对数据进行预处理功能；以及双向通信、标准化数字输出功能。

下面举例说明智能水质传感器的硬件结构如图 21.3 所示，智能水质传感器由信号检测调理模块、微控制器、电子表格、总线接口模块、电源及管理模块构成。微控制器采用 TI 公司生产的 MSP430F149，它是 16 位 RISC 结构 Flash 型单片机，配备 12 位 A/D、硬件乘法器、PWM、USART 等模块，使得系统的硬件电路更加集成化、小型化；多种低功耗模式设计，在 1.8～3.6V 电压、1MHz 时钟条件下，耗电电流为 0.1～400μA，非常适合低功耗产品的开发。信号调理电路和总线接口模块均采用低电压低功耗技术，配合高效的能源管理，使整个智能传感系统可以在电池供电条件下长期可靠工作。

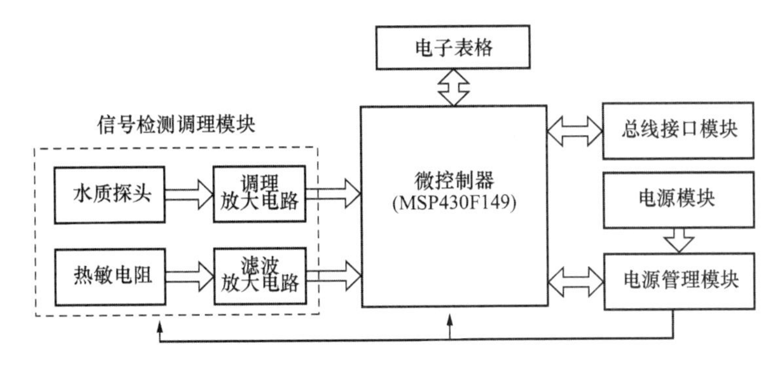

图 21.3
智能水质传感器的硬件结构

传感器测量范围与精度如下。

（1）水温：0～50℃，±0.3℃。

（2）酸碱度（pH）：0～14，±3%。

（3）电导度（EC）：0～100mS/cm，±3%。

（4）溶解氧（DO）：0～20mg/L，±3%。

（5）氧化还原电位（ORP）：-999～999mV，±3%。

（6）气温：-20～50℃，±0.3℃。

（7）相对湿度：0～100%，±3%。

（8）光照度：0～30000Lux，±50Lux。

该智能水质传感器主要特点如下。

- 采用 IEEE1451 智能传感器设计思想，将传感器分为智能变送模块和网络适配器两部分。
- 智能变送模块内含丰富的电子数据表格，实现变送器的智能化。
- 智能变送模块内置标定曲线，直接输出被测工程值。
- 校准参数可以在线修改，方便实现智能传感器的自校准。
- 工作电压为 2.7～3.3V，配合低功耗管理模式，适用于电池供电。

- IP68 防护等级，可以长时间在线测量不同水深的水质参数。
- 网络适配器可自动识别传感器类型，实现即插即用。

21.3.2 水下环境立体检测

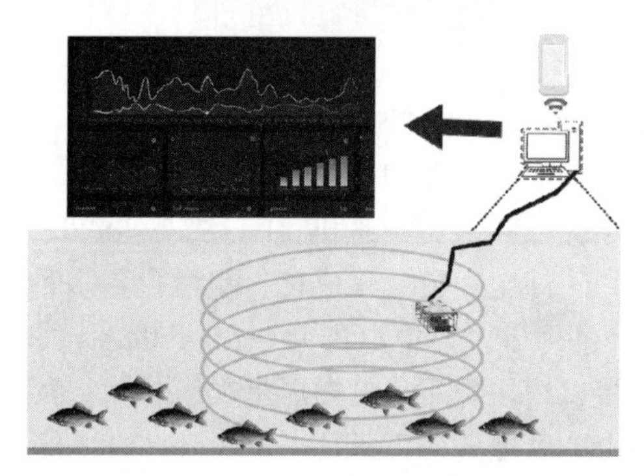

图 21.4 水下环境立体检测原理图

水下环境立体检测是指用水下机器人搭载着各种水质传感器，如溶解氧、pH、电导率、温度、氨氮、水位、叶绿素等传感器，机器人根据预先规划的路径，按照一定的速度采集水质数据信息进行存储和分析处理，并且可以设置一定的频率实时上传到客户端并显示（贾海天 等，2015），通过对养殖水域的远程全方位监控，实现养殖的全程自动化。原理如图 21.4 所示。

21.3.3 无线增氧控制系统

无线溶解氧控制器是实现增氧控制的关键部分，它可以驱动叶轮式、水车式或微空曝气空压机等多种增氧设备（李道亮，包建华，2018）。无线测控终端可以根据需要配置成无线数据采集节点及无线控制节点。无线控制节点是连接无线数据采集节点与现场监控中心的枢纽，无线控制节点将无线采集节点采集到的溶解氧智能传感器及设备信息通过无线网络发送到现场监控中心；无线控制节点还可接收现场监控中心发送的指令要求，现场控制电控箱，电控箱的输出可以用来控制 10kW 以下的各类增氧机，实现溶解氧的自动控制。

无线测控终端的设计遵循 IEEE 802.15.4 协议，根据应用场合不同可以分为采集终端和控制终端。测控终端的主控电路模块包括微处理器、输入/输出模块、数据存储模块和无线通信模块四大部分，可实现对智能传感器和输出继电器的控制，以及数据预处理、存储和发送的功能。主电路模块使用低功耗无线芯片作为微处理器，适用于电池供电的设备。图 21.5 为无线增氧控制系统实物图。

图 21.5 无线增氧控制系统实物图

a—水质监测点 1；b—水质监测点 2；c—水质控制点 1；d—水质控制点 2；e—现场监控中心；f—中继节点；g—视频监控设备。

21.3.4　水产养殖无线监控网络

水产养殖无线监控网络可实现 2.4GHz 短距离通信和 GPRS 通信，现场无线覆盖范围 3km；采用智能信息采集与控制技术，具有自动网络路由选择、自诊断和智能能量管理功能。

- 采用自适应高功率无线射频电路设计，无线传感网络发送功率达到 100mW，接收灵敏度从−96DBm 提高到−102DBm，现场可视条件下，射频通信距离达到 1000m。
- 采用集中式路由算法和 UniNet 协议，可靠路由达到 10 级。
- 采用智能电源综合管理技术，提升节点装置的适应性和低能耗性能，设备能量使用寿命延长 5～10 倍。
- 采用无线网络自诊断规程，实现无线网络运行状态监视和故障报警。

图 21.6 为水产养殖无线监控网络示意图。

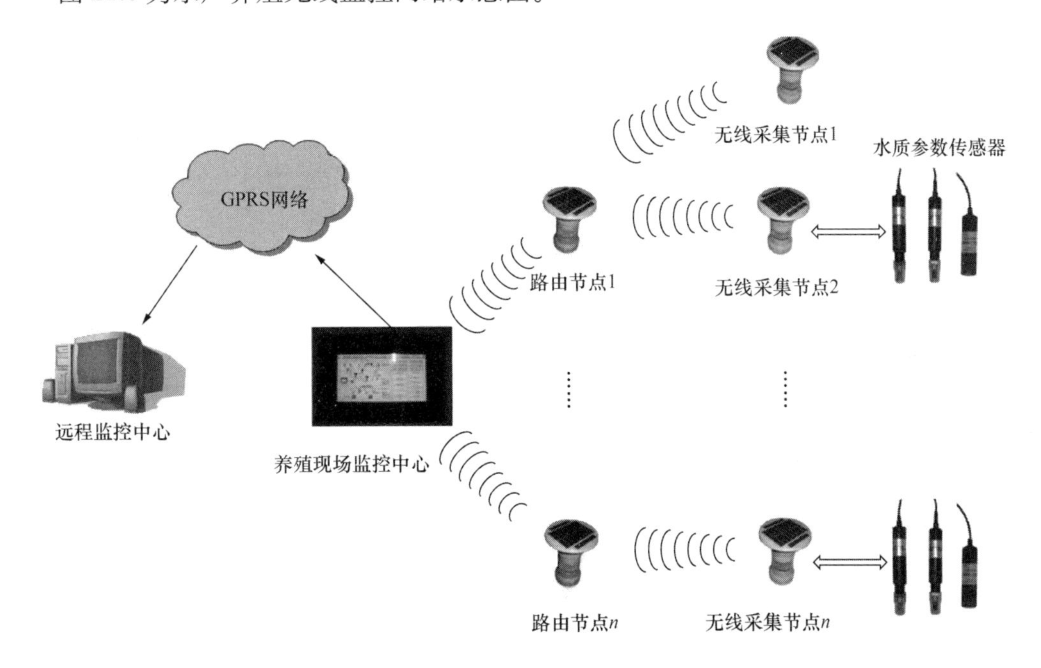

图 21.6　水产养殖无线监控网络示意图

21.3.5　水质智能调控系统

水质是水产养殖最为关键的因素，在水产养殖场的管理中，水质管理是最为重要的部分。目前，大多数养殖户对水中溶解氧含量的判断主要来自经验，即通过观察阳光、气温、气压，判定水中溶解氧含量的高低，并控制增氧机是否开启增氧；少数养殖户借助便携式仪表来测量水中溶解氧的浓度，此法通过直接测量，比纯经验的方法优越。但两种方法都存在工作强度大、人工成本高的问题。另外，增氧机开机时间的长短通常也是按经验来控制的，这种比较落后的养殖技术不仅不能保证水产品在较高的溶解氧环境下快速生长，提高饲料的转化率，而且使用增氧机也比较费电，增加了生产成本。为了更加有效地进行水质管理，通过集成水产养殖水质信息智能感知技术、无线传输技术、智能信息处理技术，开发水产养殖水质智能调控系统，实现了对水质实时监测、预测、预警与智能控制。

由于水质溶解氧变化受多重因素制约，存在着较大滞后，很多时候当发现溶解氧较低时已来不及采取措施，因此需要提前预测溶解氧变化趋势及规律，以便实时开启增氧机等设备，保持水体水质稳定。通过对水产养殖物联网实时监测溶解氧、温度、pH、盐度、水温、气压、空气温湿度、光照数据进行分析，揭示水质参数变化趋势及规律，采用智能算法可以实现对水质溶解氧等参数变化趋势的预测预警，以解决水质参数预测难题（朱建锡 等，2018）。在水质预测的基础上，设计了基于规则的水质预警模型，如图 21.7 所示。

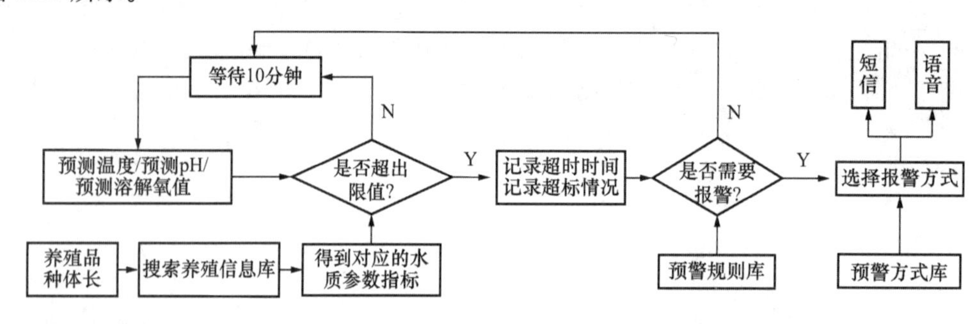

图 21.7 水质预警模型

针对水质智能调控问题，选取实时溶解氧量（RV）和实时溶解氧变化量（RD）作为控制器的输入，输出变量为增氧时间，再选取相应的模糊控制规则，即可以获得较好的动态特性和静态品质，可以满足系统的要求。模糊控制器的结构原理图如图 21.8 所示。

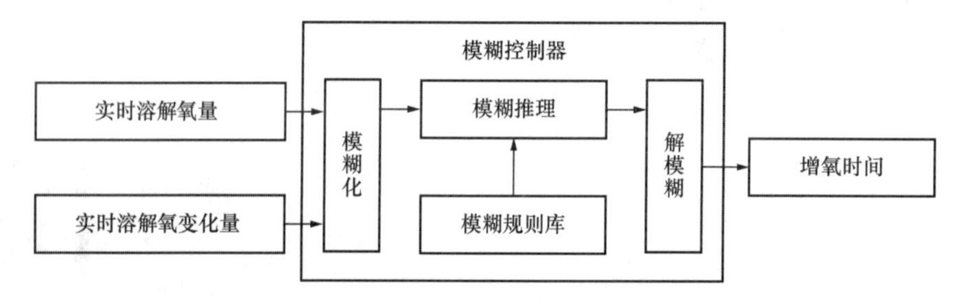

图 21.8 模糊控制器的结构原理图

21.4 水产养殖精细喂养管理系统

饲料投喂是水产养殖中的关键环节，不正确的投喂方法，易导致单产低、病害多、经济效益差。饲料过多是造成水产养殖区水质富营养化的主要原因，对养殖水体污染严重，同时还增加了投入成本。饲料过少又导致养殖品种生长过慢，不能满足养殖品种的生理需要。精细喂养决策是根据各养殖品种长度与重量关系，通过分析光照度、水温、溶解氧量、浊度、氨氮、养殖密度等因素与鱼饵料营养成分的吸收能力、饵料摄取量关系，建立养殖品种的生长阶段与投喂率、投喂量间定量关系模型，实现按需投喂，降低饵料损耗，节约成本。

21.4.1　传统饲料配方优化

饲料配方优化模型是通过分析不同养殖对象在不同生长阶段对营养成分的需求情况，在保证养殖对象正常生长所需养分供给的情况下，根据不同原材料的营养成分及成本，采用遗传算法、微粒群等优化设计方法，优化原材料配比，降低饲料成本。

对于某种特定的鱼种，假设在某个生长阶段，待选饲料种类的总数为 m，其中第 i 种饲料记为 M_i，用量上限和下限分别记作 $m_i^{\max}$ 和 $m_i^{\min}$；必需的营养元素共有 n 种，其中第 j 种营养元素记为 N_j，该营养元素摄入量的上限和下限分别记作 $n_j^{\max}$ 和 $n_j^{\min}$；在单位质量的 M_i 中，营养元素 N_j 的质量的百分含量记为 μ_{ij}，饲料 M_i 的市场单价记为 c_i。配方问题的解的形式是一组向量，根据所求得的解，即可求出每一种饲料的日投喂量和饲料的最低成本。设饲料 M_i 的日供应量为 x_i，则可以表示为下列目标函数为

$$Z = \min \sum_{i=1}^{p} c_i x_i \tag{21.1}$$

饲料用量约束为

$$m_i^{\min} \leqslant x_i \leqslant m_i^{\max},\ \ i=1, 2, \cdots, n \tag{21.2}$$

营养元素摄入量约束为

$$n_j^{\min} \leqslant \sum_{i=1}^{p} \mu_{ij} x_i \leqslant n_j^{\max},\ \ j=1, 2,\ \cdots, v \tag{21.3}$$

解的非负约束为

$$x_i \geqslant 0,\ \ i=1, 2, \cdots, p$$

针对传统喂养模式粗放、饲料利用率低、浪费大等问题，以鱼、虾在各养殖阶段营养成分需求为基础，研究饲料配方最优模型。在饲料投喂决策过程分析的基础上采用线性规划和随机规划的原理，建立饲料配方生成模型，对饲料配方作出评价，并引入单纯形法和二阶段法进行计算。

21.4.2　基于视觉生物量估计的饲料配方优化

计算机视觉和深度学习的发展，使得基于视觉的生物量估计成为可能，目标检测、语义分割等技术已经成为了标准的工具，其应用范围也在不断拓展（李庆忠 等，2019）。在水产养殖行业，快速准确地获取鱼类的数量和重量对于合理的投喂有着重要的作用。相比传统方法可以做到无损检测，速度快、稳定性好、精度高。在体重进行估计之前，首先要分析两个问题。第一需要先明确估计的过程中是否包括鱼鳍。因为鱼鳍相对于身体质量很轻，但在分割结果中会占据很大比例。如果需要精确地去除鱼鳍进行分割就需要高性能模型。第二个问题则涉及模型估计的稳定性，由于鱼的大小和拍摄条件不同造成图像中鱼儿显示各不相同，形态分割的稳定性与质量估计的稳定性息息相关。鱼类生

物量估计步骤如图 21.9 所示。

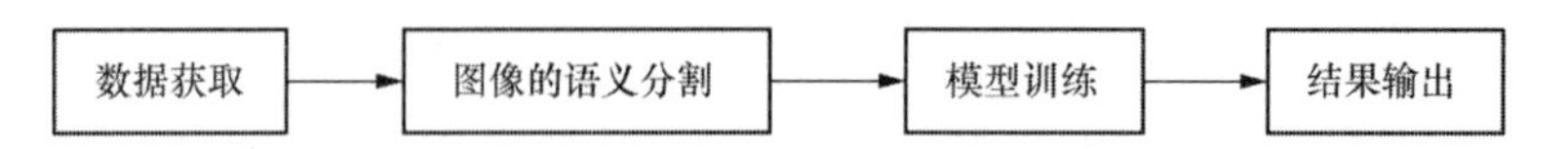

图 21.9 鱼类生物量估计步骤

通过深度学习的方法可以获取鱼类图像信息（见图 21.10），计算出鱼类的体长体重以及数量（见图 21.11）的多少，甚至还可以根据连续帧图像或者视频处理得到鱼的行为信息，从而判断鱼的健康状态。在饲料投放中作为重要的参数进行调整，再加上水质参数对鱼的影响，综合分析之后对饲料进行优化，提高利用率，节约成本。

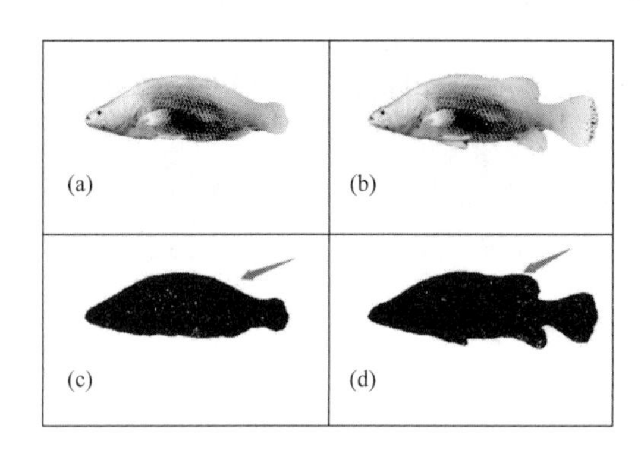

图 21.10 有无鱼鳍的训练模型对比

图 21.11 鱼数量估计

21.4.3 精细喂养决策

水产品的投喂量是否适宜关系到提高饲料利用率、减少成本的问题。针对传统投喂量计算方法存在的不足，在分析投饲率与环境因素影响关系的基础上，根据各养殖品种长度与重量关系，光照度、水温、溶解氧量、浊度、氨氮、养殖密度等因素与鱼饲料营养成分的吸收能力、饲料摄取量关系，研究不同养殖品种的生长阶段与投喂率、投喂量间定量关系模型为

y=F（生长阶段、体重、体长、年龄、养殖模式、光照、
水温、溶解氧、氨氮、pH、盐度）

通过研究不同养殖密度、光照强度和光照周期对受试鱼类生长、生化及抗氧化指标的影响，找出了工厂化养殖条件下养殖对象的养殖密度、光照强度和光照周期对摄食生长的影响，以此为基础规则条件确定了投喂量及投喂次数，通过及时调节水质水平，确定了饵料鱼投喂的原则。

基于物联网的河蟹养殖专家系统界面如图 21.12 所示，系统通过分析不同养殖阶段、不同养殖对象对营养的需求，同时根据实时监测数据，结合养殖对象生长模型，智能决策每日投喂量。

河蟹养殖专家系统
Chinese mitten crab Culture Expert System
|蟹种培育| |成蟹养殖| |饵料配置| |蟹病防治| |系统维护|

饵料种类
饵料配方
饵料投喂
生物培养

河蟹投饵量预测结果

规格：100 只/公斤	密度：1000 只/亩	模式：池塘单养	面积：1 亩

月份	时间段	每天每亩的投喂量	该阶段的投饵总量
第 1 个月	前10天	0 （公斤/亩·天）	0 （公斤/天）
	中间10天	.8535 （公斤/亩·天）	8.535 （公斤/天）
	后10天	1.614 （公斤/亩·天）	16.14 （公斤/天）
第 2 个月	前10天	2.2815 （公斤/亩·天）	22.815 （公斤/天）
	中间10天	2.856 （公斤/亩·天）	28.56 （公斤/天）
	后10天	3.3375 （公斤/亩·天）	33.375 （公斤/天）
第 3 个月	前10天	3.726 （公斤/亩·天）	37.26 （公斤/天）
	中间10天	4.0215 （公斤/亩·天）	40.215 （公斤/天）
	后10天	4.224 （公斤/亩·天）	42.24 （公斤/天）
第 4 个月	前10天	4.3335 （公斤/亩·天）	43.335 （公斤/天）
	中间10天	4.35 （公斤/亩·天）	43.5 （公斤/天）
	后10天	4.2735 （公斤/亩·天）	42.735 （公斤/天）
第 5 个月	前10天	4.104 （公斤/亩·天）	41.04 （公斤/天）
	中间10天	3.8415 （公斤/亩·天）	38.415 （公斤/天）
	后10天	3.486 （公斤/亩·天）	34.86 （公斤/天）

图 21.12
河蟹养殖专家系统界面

21.5 疾病预警诊断系统

21.5.1 疾病预警系统

疾病预警系统分为水环境预警模块、水环境趋势预警模块、非水环境预警模块、症状预警模块四个部分，水环境预警模块是对当前水质的评价预警，水环境趋势预警模块是对未来水质预测后的评价预警。图 21.13 为疾病预警系统结构。下面分别对这些模块进行介绍。

① 水环境预警模块　利用专家调查方法，确定集约化养殖的主要影响因素为溶解氧、水温、盐度、氨氮、pH 等水环境参数。对于每一个影响因子，需要根据专家调查的方法，综合多个水产养殖专家的意见，来确定每个水质参数的无警、中警、重警的边界

点，进而确定每一个警级的警级区间。然后按照参数的警级区间进行排列组合，并参考多个专家的意见确定每一种情况的警级大小和预警预案。

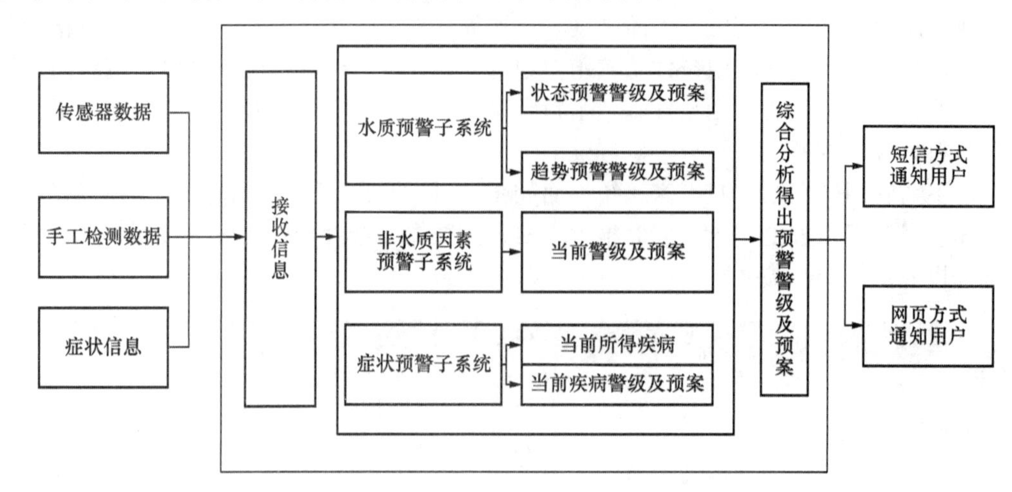

图 21.13 疾病预警系统结构

② 水环境趋势预警模块　利用 BP 神经网络与遗传算法相结合的方法，根据当前水环境各个参数数值，预测两小时或三小时后的水环境各个参数数值，然后再利用状态预警的方法得出两小时和三小时后的警级大小和预警预案。

③ 非水环境预警模块　通过对饵料质量、鱼体损伤等因素的评价，确定当前的警级大小和预警预案。其中鱼体损伤根据无损伤、轻损伤和重损伤所占百分比来确定此因素的警级区间，而其他因素则同样按专家调查方法确定每个因素的警级区间，非水环境预警主要是对单因子进行评价，当某一个因素超过确定的警限就输出相应的预警预案。

④ 症状预警模块　包括疾病诊断和疾病预警两部分。首先根据专家知识得出不同疾病在不同发病率的警级大小。当用户输入症状时，对疾病进行诊断，得出疾病诊断结果，然后再根据用户所输入的有此症状的发病率来确定症状预警警级的大小。其中疾病的诊断采用基于知识与基于案例相结合的方法。

21.5.2　疾病诊断系统

1. 传统的疾病诊断系统

疾病诊断系统的结构图如图 21.14 所示，包括用户界面、案例维护模块、诊断推理模块和数值诊断知识维护模块四部分组成。其中，用户界面提供人机交互和诊断、治疗、预防结果显示等功能；案例维护和数值诊断知识维护是系统后台的知识库的管理模块，这两部分是由系统管理员和疾病专家根据实际得到的案例、案例诊断过程中复用的案例和数值诊断的知识对其进行增加、修改和删除等操作；诊断推理模块是根据水产养殖用户通过界面输入某品种的疾病症状信息，通过案例诊断和数值诊断，对疾病进行综合推理并得出结论，最后将诊断结果返回给用户。两种诊断方法所用到的知识信息分别从案例库和数值诊断知识库中得到。

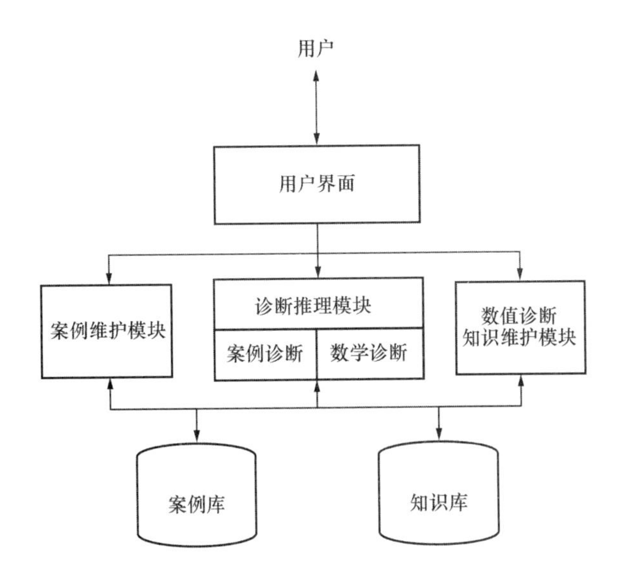

图 21.14 疾病诊断系统的结构图

2．基于机器视觉的疾病诊断系统

相比传统鱼类疾病诊断，机器视觉技术具有无损检测、速度快、效率高等特点（何佳 等，2019）。基于视觉的鱼类疾病检测一般包括以下六个步骤。

（1）图像获取：采集鱼类健康和病害的图像。

（2）图像预处理：去除噪声，应用滤波器，对强度图像进行归一化并对图像进行各种形态学运算。

（3）图像分割：在鱼图像上应用了各种边缘检测技术，以增强图像并保留有用信息，同时删除数据或图像的无用信息。在应用边缘检测技术之前，首先要通过直方图均衡对图像进行均衡。

（4）特征提取：针对 ROI（感兴趣区域）应用多种特征提取方法，例如 HOG（梯度直方图）、FAST（加速段测试的特征）。

（5）图像分类：对非 EUS 和 EUS 感染的鱼进行分类。

（6）图像评估和准确性：评估方法和技术。确定用于图像的分割和分类的适当评估策略。方法的流程图如图 21.15 所示。

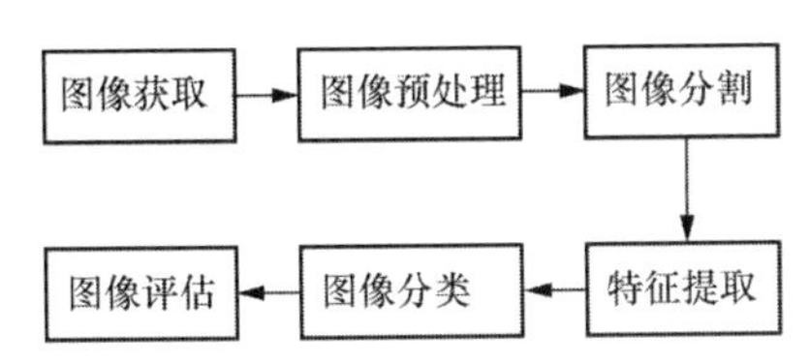

图 21.15 基于视觉的疾病诊断流程图

小 结

本章分别从水产养殖环境智能监控、精细喂养管理、疾病预警与诊断等水产养殖物联网应用方面介绍了水产养殖物联网案例，并对其关键技术进行了阐述。首先，对水产养殖物联网关键技术发展概况进行了概述，在此基础上，提出了水产养殖物联网总体架构，主要包括感知、传输、处理等部分。其次，重点介绍了水产养殖环境监控系统架构，并对智能水质传感器、无线增氧控制系统、水产养殖无线监控网络、水质智能调控系统进行了总结。然后，介绍了水产养殖精细喂养管理系统所涉及的饲料配方优化、精细喂养决策等关键技术。最后，对疾病预警诊断系统的疾病预警和诊断关键技术进行了归纳总结。

利用物联网技术实现水产养殖过程信息化监测、科学化管理、智能化决策、自动化控制是现代渔业未来发展趋势，如何提高信息感知的精度、完善精细投喂知识库、扩展疾病预警与诊断在不同养殖类型中的应用是物联网技术在水产养殖领域应用的关键。

参考文献

段青玲，刘怡然，张璐，等，2018．水产养殖大数据技术研究进展与发展趋势分析[J]．农业机械学报，49(6)：8-23．
何佳，黄志涛，宋协法，等，2019．基于计算机视觉技术的水产养殖中鱼类行为识别与量化研究进展[J]．渔业现代化，46(3)：7-14．
贾海天，施连敏，王荣祥，2015．水产养殖机器人物联网平台开发[J]．农村经济与科技，26(6)：69-70．
李道亮，2018．敢问水产养殖路在何方？智慧渔场是发展方向[J]．中国农村科技(1)：43-46．
李道亮，包建华，2018．水产养殖水下作业机器人关键技术研究进展[J]．农业工程学报，34(16)：1-9．
李道亮，杨昊，2018．农业物联网技术研究进展与发展趋势分析[J]．农业机械学报，49(1)：1-20．
李庆忠，李宜兵，牛炯，2019．基于改进 YOLO 和迁移学习的水下鱼类目标实时检测[J]．模式识别与人工智能，32(3)：193-203．
赵梦楠，2018．基于无线传感器网络的水产养殖环境监测系统[J]．资源节约与环保(12)：50．
朱建锡，郑涛，费焱，等，2018．无线传感器网络在水产养殖中的应用[J]．时代农机，45(7)：186-189．

第 22 章　农产品物流物联网应用

农产品物流物联网是农业物联网的一个重要应用领域，是以食品安全追溯为主线，应用电子标签技术、无线传感技术、GPS 定位技术和射频识别技术等感知技术，应用无线传感网络、4G/5G 网络、有线宽带网络、互联网等网络技术，采用智能计算技术、云计算技术、数据挖掘技术和专家系统等智能技术把农产品生产、运输、仓储、智能交易、质量检测及过程控制管理等节点有机结合起来，建立基于物联网的农产品物流信息网络体系，从而达到提高农产品物流整体效率、优化农产品物流管理流程、降低农产品物流成本、实现农产品电子化交易和有效追溯、让消费者实时了解食品从农田或养殖场到餐桌的安全状况的目的。本章重点阐述了农产品配货管理系统、农产品质量追溯系统、农产品运输管理系统和农产品采购交易系统四部分内容。

22.1　概述

随着现代物流业的飞速发展，运用物联网技术把农产品生产管理、运输管理、仓储管理、智能交易管理、质量检测管理及过程控制管理等节点有机结合起来，建立基于物联网的农产品物流信息网络体系，不仅能降低农产品物流成本，实现农产品电子化交易，推进传统农产品交易市场向现代化交易市场的整体改造，而且能提高农产品（食品）质量安全，实现农产品（食品）安全的有效追溯，实时了解食品从农田或养殖场到餐桌的安全状况。本节对农产品物流物联网的内涵、特点、系统技术需求及发展趋势进行阐述(李道亮，2018)。

22.1.1　农产品物流物联网的内涵

农产品流通是指为了满足消费者需求、实现农产品价值而进行的农产品物质实体及相关信息从生产者到消费者之间的物理性经济活动。具体地说，就是以农业产出物为对象，包括农产品产后采购、运输、储存、装卸、搬运、包装、配送、流通加工、分销、信息处理等物流环节，并且在这一过程中实现农产品的价值增值目标。农产品流通的方向主要是从农产品产地到农产品的消费地，由于农产品的主要消费群体是在城镇，因此农产品一般是从农村流向城镇。

农产品物流物联网是运用物联网技术把农产品生产、运输、仓储、智能交易、质量检测及过程控制管理等节点有机结合起来，建立基于物联网的农产品物流信息网络体系。具体来说，农产品物流物联网是以食品安全追溯为主线，集农产品生产、收购、运输、仓储、交易、配货于一体的物联网技术的集成应用。

物联网技术在农产品物流过程的集成应用，可以提高基础设施的利用率，降低农产品物流货损值，提高农产品物流整体效率，优化农产品物流管理流程，降低库存成本，实现农产品从农田（养殖基地）到餐桌的全过程、全方位可溯源的信息化管理，在如何选取配送路径方面达到最优化，可以大大地降低配送成本，提高配送效率。

22.1.2 农产品物流物联网的特点

农产品不同于一般工业产品，具有以下特点：农产品具有生物属性，如蔬菜、水果、农畜产品等，在采摘和屠宰后具有鲜活性、易腐性，这个特性常常使农产品的价值容易流失；农产品生产具有明确的季节性、集中性，供给反应迟滞，农业生产者不能在一个年度内均衡分布生产能力，只能随着自然季节的变化在某一个特定季节内集中生产某一个品种。成熟季节集中大量上市，而其他季节又供应不足；农产品生产具有地域分散性，农产品生产由于受自然地理条件的约束，地域性特点非常突出，这个特性造成农产品生产地与消费地的隔离。针对农产品的这些特点，基于物联网技术的现代农产品物流是以先进的物联网信息感知技术为基础，注重服务、人员、技术、信息与管理的综合集成，是现代生产方式、现代经营管理方式、现代信息技术相结合在农产品物流领域的综合体现。农产品物流物联网具有如下特点。

1．农产品供应链的可视化

农产品流通数量庞大，我国农产品无论数量之大，还是品种之多在世界上都名列前茅。这些农产品除农民自用以外，大部分都要变成商品，从而形成巨大的农产品流通需求。通过在供应链全过程中使用物联网技术，从农产品生产、农产品加工、供应商到最终用户，农产品在整个供应链上的分布情况以及农产品本身的信息都完全可以实时、准确地反映在信息系统中，增加了农产品供应链的可视性，使得农产品的整个供应链和物流管理过程变成一个完全透明的体系。快速、实时、准确的信息使得整个农产品供应链能够在最短的时间内对复杂多变的市场做出快速的反应，提高农产品供应链对市场变化的适应能力。

2．农产品物流信息采集自动化

由于农业生产的季节性，农业生产点多面广，消费农产品的地点也很分散，农产品的运输都具有时间性强和地域分布不均衡性的特点，同时由于信息交流的制约，农产品流通流向还会出现对流、倒流、迂回等不合理运输现象。各种农产品的收获季节也是农产品的紧张运输期，在其他时间运输量就小得多，这就决定了农产品运输在农产品流通中的重要地位，要求运输工具的配备和调动与之相适应。

农产品物流物联网系统在整个农产品供应链管理、设备保存、车流交通、加工工厂生产等方面，实现信息采集、信息处理的自动化，为用户提供实时准确的农产品状态信息、车辆跟踪定位、运输路径选择、物流网络设计与优化等服务，也可以利用传感器监测追踪特定物体，包括监控货物在途中是否受过震动、温度的变化对其是否有影响、是否损坏其物理结构等，大大提升物流企业综合竞争能力（黄超，2015）。

3．农产品物流企业资产管理智能化

农产品自身的生化特性和食品安全的需要决定了它在基础设施、仓储条件、运输工具、质量保证技术手段等方面具有相对专用的特性。在农产品储运过程中，为使农产品的使用价值得到保证，需采取低温、防潮、烘干、防虫害、防霉变等一系列技术措施。它要求有配套的硬件设施，包括专门设立的仓库、输送设备、专用码头、专用运输工具、装卸设备等，并且为了确保农产品品质，在农产品流通过程中的发货、收货以及中转环节都需要进行严格的质量控制，达到规定要求。这是其他非农产品流通过程中所不具备的。在农产品物流企业资产管理中使用物联网技术，对运输车辆等设备的生产运作过程通过标签化的方式进行实时的追踪，便可以实时地监控这些设备的使用情况，实现对企业资产的可视化管理，有助于企业对其整体资产进行合理的规划应用。

4．农产品物流组织规模化

我国是一个以农户生产经营为基础的农业大国，大多数农产品是由分散的农户进行生产的，相对于其他市场主体，分散农户的市场力量非常薄弱，他们没有力量组织大规模的农产品流通。基于物联网技术的农产品物流系统能够实现农产品物流管理和决策智能化，实现农产品物流的有效组织，如库存管理、自动生成订单、优化配送线路等。

5．农产品物流具有一定的预期性

所谓预期是指对和当前决策有关的一些经济变量未来值的估计，是决策者对那些与其决策相关联的不确定的经济变量所作出的相应预测。农产品具有一定的预期性则是指生产者能够根据农产品当前的价格以及销售情况来预测来年产品的种植数量。库存成本是物流成本的重要组成部分，因此，降低库存水平成为现代物流管理的一项核心内容。将物联网技术应用于库存管理中，企业能够实时实现农产品盘库、移库、倒库，实时掌握库存信息，从中了解每种农产品的需求模式及时进行补货，结合自动补货系统以及供应商管理库存解决方案，提高库存管理能力，降低库存水平。

22.1.3 农产品物流物联网应用主要技术

根据物联网的特征来划分，物联网主要技术体系包括感知技术体系、通信与网络传输技术体系和智能信息处理技术体系。下面结合其在农产品物流行业应用情况进行分析。

1．农产品物流常用物联网感知技术

① *射频技术* 目前，在农产品物流物联网领域，应用最广泛的物联网感知技术是 RFID 技术及智能手持 RF 终端产品。RFID 技术主要用来感知定位、过程追溯、信息采集、物品分类拣选等。

② *GPS 技术* 物流信息系统采用 GPS 感知技术，用于对物流运输与配送环节的车辆或物品进行定位、追踪、监控与管理，尤其在运输环节的物流信息系统，大部分采用这一感知技术。

③ *视频与图像感知技术* 该技术目前还停留在监控阶段，需要人来对图像进行分析，不具备自动感知与识别的功能，在物流系统中主要作为其他感知的辅助手段。也常用来对物流系统进行安防监控、物流运输中的安全防盗等。

④ *传感器感知技术* 传感器感知技术与 GPS、RFID 等技术结合应用，主要用于对粮食物流系统、冷链物流系统的农产品状态及环境进行感知。传感器感知技术丰富了物联网系统中的感知技术手段，在食品、冷链物流方面具有广泛应用前景。

⑤ *扫描、红外、激光、蓝牙等其他感知技术* 主要用在自动化物流中心自动输送分拣系统，用于对物品编码自动扫描、计数、分拣等方面，激光和红外也应用于物流系统中智能搬运机器人的导引。

2．农产品物流常用的物联网通信与网络传输技术

在物流系统中，农产品加工企业内部的生产物流管理系统往往与农产品加工企业生产系统相融合，物流系统作为生产系统的一部分，在企业生产管理中起着非常重要的作用。企业内部物流系统的网络架构，往往都是以企业内部局域网为主体建设独立的网络系统。

在农产品物流公司，由于农产品地域分散，并且货物在实时移动过程中，因此，物流的网络化信息管理往往借助于互联网系统与企业局域网相结合应用。

在物流中心，物流网络往往基于局域网技术，也采用无线局域网技术，组建物流信息网络系统。

在数据通信方面，往往是采用无线通信与有线通信相结合。

3．农产品物流物联网常用的智能处理技术

现代物流系统是一个移动的复杂的大系统，系统内部不仅物品复杂、形态和性能各异，而且作业流程复杂：既有存储又有移动；既有交换又有分拣；既有包装和组合又有拆分与拣选等。物流信息系统中既有信息流，又有资金流，还涉及商业交换的商流等信息，因此涉及的智能技术是广泛与复杂的。在企业厂区的生产物流物联网系统，常采用

的智能技术主要有 ERP（enterprise resource planning）技术、自动控制技术、专家系统技术等；在大范围的社会物流运输系统，常采用的智能技术有数据挖掘技术、智能调度技术、优化运筹技术等；在以仓储为核心的智能物流中心，常采用的智能技术有自动控制技术、智能机器人技术、智能信息管理系统技术、移动计算技术、数据挖掘技术等；以物流为核心的智能供应链综合系统、物流公共信息平台等领域，常采用的智能技术有智能计算技术、云计算技术、数据挖掘技术、专家系统技术等（李道亮，杨昊，2017）。

22.2　农产品物流物联网系统总体架构

结合农产品物流的特点，以物联网的 DCM（devices、connect、manage）三层架构来建立完整的农产品物流物联网应用系统，每层架构应用最先进的物联网技术，并始终体现云计算和云服务“软件即服务”的思想，并在实现效果和设计理念上体现可视化、泛在化、智能化、个性化、一体化的特点（陈根龙，2019；郑纪业 等，2017）。农产品物流物联网整体技术架构如图 22.1 所示。

农产品物流物联网的网络拓扑结构图如图 22.2 所示。

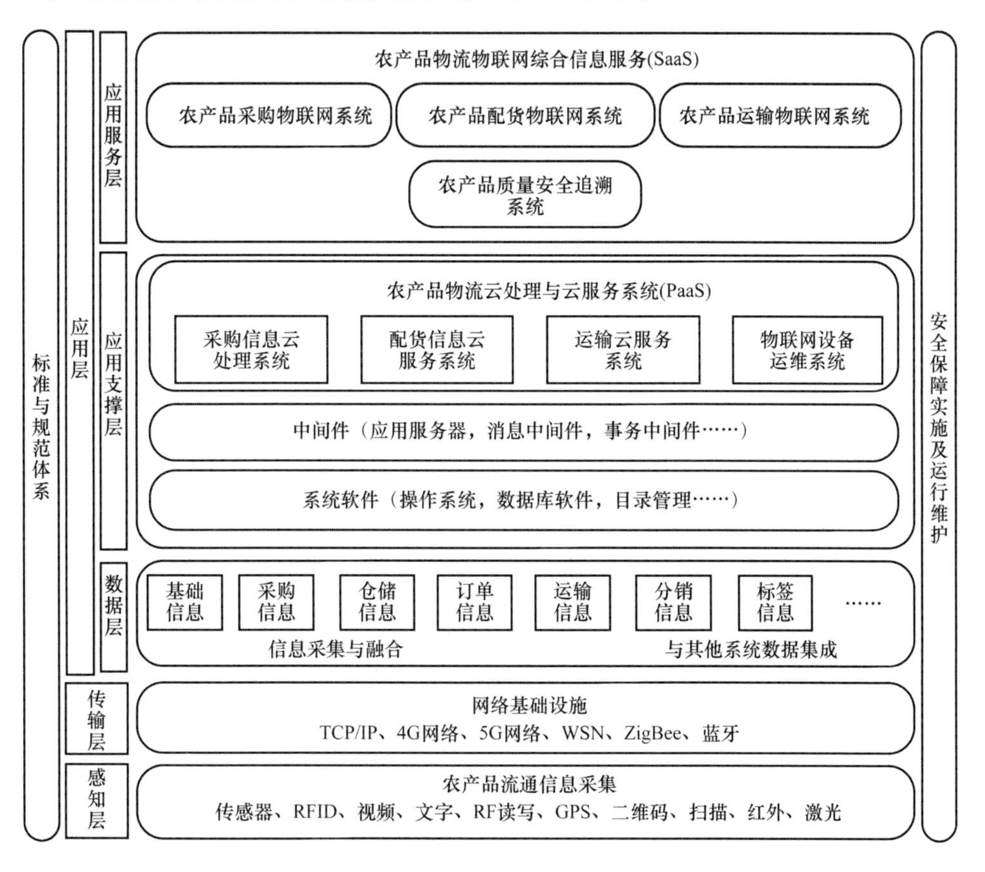

图 22.1 农产品物流物联网整体技术架构

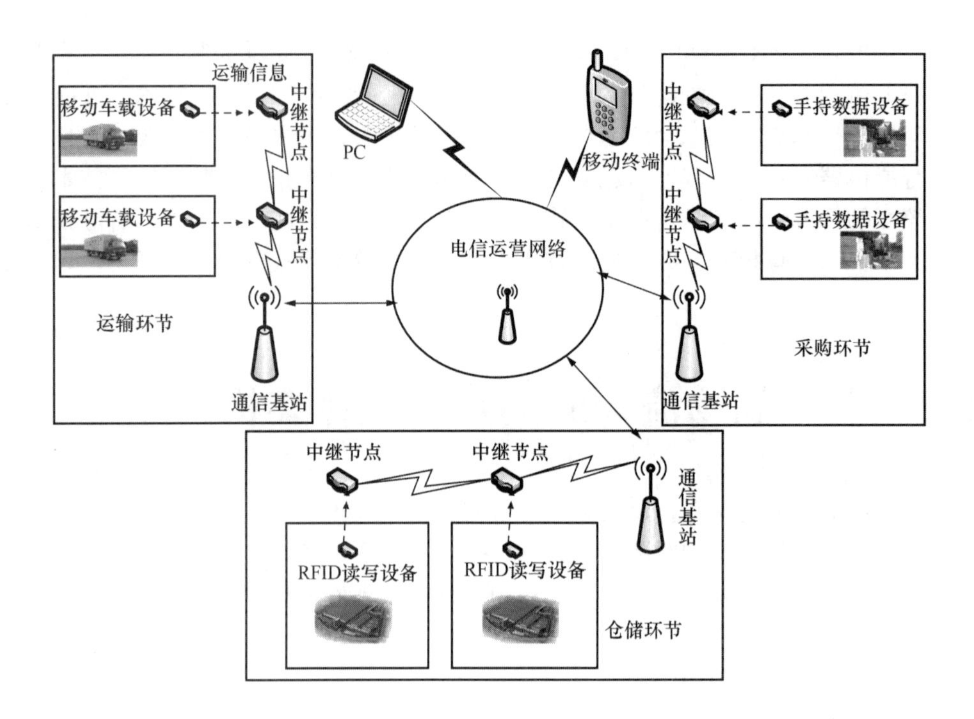

图 22.2
农产品物流物联网的网络拓扑结构图

22.3 农产品配货管理系统

1. 农产品配货管理系统主要功能

在仓储管理方面，农产品配货管理系统主要实现收货、质检、入库、越库、移库、出库管理、货位导航、库存管理、查询、分拣管理、分拣、包装、发运管理等功能。

① 收货　仓库在收到上游发到的货物时，按照预先发货清单，对实际到达的货物进行校核的作业过程。经过收货确认之后，所收到的货物才算正式进入库存管理范围，在仓储数据库中被计为库存。收货后，货物被移至收货暂存区。

② 质检　对完成收货位于暂存区的货物进行质量检验，对于质检不合格的货物要进行退货处理，并非所有仓储都需要此环节。

③ 入库　将完成收货（并质检合格）的货物搬运到指定的货位，或者搬运到适当的货位之后，将相关的信息集反馈给仓储管理系统，主要包括入库类型、货物验收、收货单打印、库位分配、预入库信息、直接入库等功能。入库功能主要借助 RFID 设备实现，当产品进入库房时，在库房入口处安装固定的 RFID 读取设备或通过手持设备自动对入库的货物进行识别，由于每个包装上安装有电子标签，可以识别到单品，同时由于 RFID 的多读性，可以一次识别很多个标签，以便做到快速入库识别。

④ 越库　最高效、理想的仓库运作模式。完成收货的原托盘直接装车发运。

⑤ 移库　库存货物在不同货位之间移动，需要采集货物移入和移出的货位信息。

⑥ 出库管理　对货物的出货进行管理，主要有出库类型、调配、检货单打印、检货配货处理、出库确认、单据打印等功能。

⑦ 货位导航　出库、入库、盘库时可查看所有要操作器材的所在位置；系统根据车载天线返回的信息，自动判断车所在位置，并在画面中显示出自己所在的位置。系统会根据天线返回的货位号自动判断附近否有要操作的货位，并给予到达货位、附近有可操作货位等提示。

⑧ 库存管理　对库存货物进行内部操作处理。主要包括库位调整处理、盘点处理、退货处理、调换处理、包装处理、报废处理等功能。具体实现过程如下：安装有 RFID 电子标签的货物入库后，配合 RFID 手持终端在库内可以方便地进行查找、盘点、上架、拣选处理，随时掌握库存情况，并根据库存信息和库存的下限值生产货物采购订单。

⑨ 查询　提供对现有仓库库存情况的各种查询方式，如货物查询、货位查询等。

⑩ 分拣管理　分拣管理系统主要实现分拣、包装的功能。

⑪ 分拣　按照发货要求指示作业人员到指定的货位拣取指定数量的指定农产品的作业。需要采集所需拣取的农产品种类、数量以及货位信息。拣选后可以将经销地、经销商等信息写入 RFID 电子标签，以便方便进行发货识别、市场监管。

⑫ 包装　按照发运的需要，将已拣取的货物装入适当的容器或进行包装，并同时对所拣取的货物进行再次核对。

⑬ 发运管理　将包装好的容器，按照运输计划装入指定的车辆。在发货出库区安装固定的 RFID 读取设备或通过手持设备自动对发货的货物进行识别，读取标签内信息，与发货单匹配，进行发货检查确认。

2. 仓储库无线网络总体结构

下面以农产品仓储库无线网络组网模式为例进行介绍。

1）农产品仓库网络布局

整个仓库无线骨干网络搭建采用的是星型中心路由，这样的路由组网有利于信息的高效传输，如图 22.3 所示。

2）仓库内部子网

仓库内部主要包括两套无线系统——ZigBee 系统与 RFID 系统，如图 22.4 所示。

① ZigBee 系统　每个仓库货架设置一个 ZigBee 节点，电池供电，平均每年更换一次。主要功能为：通过 ZigBee 内置芯片模块存储所有农产品信息，可以随时根据通信信息做修改；自动采集仓库内部的温度与湿度；可以随时接收手持设备传来的信息，做出相关修改与信息更新；与内外部网络建立联系，信息可以传输回计算机控制中心；预警显示灯扩展模块，用于农产品自燃预警或者寻找目标产品的提示。

② RFID 系统　RFID 系统主要就是用来实现对物体的控制、检测和跟踪。50m 左右半径范围放一个 RFID 读卡器，用于识别手持设备内置的有源 RFID 高频芯片，可以对手持设备进行识别与定位，以及确定拿着手持设备的工作人员的位置并对该手持设备所属员工的身份进行识别。

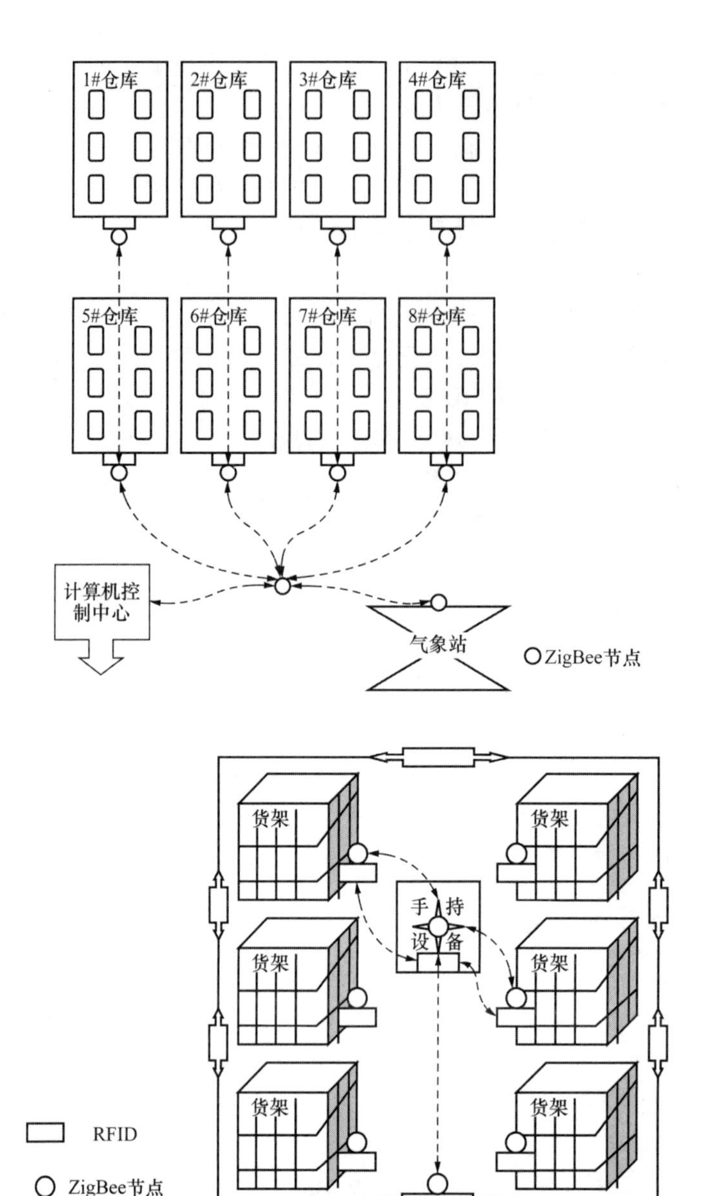

图 22.3 整体网络架构

图 22.4 仓储库内部网络示意图

22.4 农产品监管追溯系统

农产品监管追溯系统以农产品流通的全程供应链提供追溯依据和手段为目标，以农产品流通全过程流通链为立足点，综合分析各类流通农产品的特点，建立从采购到零售终端的产品质量安全追溯体系，以实现最小流通单元产品质量信息的准确跟踪与查询。农产品监管追溯系统功能流程图如图 22.5 所示。

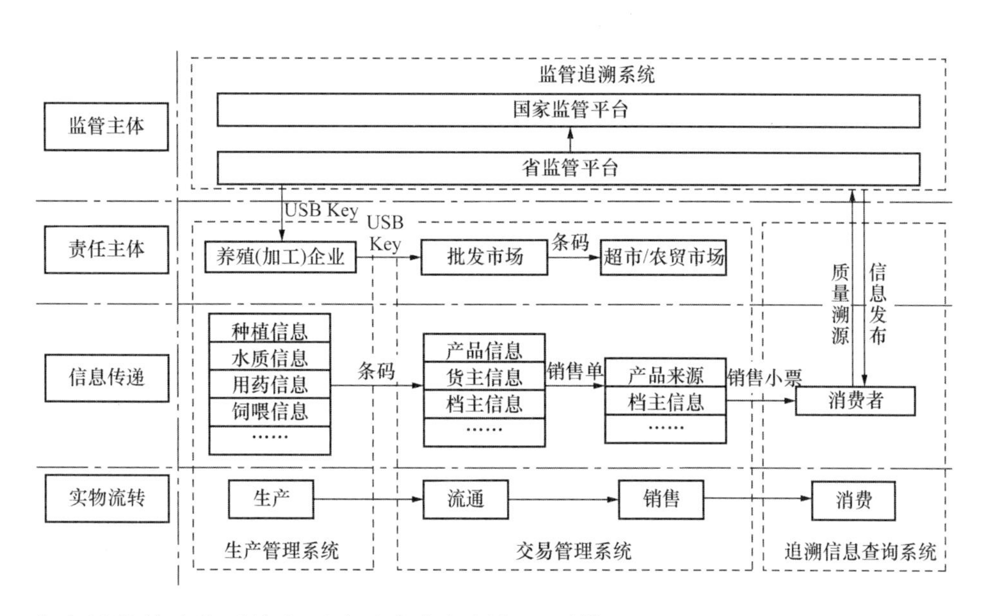

图 22.5
农产品监管追溯系统功能流程图

农产品监管追溯系统主要建设内容包括如下系统。

① *生产管理系统*　生产管理系统包括分别为种植、养殖企业用户和加工企业用户开发的种植、养殖质量管理系统和农产品加工质量管理系统。

种植、养殖质量管理系统面向种植、养殖企业的内部管理需求，以提高种植、养殖过程信息的管理水平及种植、养殖过程的可追溯能力为目标，通过对种植、养殖企业的育苗、放养、投喂、病害防治到收获、运输和包装等生产流程进行剖析，设计农产品种植、养殖生产环境、生产活动、质量安全管理及销售状况等功能模块，以满足企业日常管理的需要；在建设包括基础信息、生产信息、库存信息、销售信息等水产品档案信息数据库的基础上，开发针对不同用户的生产管理模块、库存管理模块和销售模块，将各模块集成，形成农产品种植、养殖安全生产管理系统。

② *交易管理系统*　面向批发市场管理的需求，以实现产品准入管理和市场交易管理为目标，针对不同模式的批发市场开发实用的市场交易管理系统，主要包括市场准入管理、市场档口管理、交易管理。

市场准入管理的功能是根据产地准出证是否具有条码，将证上相关养殖者信息、产品信息通过读取或录入的形式存储到批发市场中心数据库，以管理产品的来源。

市场档口管理的功能是对市场中的各个档口进行日常管理，主要管理基础信息、抽检信息等。

交易管理的功能是针对信息化程度较高的批发市场，根据市场准入原则向进入批发市场的养殖企业（或批发商）索取带有条码的产地准出证，管理人员读取产地准出证上的条码，并存储到批发市场中心数据库中；若是拍卖模式的批发市场，批发商在租用电子秤时，管理人员将该批发商该天的相关数据发送到批发商租用的电子秤中，批发商在与客户交易时打印带有生产企业、批发市场、批发商、产品信息的一维条码产品销售单，同时将该次交易记录上传到批发市场中心数据库中；若是直接经营模式的批发市场，批发商通过无线网络下载该批发商该天的相关数据到电子秤，批发商在与客户交易时打印带有生产企业、批发市场、批发商、产品信息的一维条码产品销售单。一旦出现产品问题，在批发市场可通过产品销售单的相关信息追溯到批发商。

③ 监管追溯系统　监管追溯平台包括企业管理、网站管理、用户管理三大功能模块。其中企业管理包括企业信息上传、企业上传产品统计、短信平台数据统计等功能；网站管理包括新闻系统、抽检公告、企业简介、农产品大观、行业标准、消费者指南、数据库管理等功能。同时满足政府监管部门、企业用户和消费者等不同追溯需求。农产品质量安全监管追溯平台通过模块化设计和权限划分，可满足部级、省级、市县级不同层级监管主体的监管和追溯需求，可以向各级监管主体提供详细的农产品各供应链的责任主体、产品流向过程以及下级监管主体的农产品质量安全控制措施。另外，通过基础信息平台进行农产品追溯码数量、短信追溯数量统计分析，可以为各级主管部门加强管理和启动风险预警应急提供必要的技术支持。

④ 追溯信息查询系统　通过数据访问通用接口，根据计算机网络、无线通信网络和电话网络对同一数据库的访问协议，开发完成支持短信网关、PSTN 网关、IP 网关的通用 API，实现基于中央追溯信息数据库下的多方式查询。追溯信息查询系统以各环节追溯信息为基础，以产品标签条码及产品追溯码为查询手段，通过网站、POS 机、短信和语音电话等多种追溯信息查询方式，进行可追溯信息查询。追溯查询系统结构如图 22.6 所示，追溯查询结果如图 22.7 所示。

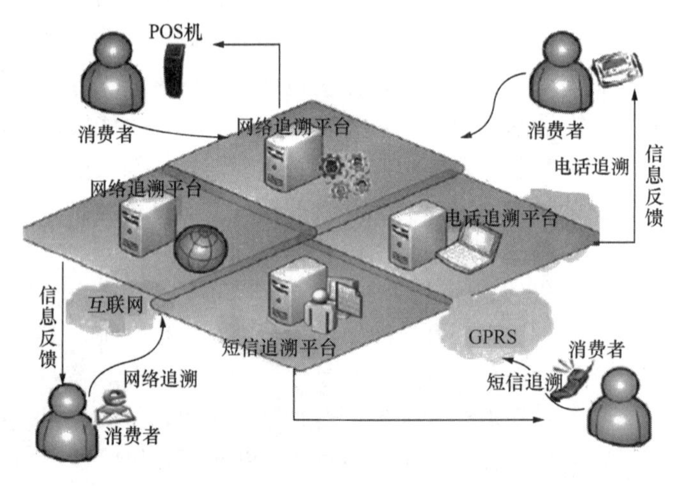

图 22.6
追溯查询系统结构

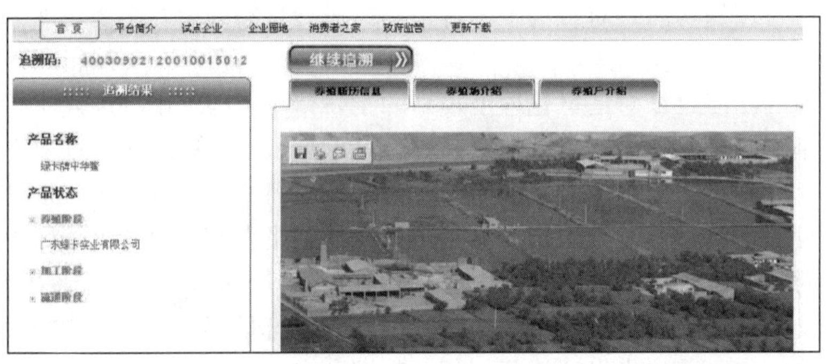

图 22.7
追溯查询结果

22.5　农产品运输管理系统

农产品运输管理系统旨在利用物联网技术实现运输过程的车辆优化调度管理、运输车辆定位监控管理和沿途配送分发管理。

① 车辆优化调度管理　主要实现运输车辆的日常管理、车辆优化调度、运输线路优化调度、货物优化装载等功能。

② 运输车辆定位监控管理　在途运行的运输车辆通过智能车载终端连接 GPS 和 GPRS，实现运输途中的车辆、货物定位和货物状态实时监控数据上传到物联网的数据服务器，实现运输途中的车辆、货物定位和监测数据上传。

③ 沿途配送分发管理　按照客户所在地分线路配送，沿途的各中转站在运输车辆经过时用物品管理计算机自动识别电子标签，并通过物品管理计算机自动分拣出应卸下的货物，并在物联网的数据服务器做好相关的业务处理工作，然后各发散地按照规划的线路一路分发直到客户手中。

22.6　农产品采购交易管理系统

农产品采购交易管理系统旨在利用物联网技术，实现采购过程的数据采集与产品质量控制管理，是农产品物流的全链条信息化管理的开始。交易管理系统结构图如图 22.8 所示。

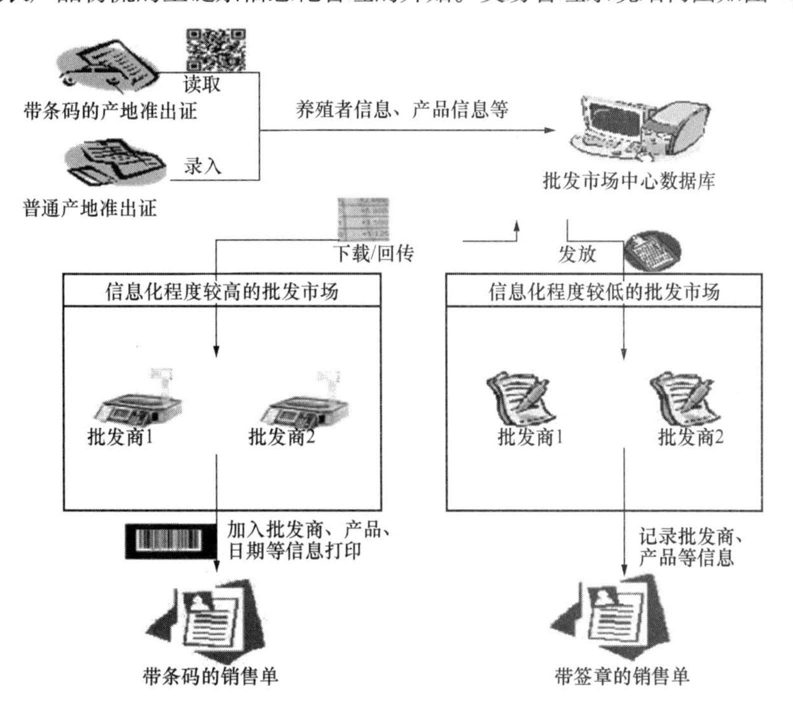

图 22.8
交易管理系统结构图

① 电子标签制作与数据上传　生产基地生产出来的产品（采购部门采购回来的产品）在装箱之前制作好电子标签并通过手持式 RFID 读卡器或智能移动读写设备把信息通过网络传输到系统服务器的数据库中，由此开始了管理追踪农产品流通全过程。其信息主要包括品名、产地、数量、所占库位大小、预计到货时间等，并在物联网的数据服务器做好相关的业务处理工作，这样就能有效地为配送总部做好冷库储藏的准备和协调工作。

② 采购单管理　主要根据库存信息、客户订单生成采购单，并实现采购单管理。

22.7 案例分析——农产品温控物流智能系统解决方案

前面介绍了农产品物流物联网内涵、集成方案、各子系统功能与实现，下面针对基于冷鲜肉的温控物流智能系统解决方案进行分析。

22.7.1 农产品温控物流智能系统业务需求分析

冷鲜肉供应链质量管理是在冷鲜肉储藏、运输及配送直至消费者的冷链全过程中，以冷鲜肉保鲜技术为手段，以生产流通为衔接，通过对冷链微环境内温度、相对湿度、氧气和二氧化碳含量等环境因素的控制，保证冷鲜肉全程处于规定的冷链微环境，最大限度地保证其品质和口感，减少损耗和环境污染（陈祢 等，2020）。依据农产品温控物流技术集成理论体系，将冷鲜肉的品类属性和时空目标作为输入条件，输出冷鲜肉供应链质量与品质保障的技术解决方案。冷鲜肉的品类属性包括易腐、货架期短、鲜度指数要求等。温控装备工程要求生产加工环节装备 0～4℃加工车间、排酸库、-18℃以下快速预冷库、0～4℃冷库等，流通环节装备冷藏车、保温箱等设备。为保障品质与安全，应用信息技术进行全程信息监控与溯源，实现冷鲜肉供应链温度、运输时间等信息透明化，进而实现面向生产者、经营者和消费者信息的公开对称（王想，2018）。温控物流工程智能信息系统结构图如图 22.9 所示。

22.7.2 农产品温控物流智能系统监测需求分析

传统冷链物流微环境监测方式是采用温度记录仪或手持式气体传感器在冷库或运输车中进行数据采集与存储，当冷链过程结束后通过 RS232/USB 与计算机进行连接，导出监测数据以备分析。其数据的采集过程是实时的，但对数据的分析处理存在滞后，无法实现对冷链过程的动态数据进行实时分析，难以有效确保冷链过程中产品质量的可控性及安全性。

随着物联网技术的推广与普及，基于物联网技术的监测方式在冷链物流的应用推动物流行业迅速发展，促进其进入一个新时代——智慧物流时代。相比于传统冷链物流微环境监测方式，物联网监测技术能够实现对冷链过程中微环境参数进行数据采集、传输及处理，且冷链物联网数据采集技术更具时效性、智能性及透明性，能有效保证冷链过程中产品的在途质量，提高实时性、准确性及可追溯性。

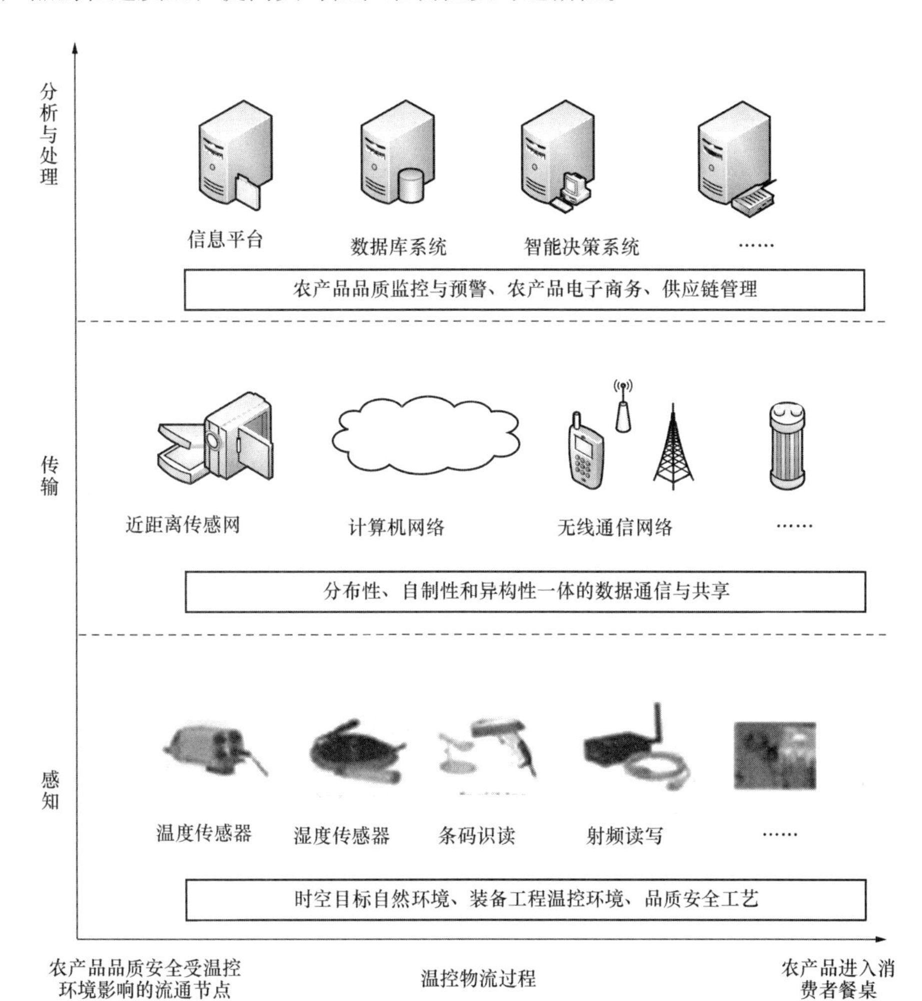

图 22.9 温控物流工程智能信息系统结构图

鲜肉储藏空间是一个复杂的微环境，冷链过程中既要监测微环境温湿度、气体等多参数的变化，也要根据鲜肉品质变化趋势适当控制相关设备，确保物流微环境持续稳定在适宜的条件下，同时还要满足实时性、可靠性及智能化等物流管理需求。利用物联网技术建立冷链微环境监测系统，通过集成无线传感器网络及无线通信技术，可实现冷链微环境温湿度和气体参数的监测。基于上述需求，从智能化、可追溯性和精准三个角度，以冷链物流微环境气体和品质为对象，设计和研发集成气体和温湿度传感器的物联网传感器节点的软硬件、控制试验平台，探究冷链微环境气体传感响应机理，对大量冷链微环境监测的气体数据信息进行动态特征分析、自动分类、预警与判断，构建鲜肉冷链“时间-气体-品质”三维动态耦合模型，是实现精准保鲜、质量管理监测和智慧物流中冷链全程监控、追溯和调控决策的重要内容。

22.7.3 农产品温控物流智能系统功能实现

基于分类农产品温控物流技术集成理论体系的农产品温控物流智能系统旨在以品类的自然属性与时空目标的自然环境为基础，分析与研究农产品物流过程可利用的温控装备与保鲜工艺技术，通过基于物联网技术、云计算技术和通信技术等智能信息化感知与传输手段为农产品温控物流智能系统提供应用技术与装备数据、供应链可追溯数据等信息。在此基础上，农产品温控物流智能系统可进行基于时间维、空间维的安全维度分析；利用综合评价模型进行温度打假、安全评估与预测等农产品安全状况统计分析；综合供应链的品类成本、时空成本、工艺成本、温控成本和信息化成本等因素进行供应链成本分析，探索技术产业链与优质农产品产业链双链双延、双链双赢的发展模式，最终为企业、行业冷链物流工程提供一揽子解决方案，在冷链工程整体设计、设备与保鲜工艺配套施工、智能信息技术，特别是结合物联网打造农产品追溯体系以及供应链管理优化等方面提供全方位服务。农产品温控物流智能系统流程图如图 22.10 所示。

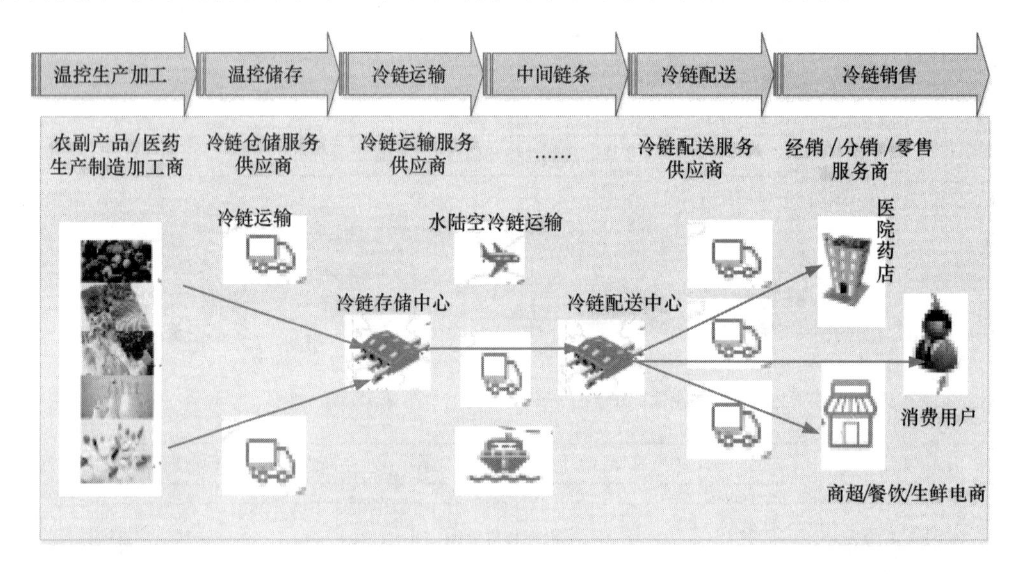

图 22.10 农产品温控物流智能系统流程图

小　结

农产品物流物联网是以食品安全追溯为主线，应用电子标签技术、无线传感技术、GPS 定位技术和射频识别技术等感知技术，应用无线传感网络、4G/5G 网络、有线宽带网络、互联网等网络技术，把农产品生产、运输、仓储、智能交易、质量检测及过程控制管理等节点有机结合起来，建立基于物联网的农产品物流信息网络体系。基于物联网技术的农产品物流系统是物联网技术与农产品物流技术的集成与融合，它不同于传统农产品物流系统，是农产品物流的更高阶段，是农产品全程质量控制、保障农产品质量安全的重要措施。

农产品物流物联网在发展过程中也存在许多问题，主要表现在缺乏统一的农产品物流物联网管理平台与技术标准；农业物流物联网需要规模化的组织和保障措施；农产品物流物联网的发展需要对传统的农产品物流基础设施进行全面改造和设备更新，需要大量的投入和观念的转变。

随着农业物流技术与物联网技术的深度融合，对农产品物流各个环节的全面感知、各环节农产品状态的监控，是农产品质量安全的重要保障，尤其是在农产品加工、冷链运输等不易直接发现农产品质量问题的环节，物联网技术将会成为消费者和监管部门最得力的帮手，也是生产企业和农产品物流企业实现最准确控制的有力手段。

参考文献

陈根龙，2019．物流信息技术在农业物流发展中的应用研究[J]．全国流通经济(28)：12-14．

陈祢，陈长彬，陶安，2020．物联网技术在生鲜农产品冷链物流中的应用研究[J]．价值工程，39(20)：129-132．

黄超，2015．中、美物联网技术在农产品流通领域应用中的对比分析和研究[D]．长沙：湖南农业大学．

李道亮，2018．农业 4.0：即将到来的智能农业时代[J]．农学学报，8(1)：207-214．

李道亮，杨昊，2017．农业物联网技术研究及发展对策[J]．信息技术与标准化(10)：30-34．

王想，2018．面向水果冷链物流品质感知的气体传感技术与建模方法[D]．北京：中国农业大学．

郑纪业，阮怀军，封文杰，等，2017．农业物联网体系结构与应用领域研究进展[J]．中国农业科学，50(4)：657-668．

第 23 章　农业物联网发展趋势和前景展望

农业物联网技术在农业信息化发展的高级阶段正展现出蓬勃的生命力。随着农业物联网应用模式的不断创新，农业物联网正从起步阶段步入快速推进阶段。科学分析农业物联网发展面临的机遇和挑战，准确把握农业物联网趋势和需求，针对性制定推进农业物联网发展的相关对策，对推动我国现代农业发展具有重要意义。本章详细阐述了我国农业物联网的机遇与挑战，大胆预测了未来一个时期内的发展趋势与需求，最后对如何推进农业物联网发展提出了对策与建议（李道亮，2018）。

23.1　农业物联网发展面临的机遇与挑战

农业物联网作为新的技术浪潮面临前所未有的发展机遇，但同时我国农业物联网正处于初级且缓慢发展阶段，农业物联网技术、产品以及商业化运营模式等还不成熟，仍然处于探索和经验积累过程中，已开展的绝大多数农业物联网应用项目属于试验、示范性项目，农业物联网的发展还存在许多挑战性的问题（李道亮，2018）。

23.1.1　农业物联网发展面临的机遇

我国农业农村信息化已经由起步阶段进入快速推进阶段，农业高产、优质、高效、生态、安全的要求更加迫切，农业生产方式逐渐向集约化生产、产业化经营、社会化服务、市场化运作、信息化管理转变，这些变化都迫切需要现代信息技术的支撑。农业信息技术的应用将从单项技术应用向综合集成技术应用过渡，以农业物联网为代表的信息技术将为农业农村信息化的发展带来强劲的推动力。农业物联网的发展正迎来四个历史发展机遇：一是随着国家对战略性新兴产业扶持力度的加大所面临的产业发展机遇；二是随着现代信息技术和物联网关键技术的突破所面临的技术发展机遇；三是随着现代农业迅速推进农业物联网应用需求增加所面临的市场发展机遇；四是随着国家和地方对农业物联网发展重视程度的提高所面临的国家重大工程建设机遇。

1. 农业物联网产业发展迎来新机遇

农业物联网是近年来出现的新技术，我国党和政府对这一新技术浪潮高度重视，将其作为战略性新兴产业进行扶持，已出台了一系列支持措施（赵春江，2018），也使农业物联网的发展面临前所未有的产业发展机遇。

《国务院关于加快培育和发展战略性新兴产业的决定》《战略性新兴产业发展“十二五”规划》《“十三五”国家战略性新兴产业发展规划》明确了节能环保、新一代信息技术、生物制药、高端装备制造业、新能源、新能源汽车和新材料七大战略性新兴产业。其中新一代信息技术将成为国民经济的支柱产业。“十三五”时期是我国全面建成小康社会的决胜阶段，也是战略性新兴产业大有可为的战略机遇期。在新兴消费升级加快、新兴产业投资需求旺盛、部分领域国际化拓展加速、产业体系渐趋完备、市场空间日益广阔的同时，我国战略性新兴产业整体创新水平还不高，一些领域核心技术受制于人，一些改革举措和政策措施落实不到位，迫切需要加强统筹规划和政策扶持，创新发展思路，提升发展质量和创新能力，深化国际合作，加快发展壮大新一代信息技术等战略性新兴产业。

新一代信息技术产业的主要内容是包括加快建设宽带、泛在、融合、安全的信息网络基础设施，推动新一代移动通信、下一代互联网核心设备和智能终端的研发及产业化，加快推进三网融合，促进物联网、云计算的研发和示范应用。农业物联网产业作为我国物联网产业的重要组成部分，面临作为新兴战略产业发展的历史机遇。

2. 农业物联网技术环境迎来新机遇

当前，各种现代信息技术迅猛发展，其中最具典型性的就是物联网技术，给农业农村信息化的发展带来了实现跨越式发展的新机遇。随着农产品质量安全问题日趋受到关注，物联网技术将率先为我国农产品质量安全提供重要支撑，并最终贯穿于整个农产品供应链。

农业物联网技术中的农业专用传感器、无线传感器网络、RFID、GPS、GIS 等应用技术和产品开发研究方面已经取得了一些成果。在农业资源利用与生态环境监测、农牧业生产过程精细化管理、农产品质量安全管理、流通与溯源等方面进行了初步示范应用，为农业物联网的发展应用提供了必要的技术支撑和可操作的经验。随着信息采集与智能计算技术的迅速发展、互联网与移动通信网的广泛应用以及与传感网结合的不断深入，大规模发展农业物联网的技术环境日趋成熟（赵春江，2018）。

3. 农业物联网市场发展迎来新机遇

农业物联网已经不仅仅是一个概念，正在演变为政府的行动纲领和资本市场重要的投资方向。农业物联网市场发展迎来了新的历史机遇。随着国家对农业农村信息化的不断重视，农民的信息化意识不断增强，农村网民规模不断扩大，且增幅明显；同时，全国农民人均纯收入在2018年首次突破14 000元大关，增幅在7%以上，农民的实际消费能力上升了一个台阶，这为农村信息化和农业物联网的建设提供了重要的发展动力。

有研究机构预计物联网技术将会发展成为一个上万亿元规模的高科技市场，其产业要比互联网大30倍。根据中国信息通信研究院的报告数据，截至2018年中期，我国物联网产业总规模已达1.2万亿元，已经完成了"十三五"物联网产业规模1.5万亿元的80%。中国物联网产业将经历应用创新、技术创新、服务创新三个关键的发展阶段，成为落实创新驱动、培育发展新动能、建设制造强国和网络强国等一系列国家重大战略部署的重要举措。其中，农业物联网的发展将是构成物联网产业发展的重要组成部分，大量农用传感器、无线传感网、软件服务平台等农业物联网相关产业将应用到农场生产中，预计在2050年农业物联网产业能够将粮食产量增加70%。

4. 国家农业物联网重大工程建设新机遇

国家和各省市对农业物联网的发展高度重视，纷纷制定了相关的重大工程计划来促进农业物联网的发展。国家发展改革委员会2010年启动了物联网产业化规划，规划未来我国十年到二十年的物联网发展重大专项，其中将精细农牧业列为规划专项的一个很重要的内容。随后决定在黑龙江农垦开展大田种植物联网应用示范、北京市开展设施农业物联网应用示范、江苏省无锡市开展养殖业物联网应用示范，并将这三个项目作为国家物联网应用示范工程智能农业项目，拟通过建设国家级农业物联网应用示范基地，加快农业物联网关键技术和产品研发，探索农业物联网运行机制和应用模式，建立完善农业物联网应用标准，以点带面，全面推进物联网技术在农业中的推广应用。中国工程院也设立了一个"物联网发展战略规划研究"专项，进行我国物联网发展战略规划，其中把农业物联网也作为一个重要的方面来进行规划组织和设计。科技部在"十二五"期间在农业领域也通过"农村农业信息化重大专项"和"农业物联网及食品安全控制研究应用重大专项"对农业物联网的研究、应用和示范进行了重点支持。农业部也成立了"农业物联网行业应用标准工作组"，并发布了《"十三五"全国农业农村信息化发展规划》，大力推进农村信息基础设施建设并进一步推动物联网在农业领域应用标准的建设。

北京、山东、江苏、湖南、湖北、内蒙古等省（市、自治区）以及中国移动、中国联通、中国电信等运营商也对我国农业物联网的发展前景纷纷看好，在全国各地开展了许多大田种植、设施园艺、畜禽养殖、水产养殖物联网应用示范项目。

23.1.2 农业物联网发展面临的挑战

农业物联网在推进我国现代农业发展的历史任务过程中发挥着重要的作用，是我国从农业大国走向农业强国的关键环节。目前农业物联网发展已形成了以农业专用传感器、网络互联和智能信息处理等农业物联网共性关键技术研究为重点，以探测农业资源和环境变化、感知动植物生命系活动、农业机械装备作业调度和远程监控、农产品与食品质量安全可追溯集成为应用发展方向，以农业传感器和移动信息装备制造产业、农业信息网络服务产业以及农业自动识别技术与设备产业、农业精细作业机具产业、农产品物流产业等为重点战略新兴产业的格局。初步形成了关键技术研究、产品研发、平台建设、应用示范为一体的发展技术路线。目前我国农业物联网发展所存在的挑战主要表现在农业物联网关键技术不成熟、产业化程度低、标准规范缺失、政策不到位等方面（李道亮，2018）。

1．农业物联网关键技术尚不成熟

我国农业物联网总体而言还处于起步阶段，关键技术还十分不成熟，这些关键技术主要包括先进传感机理与工艺（农业光学传感技术、微纳传感技术、生物传感技术）、高通量、快处理、大存储的无线传感网技术、农业云计算与云服务（模型、方法与平台）技术等。

以农业先进传感机理和工艺关键技术为例，农业信息感知是农业物联网的基础，作为农业物联网的神经末梢，它是整个农业物联网链条上需求总量最大和最基础的环节。但由于农业环境的复杂性、严酷性以及以农业生物为生产主体等特征，使我国农业专用信息感知方面的关键技术突破困难，技术成熟度低。我国农用传感器与 RFID 都面临着数据采集精度问题，复杂多变的农业生产环境也造成了农业信息感知的不确定性，国产设备稳定性和精确性关键技术不成熟，目前我国农业信息感知装备还主要依赖进口。就感知技术而言，我国在 RFID 底层专利上并无主导权，全球 RFID 专利布局战已延续多年，美国占据主导地位，其专利申请总量超过了欧盟、日本以及中国内地等多个区域专利申请总量的总和，占比高达 53%。日本和欧洲在农用微型传感器技术上拥有巨大优势，国内农用传感器及相关芯片、无线传感网络、各类终端等关键技术技术水平低，相关企业生产规模小，由于成本高导致生产厂商稀少，企业盈利能力不稳定，且多为代工。

2．农业物联网产业化程度较低

农业物联网技术的应用跨度大、产业分散度高、产业链长和技术集成性高，因此从时间成本到经济成本都难以短时间内大规模启动市场。目前，各高校及科研机构的考核办法对成果产业化缺乏激励机制，不利于研究人员主动考虑市场需求，即使研究出好的成果也不会主动往市场上推。高校和科研机构研究人员已取得专利和已发表论文虽然水平达到了一定的高度，但离产业化还有一些距离，还要继续进行实用性实验验证。

国内许多企业由于缺少创新动力，不愿为优秀的实验室成果投入实验资金，因而不少研究成果只好搁置在实验室。由于农业物联网处于发展初期，投入大、风险高、周期长，缺乏用户需求的持久动力，成果转化与产业化成本高，企业不敢“接盘”，参与热情不高。一些比较积极的企业都只是在做局部的产品研发和小规模的应用实验，还难以形成规模化的产业发展格局。目前，农业物联网的开展还缺乏适于农业生物与环境条件下使用的低成本的传感技术、面向不同应用目标的信息智能化处理技术、科技成果转为产业化发展的运行模式，产业化程度低也带来了农用感知设备成本高的问题。

所有问题的关键在于，农业物联网应用的产业链尚未建立起来，产业链能力亟待提升。

3. 农业物联网标准规范缺失

在物联网总体标准的制定上，中国基本保持与国际同步，这在以往新兴产业的发展中十分罕见。但是，在农业物联网整体标准的规范上，目前国内还没有一套具体、详细和可靠的方案，具体的农业物联网标准规范还有较长的路要走。早前的几次高科技产业浪潮中，美国等起步较早的国家掌握着大部分国际标准的制定权，中国企业在PC、软件、互联网、移动通信等诸多领域处处受制于自主标准的缺失。标准本身想一统天下是不可能的，因为有很深的利益牵涉其中，标准制定就是各方利益博弈与协调的过程。

考虑到农业物联网标准的制定受到自然因素和客观条件的特殊影响，迫切需要针对农业生产现状，制定我国农业现场信息全面感知技术应用标准、感知设备智能接口标准、感知设备性能检验标准。针对农业生产环境制定信息传输规范和标准，针对农业信息服务要求和特点制定中国农业云服务标准规范。同时，在标准内容、规范管理等方面需要加速与国际接轨。根据农业部2016年发布的《"十三五"全国农业农村信息化发展规划》，将实施农业物联网区域试验工程，开展农业物联网技术集成应用示范，构建理论体系、技术体系、应用体系、标准体系，但还尚未形成专门的农业物联网技术标准。虽然我国许多的传感器、传感网、RFID 研究中心及产业基地都在积极参与物联网标准的制定，但由于我国业界对农业物联网本身的认识还不统一，关于农业资源和农业设备标准制定更多地还只是停留在战略性的粗线条层面。

23.2 农业物联网发展需求与趋势

农业物联网关键技术与产品的发展需经过一个培育、发展和成熟的过程，其中培育期需要2～3年，发展期需要2～3年，成熟期需要5年，农业物联网的成熟应用将出现在"十三五"末期即2020年左右。总体看来，我国农业物联网的发展呈现出技术和设备集成化、产品国产化、机制市场化、成本低廉化和运维产业化的发展趋势。

从宏观来讲，物联网技术将朝着规模化、协同化和智能化方向发展，同时以物联网应用带动物联网产业将是全球各国物联网的主要发展趋势。农业物联网的发展也将遵循这一技术发展趋势。随着世界各国对农业物联网关键技术、标准和应用研究的不断推进和相互吸收借鉴，随着大批有实力的企业进入农业物联网领域，对农业物联网关键技术的研发重视程度将不断提高，核心技术和共性关键技术突破将会取得积极进展，农业物联网技术的应用规模将不断扩大；随着农业物联网产业和标准的不断完善，农业物联网将朝协同化方向发展，形成不同农业产业物体间、不同企业间乃至不同地区或国家间的农业物联网信息的互联互通互操作，应用模式从闭环走向开环，最终形成可服务于不同应用领域的农业物联网应用体系。随着云计算与云服务技术的发展，农业物联网感知信息将在真实世界和虚拟空间之间智能化流动，相关农业感知信息服务将会随时接入、随时获得。

从微观来讲，农业物联网关键技术涵盖了身份识别技术、物联网架构技术、通信技术、传感器技术、搜索引擎技术、信息安全技术、信号处理技术和电源与能量存储技术等。总体来讲，农业物联网技术将朝着更透彻的感知、更全面的互联互通、更深入的智慧服务和更优化的集成趋势发展。对农业物联网关键技术的发展趋势预测如表 23.1 所示（汪懋华，2018）。

表 23.1　农业物联网关键技术发展趋势预测

关键技术	2010～2015 年	2015～2020 年	2020 年以后
身份识别技术	统一 RFID 国际化标准 RFID 器件低成本化 身份识别传感器开发	发展先进动物身份识别技术 高可靠性身份识别	发展动物 DNA 识别技术
物联网架构技术	发展物联网基本架构技术 广域网与广域网架构技术 多物联网协同工作技术	高可靠性物联网架构 自适应物联网架构	认知型物联网架构 经验型物联网架构
通信技术	RFID、UWB、WiFi, WiMax, Bluetooth, ZigBee, RuBee, ISA100, 6LoWPAN	低功耗射频芯片 片上天线 毫米波芯片	宽频通信技术 宽频通信标准
传感器技术	生物传感器 低功耗传感器 工业传感器农业的应用	农业传感器小型化 农业传感器可靠性技术	微型化农业传感器
搜索引擎技术	发展分布式引擎架构 基于语义学的搜索引擎	搜索与身份识别关联技术	认知型搜索引擎 自治性搜索引擎
信息安全技术	发展 RFID 安全机制 发展 WSN 安全机制	物联网的安全性与隐私性评估系统	自适应的安全系统开发以及相应协议制定
信号处理技术	大型开源信号处理算法库 实时信号处理技术	物与物协作算法 分布式智能系统	隐匿性物联网 认知优化算法
电源与能量存储技术	超薄电池 实时能源获取技术 无线电源初步应用	生物能源获取技术 能源循环与再利用 无线电源推广	生物能电池 纳米电池

23.2.1　更透彻的感知

随着微电子技术、微机械加工技术（MEMS）、通信技术和微控制器技术的发展，智能传感器正朝着更透彻的感知方向发展，其表现形式是智能传感器发展的集成化、网络化、系统化、高精度、多功能、高可靠性与安全性趋势。

新技术不断被采用来提高传感器的智能化程度，微电子技术和计算机技术的进步，往往预示着智能传感器研制水平的新突破。近年来，各项新技术不断涌现并被采用，迅速转化为生产力。例如，瑞士 Sensirion 公司率先推出将半导体芯片（CMOS ）与传感器技术融合的 CMOSens 技术，该项技术亦称“Sensmitter”，它表示传感器（sensor）与变送器（transmitter）的有机结合。美国 Honeywell 公司的网络化智能精密压力传感器生产技术，美国 Atmel 公司生产指纹芯片的 Finger ChipTM 专有技术，美国 Veridicom 公司的图像搜索技术（Image Seek TM ）、高速图像传输技术、手指自动检测技术。再如，US0012 型智能化超声波干扰探测器集成电路中采用了模糊逻辑技术（Fuzzy-logic techniques, FLT），它兼有干扰探测、干扰识别和干扰报警这三大功能。

多传感器信息融合，是通过一个复杂的智能传感器系统集成在一个芯片上实现更高层的集成化。如美国 MAXIM 公司推出的 MAX1458 型数字式压力信号调理器，内含 E2PROM 能自成系统，几乎不用外围元件就可实现压阻式压力传感器的最优化校准与补偿。MAX1458 适合构成压力变送器/发送器及压力传感器系统，可应用于工业自动化仪表、液压传动系统、汽车测控系统等领域。

智能传感器的总线技术现正逐步实现标准化、规范化，目前传感器所采用的总线主要有以下几种：Modbus 总线、SDI-12 总线、1-Wire 总线、I2C 总线、SMBus、SPI 总线、Micro Wire 总线、USB 总线和 CAN 总线等。

23.2.2 更全面的互联互通

农业现场生产环境复杂，涉及大田、畜禽、设施园艺、水产等众多行业类型，所使用的农业物联网设备类型也多种多样，不同类型、不同协议的物联网设备之间的更全面有效的互联互通是未来物联网传输层技术发展的趋势。

无线传感器网络和 5G 技术是未来实现更全面的互联互通的关键技术。基于无线技术的网络化、智能化传感器使生产现场的数据能够通过无线链路直接在网络上进行传输、发布和共享，并同时实现执行机构的智能反馈控制，是当今信息技术发展的必然结果。

无线传感器网络无论是在国家安全，还是国民经济诸方面均有着广泛的应用前景。未来，传感器网络将向天、空、海、陆、地下一体化综合传感器网络的方向发展，最终将成为现实世界和数字世界的接口，深入人们生活的各个层面，像互联网一样改变人们的生活方式。微型、高可靠、多功能、集成化的传感器，低功耗、高性能的专用集成电路，微型、大容量的能源，高效、可靠的网络协议和操作系统，面向应用、低计算量的模式识别和数据融合算法，低功耗、自适应的网络结构，以及在现实环境的各种应用模式等课题是无线传感器网络未来研究的重点。

未来农业物联网系统将采用 5G 来进行数据的传输。5G 传输速度最高可以达到 1000Mb/s，将为农业带来海量的原始数据，从而推动智慧农业的不断前进。

农业物联网就是让所有农业生产设备能够实现互联互通的需求，5G 技术能够将物联网“万物互联”的特性彻底解放，传感器的种类和数量将会快速地增长，为农业生产管理效率的提高、农产品质量产量的提升等提供巨大的帮助。

23.2.3　更深入的智慧服务

农业物联网最终的应用结果是提供智慧的农业信息服务，在目前众多的物联网战略计划与应用中，都强调了服务的智慧化。农业物联网服务的智慧化必须建立在准确的农业信息感知理解和交互基础上，当前以及以后农业物联网信息处理技术将使用大量的信息处理与控制系统的模型和方法。这些研究热点主要包括人工神经网络、支持向量机、案例推理、视频监控和模糊控制等。

从未来农业物联网软件系统和服务提供层面的发展趋势看，主要解决针对农业开放动态环境与异构硬件平台的关系问题，在开放的动态环境中，为了保证服务质量，要保证系统的正常运行，软件系统能够根据环境的变化、系统运行错误及需求的变更调整自身的行为，即具有一定的自适应能力，其中屏蔽底层分布性和异构性的中间件研发是关键。从环境的可预测性、异构硬件平台、松耦合软件模块间的交互等方面出发，建立农业物联网中间件平台、提高服务的自适应能力，以及提供环境感知的智能柔性服务正成为农业物联网在软件和服务层面的研究方向和发展趋势。

23.2.4　更优化的集成

由于农业物联网涉及的设备种类多，软硬件系统存在的异构性、感知数据的海量性决定了系统集成的效率是农业物联网应用和用户服务体验的关键。随着农业物联网标准的制定和不断完善，农业物联网感知层各感知设备和控制设备之间、传输层各网络设备之间、应用层各软件中间件和服务中间件之间将更加紧密耦合。随着 SOA（service oriented architecture）、云计算以及 SaaS、EAI（enterprise application integration）、M2M 等集成技术的不断发展，农业物联网感知层、传输层和应用层三层之间也将实现更加优化的集成，从而提高从感知到传输到服务的一体化水平，提高感知信息服务的质量。

23.3　农业物联网发展对策与建议

23.3.1　突破核心技术和重大共性关键技术

从我国农业物联网未来的发展趋势来看，影响农业生产的水、土、气正在被进行全面的感知，以 5G、IPv6 为代表的通信技术的发展将使得农业信息感知以无缝、迅捷的方式进行传递，以云计算和云服务为代表的信息处理技术将使得物联网的信息处理更加智能。随着物联网感知层、传输层和信息处理层相关技术的发展，更优化的集成技术将使物联网各层紧密结合在一起，将更有效地发挥出信息技术对农业发展的提升效应。

集中力量加强攻关，突破涉及农业物联网核心技术和重大共性关键技术是农业物联网走向成熟的关键。支持研发符合我国农业不同应用目标的高可靠、低成本、适应恶劣环境的农业物联网专用传感器，解决农业物联网自组织网络和农业物联网感知节点合理部署等共性问题，建立符合我国农业应用需求的农业物联网基础软件平台和应用服务系统，为农业物联网技术产品系统集成、批量生产、大规模应用提供技术支撑。

从农业物联网各层关键技术的发展趋势来看，传感层重点要突破复杂农业环境下感知设备的小型化、低成本、低功耗、可靠性。小型化和可靠性主要体现在封装和结构设计，能够适应恶劣的农业环境条件。低成本和低功耗重点解决农业大规模应用和设备使用持续时间的问题。传输层重点突破具有高可靠性和节能的农业无线物联网网络部署协议优化技术。主要包括传感器的自组织、多模式通信方式的高度融合及低成本高覆盖、高实时性的信息传输。应用层重点面向农业的资源环境监测、信息农业生产管理、农产品食品安全监管等领域开展基于物联网的云计算服务，其关键是建立面向农业知识的信息处理模型。

23.3.2 加快农业物联网标准体系建设

国家很重视物联网在农业领域的应用，也启动了相应的战略性研究规划课题，但标准的缺失目前对农业物联网的应用产生了比较大的影响。现在全国各地都在农业领域搞物联网的应用，比如设施监控。然而由于摄像头标准不一样，设备兼容性比较差，互换性较差，往往在设备更换时造成很大的浪费问题。

建议有关部门牵头组织物联网技术应用单位、科研院所、高等院校和相关企业，在国家物联网基础标准上，尽快制定物联网农业行业应用标准，重点包括农业传感器及标识设备的功能、性能、接口标准，田间数据传输通信协议标准，农业多源数据融合分析处理标准、应用服务标准，农业物联网项目建设规范等，指导农业物联网技术应用发展。

23.3.3 开展农业物联网产品补贴

目前我国已进入“工业反哺农业，城市支持农村”的阶段，“农机、良种、家电”等补贴政策的实施对刺激农村经济发展、促进农民增收效果显著，开展农业物联网补贴对发展现代农业、促进农业科技创新作用明显。

建议对生产农业物联网产品的企业给予一定的税收优惠政策，对研发农业物联网产品的高校和科研院所进行一定的经费倾斜，对使用农业物联网产品的企业、农民专业合作社和种养大户给予一定的补贴。为充分发挥财政资金的引导和扶持作用，物联网发展专项资金政策明确将物联网的技术研发与产业化、标准研究与制订、应用示范与推广、公共服务平台等五大方面的项目确定为支持范围。

在支持方式上，采用无偿资助或贷款贴息两种方式。原则上，物联网技术研发、标准研究与制订、公共服务平台类项目，以无偿资助方式为主；物联网产业化、应用示范与推广类项目以贷款贴息方式为主。

建议继续加强农业物联网发展专项资金支持政策，突出支持农业物联网企业自主创新的要求，坚持以企业为主体、市场为导向、产学研用相结合，体现国家技术创新战略的原则；坚持公开、公正、公平，确保专项资金的规范、安全和高效使用的原则。同时，设立专项资金鼓励和支持企业以产业联盟组织形式开展农业物联网研发及应用活动。农业物联网发展专项资金建议由财政部、工业和信息化部、农业农村部、科技部共同管理。

23.3.4 加强农业物联网示范项目建设

紧紧围绕发展现代农业的重大需求，在全国范围内启动一批农业物联网示范项目，研发一批适合农业特点的农业物联网自主产权技术产品，建设一批国家级农业物联网示范基地，创新物联网在农业领域的应用技术模式，建立农业物联网可持续发展的机制，以点带面，全面推进农业物联网技术在农业生产经营管理领域中的应用。

国家级示范项目建议采用自主创新产品为主，包括传感器、物联网中间件（信息管理系统）、智能专家决策系统、数据库管理系统、智能信息推送系统、设施栽培自动化工程技术等。通过项目的实施，可形成一批新的具有自主知识产权的物联网农业应用技术产品，形成农业智能化种植和养殖应用技术系统，包括设施工程技术，智能大棚蔬菜、园艺、花卉作物等高产、高效、优质栽培管理技术，物联网监控技术，动物规模养殖环境下的智能监控管理和安全追溯技术，农业智能信息推送服务技术和专家咨询技术。

地方农业物联网示范项目建设建议以省部级农业科技实业总公司为主体，联合所有相关的科技公司和农业科技企业参与项目基础建设，提供相关示范配套资金和相关设施条件，国家农科院和全国农业类大学负责协调，组织有经验、有积极性的公司参与项目实施。以产学研合作方式共同组成智能农业物联网示范技术协作组，为示范基地提供长期、稳定的技术保障和系统维护，以保证智能农业示范工程和项目的顺利实施。

23.3.5 加快制定农业物联网发展的产业政策

农业物联网关系到占我国人口大多数的农民的利益，不是某个运营商的事情，应该是个国家工程，但目前还比较无序。国家部委应该做好规划，再安排落实，地方和运营商都应该在国家的大规划下实施和推进，否则要走很多弯路。

产业化的发展离不开产业链的全面投入与建设，物联网是一个技术应用庞大且复杂的体系，要实现产业化，更加需要对整个产业链发展有严谨的规划与设计，否则，产业化的发展就会陷入盲目与被动。由于农业物联网是信息技术和农业资源的利用发展到一定阶段的产物，而且跟互联网的发展密切相关，因此，农业物联网产业链实质上就是农业资源产业链与互联网产业链的延伸与拓展，而且农业物联网还具有鲜明的地域特色。

在当前农民收入水平较低、农业信息化市场化运作还不完善的情况下，农业物联网发展的投资主体应当是各级政府，建议政府部门把农业物联网发展作为优先和重点支撑的项目。

加快农业物联网产业化基地建设，主要支持建设一批农业物联网产业化研究基地，促进农业专用传感器等核心技术产品研发与产业化；建设一批农业物联网产业化中试基地，促进农业物联网软件开发和服务等关联产业的发展；建设一批农业物联网产业化生产基地，促进农业物联网新兴产业发展。

建议加强农业物联网发展战略研究与宏观指导，大力推进农业物联网技术研发、转化、推广和应用过程中的重大问题研究；强化政府对农业物联网工作的宏观指导，加强部门联动机制。农业物联网工作涉及面广，资源整合和共享问题突出，为了减少重复投资，必须进行顶层设计和统一规划。由国家部委及地方相关部门，共同探讨建立“农业物联网产业化联盟”，负责推动农业物联网相关标准的制定和推行，为农业物联网的发展创造良好的支撑环境，加强政府支撑力度。

小 结

农业物联网目前面临前所未有的发展机遇，同时也面临着关键技术不成熟、产业化程度低、标准规范缺失、相关政策不到位等一系列的挑战。

农业物联网关键技术正朝着更透彻的感知、更全面的互联互通、更深入的智慧服务和更优化的集成趋势发展。

国家和政府已经明确提出了发展物联网“感知中国”的宏伟战略目标，同时也为构建农业物联网“感知农业”指明了方向。农业物联网技术的发展，将是实现传统农业向现代农业转变的助推器和加速器，也将为农业物联网应用相关新技术及其产业发展提供无限商机。

参 考 文 献

李道亮，2018．农业4.0：即将到来的智能农业时代[J]．农学学报，8(1)：207-214．
李道亮，2018．农业物联网技术研究进展与发展趋势分析[J]．农业机械学报，49(1)：1-20．
汪懋华，2018．关于智慧农业释义与创新驱动发展的思考[J]．农业工程技术，38（21）：24-28．
赵春江，2018．人工智能引领农业迈入崭新时代[J]．中国农村科技，272(29)：29-31．
赵春江，2018．中国农业信息技术发展回顾及展望[J]．农学学报，8(1)：172-178．